광복 후 독도와 언론보도 Ⅲ
1955~1962년의 독도

일러두기

- 이 책은 2022년 동북아역사재단 기획연구 수행 결과물이다(NAHF-2022-기획연구-2).
- 이 책의 신문기사는 최대한 원문 그대로 수록하였으나 내용 이해를 위해 다음과 같이 교정하였다.
  - 띄어쓰기, 외래어 표기 등은 현대의 한글 맞춤법에 따라 교정하였다.
  - 한자는 한글로 바꾸되, 성명 등은 '한글(한자)'로 병기하였다.
  - 신문의 인쇄 상태가 좋지 않아 알아볼 수 없는 글자는 '□'로 표시하였다.
  - '독도'와 '동해'의 명칭이 일본 신문기사를 인용하여 '죽도'와 '일본해'로 표기한 경우도 있는데, 기사 원문 그대로 일본식 명칭으로 표기하였다.
  - 다만, 이 책 중 시(詩)나 국회 속기록 내용은 지금의 맞춤법대로 교정하지 않고 원문 내용 그대로 옮겼다.
- 2편 〈자료〉에서 내용이 중복되는 기사는 하나의 대표 기사만 수록하고 나머지 기사는 각주에 출처를 표기하였다.

동북아역사 자료총서 60

광복 후 독도와 언론보도 Ⅲ
1955~1962년의 독도

홍성근 편

동북아역사재단
NORTHEAST ASIAN HISTORY FOUNDATION

출처: 『독도의 한토막』(황영문), 제공: 독도박물관

과거 독도의 동도 정상부에 있던 독도경비대 초사와 독도 등대(윗쪽 시설물)의 모습이다. 사진이 『독도의 한토막』(1966년 제작)에 실린 것으로 보아 1955~1966년간에 촬영된 것으로 보인다. 1954년 8월 28일 준공된 독도경비대 초사는 온돌방 한 칸과 청마루 한 칸으로 되어 있었다. 독도 등대는 1955년 7월 8일 준공한 것인데, 1954년 8월 10일 동도의 동북쪽 해안에 처음 세워진 등대를 동도 정상으로 옮겨 다시 세운 것이다.

* 참고: 『동아일보』, 1956년 8월 21일, 3면,
"독도 카메라 탐방 ②: 집은 경비초소뿐, 기암괴석·절해의 금강"

출처: 『독도의 한토막』(황영문), 제공: 독도박물관

독도경비대원 6명이 가제바위에서 기념사진을 찍었다. 저 멀리 동도가 보인다. 왼쪽에서 두 번째 사람이 수기집 『독도의 한토막』을 쓴 황영문 대원이다. 독도경비대원 뒷쪽에 10여 명이나 되는 여성들이 있는데 제주 해녀들이다. 1956년 독도를 방문한 기자도 미역을 채취하러 온 제주 해녀들을 독도에서 만났다고 하였다.

* 참고: 『동아일보』, 1956년 8월 25일, 3면,
"독도의 생태, 소련 선박 가끔 출몰,
이색의 여(女) 주민, 구슬피 우는 물개"

출처: 『독도의 한토막』(황영문), 제공: 독도박물관

독도경비대원들이 짐을 등에 지거나 손에 들고 줄사다리를 타고 동도 정상부의 독도경비대 초사로 올라가고 있다. 1959년 독도를 방문했던 기자는 당시 독도경비대 초사로 올라가는 길을 이렇게 설명했다. "바다에서 초사에 이르려면 근 백 미터나 되는 쇠사다리(鐵柵)와 바위 계단을 밟아야 하는데 아차 실수하면 그대로 고깃밥이 된다."

* 참고: 『경향신문』, 1959년 3월 3일, 3면(조간),
"독도는 살아 있다, 조국의 전초(前哨) 수호에 철통,
피눈물 나는 경비대원의 노고"

출처: 『독도의 한토막』(황영문), 제공: 독도박물관

독도경비대원들이 동도 해안에서 선박(화랑호)을 이용하여 근무 교대를 하고 있다. 1962년 기사에 따르면, 독도경비대원들은 울릉경찰서 소속 경찰로 20일씩 교대로 16명이 주둔하여, 갑·을 두 반으로 나누어 경비 임무를 맡고 있었다. 날씨가 좋지 않아서 배편이 늦어지는 경우에는 식량과 식수 부족으로 고통을 겪었다고 한다.

* 참고: 『동아일보』, 1962년 9월 18일, 3면,
"우리의 '막내 섬' 독도, 동해를 지키는 외로운 초소,
빗물 받아먹는 경비대, 사기는 높아, 이젠 뜸해진 일 어선의 침범"

책머리에

이 책은 『광복 후 독도와 언론보도』의 세 번째 자료총서로 1955~1962년까지 국내 신문에 게재된 독도 관련 사항을 다루고 있다.

1955년 한국 정부는 독도에 등대를 재건설하고 그 사실을 각국 정부에 알렸다. 1954년 이후 한국 경비대의 독도 상주로 한국 정부는 일본 순시선의 독도 영해 침범을 즉시에 파악할 수 있었고, 그에 따라 즉각적으로 일본 정부에 항의하며 재발 방지를 요구하였다. 1958년, 4년 6개월 만에 한일회담이 재개되었지만 일본 측의 독도 도발은 한일 국교 정상화에 걸림돌로 작용하였다. 한국 정부에서는 고위 정부관계자 등의 독도 방문을 추진하며 독도 경비를 강화하였다. 이런 상황은 1962년 12월까지 계속되었는데, 언론은 이를 기록으로 남겼다.

이 책에서 조사 기한을 1962년까지로 잡은 데는 두 가지 이유가 있다. 우선 한 권의 책으로 엮을 수 있는 기사의 분량을 고려하였다. 1962년 한일 외무장관 회담을 비롯하여 한일회담이 본격화됨에 따라 독도 관련 기사도 수적으로 크게 증가하였다. 따라서 그 후의 독도 관련 기사는 별도로 다루는 것이 좋겠다고 생각하였다. 또 다른 이유는 저작권 관련 법상 제약 때문이다. 광복 후 1962년까지는 저작권 관련 법상 기사 이용이 다소 자유롭지만 1963년부터는 제약이 많다. 따라서 이 책에서는 1955~1962년까지의 기사를 다루고, 1963년 이후 독도 관련 신문기사는 향후의 과제로 남겨둔다.

그리고 미리 밝혀둘 것이 있다. 첫째는 이 책에서 다루는 기사가 1955~1962년간 국내 신문에 게재된 독도 관련 기사의 전부는 아니라는 점이다. 『서울신문』처럼 인쇄 상태가 좋지 않아서 검토 대상에서 임의로 제외한 것도 있고, 『민국일보』(『세계일보』)와 같이 중간에 결호가 있어 확인이 어려운 경우도 있었다. 둘째는 동일한 신문에 게재된 동일한 내용의 기사인데도 게재 일자가 다른 경우도 있었다는 점이다. 즉 국사편찬위원회에 소장되어 있는 신문에는 석간 기사로 게재되어 있는데, 네이버 뉴스 라이브러리에서 검색 가능한 동일한 신문에서는 다음 날 조간 기사로 게재된 경우이다. 그런 경우에는 쉽게 열람이 가능한 네이버 뉴스 라이브러리의 기사를 기준으로 게재 일자를 적었다.

　이 책은 〈개설〉(1편)과 〈자료〉(2편), 〈목록〉(3편)으로 구성되어 있다. 제1편 〈개설〉에서는 제2편 〈자료〉에 수록된 언론보도를 기초로 1955~1962년간 독도 관련 사항을 정리하였다. 제1편 〈개설〉의 내용은 독도 관련 사항의 흐름을 전체적으로 파악할 수 있도록 연도별로 정리하였다. 그리고 관련 기사 내용을 확인할 수 있도록 이 책에 수록된 기사나 그와 관련된 참고자료의 출처를 각주에 표시하였다.

　제2편 〈자료〉에서는 1955~1962년까지 독도와 관련된 주요 언론보도 기사를 선별하여 원문 그대로 실었다. 물론 '일러두기'에서 말한 바와 같이 띄어쓰기, 외래어 표기 등은 현대 한글 맞춤법에 따랐다. 기사는 연도별로 구분하였다. 내용이 중복되는 기사는 대표적인 기사만 수록하고 나머지 기사는 각주에 그 출처를 표시하였다. 기사와 관련된 국회 회의록 등 참고자료도 게재하여 기사에 대한 이해를 돕고자 하였다.

　마지막으로 제3편 〈목록〉에서는 1955~1962년간 독도와 관련된 국내 신문기사 목록을 수록하였다.

　책의 앞부분에는 1955~1962년간 독도와 관련된 주요 장면이 담긴 4장의 사진을 수록하였다. 이 사진들은 독도의용수비대의 부관을 지낸 후 울릉경찰서에서 파견되어 독도경비대원으로 근무했던 황영문 대원이 쓴 수기집 『독도의 한토막』(1966)에 실린 것이다. 이 사진들은 황영문 대원이 독도경비대원으로 활동한 1955~1966년간에 촬영한 사진으로 보이는데, 그 당시 독도의 상황을 현장감 있게 보여주고 있다.

　이 책은 1955~1962년간에 독도와 관련하여 어떠한 일이 있었으며, 독도를 어떻게 인식하고 다루었는지에 관한 기초 자료를 제공하고 있어, 광복 후 독도에 관한 구체적인 사항과 독도를 둘러싼 한일관계의 흐름을 파악하는 데 도움이 될 것이다. 더불어 집요하게 계속되는 일본의 도발에 맞서 독도 관련 사항을 어떻게 다루어 나가야 할지를 판단하는 데도 도움이 되길 기대한다.

2023년 3월
동북아역사재단 연구위원
홍성근 씀

차례

책머리에 ... 8

1편 〈개설〉 언론보도를 통해 본 1955~1962년의 독도

I. 머리말 ... 28

II. 1955~1957년의 독도 ... 31
    1. 1955년의 독도: 한국의 독도 등대 재건설 ... 31
    2. 1956년의 독도: 한국산악회의 학도 해양훈련 ... 33
    3. 1957년의 독도: 한국의 독도 영유권 논거 ... 37

III. 1958~1959년의 독도 ... 43
    1. 1958년의 독도: 독도와 평화선 문제 ... 43
    2. 1959년의 독도: 한국의 독도 경비 강화 ... 44

IV. 1960~1961년의 독도 ... 51
    1. 1960년의 독도: 한일회담 재개와 독도 ... 51
    2. 1961년의 독도: 한국의 독도 시설과 경비대 ... 55

V. 1962년의 독도: 한일 정치회담과 독도 ... 58
    1. 제6차 한일회담 재개 ... 58
    2. 한일 외무장관 회담 ... 62
    3. 한국의 독도 영유권 논거 제시 ... 63
    4. 일본 내에서의 독도 논의 ... 64
    5. 한일 정치회담 예비교섭 ... 66
    6. 박정희 의장의 독도 경비 강화 지시 ... 67
    7. 김종필 부장과 오히라 외상의 회담 ... 68

VI. 맺음말 ... 71

참고문헌 ... 74

2편 〈자료〉1955~1962년 독도 관련 국내 주요 언론보도 기사

1 1955년의 독도
한국의 독도 등대 재건설

2월 17일
『경향신문』, 2면, "16일 진해서 명명식, 도입 LSM형 4척" ... 79

7월 29일
『경향신문』, 3면, "독도 등대 이용, 각국 정부에 통고" ... 80
[참고자료] 독도 등대 준공 통보 관련 공한 ... 81

8월 28일
『경향신문』, 3면, "일 정부에 항의 지시, 일 어선 또 독도 침범" ... 83

8월 29일
『마산일보』, 2면, "일선(日船) 독도 침범, 정부 항의 훈령" ... 84

9월 1일
『조선일보』, 1면, "한국의 안전을 위협, 일 무장선(武裝船) 독도 근해 침입을, 우리 대표부서 일본 정부에 항의" ... 85

9월 6일
『조선일보』, 4면, "천 톤급 일 경비선, 독도 주변을 순회" ... 86

12월 16일
『조선일보』, 3면, "독도 경비선 좌초" ... 87

2 1956년의 독도
한국산악회의 학도 해양훈련

5월 26일
『동아일보』, 1면, "독도는 일본령, 스나다(砂田) 또 괴발언" ... 89

7월 22일
『조선일보』, 2면(조간), "독도 등을 답사, 산악회(山岳會)서 27일부터 14일간" ... 90

7월 24일
『한국일보』, 3면, "울릉도의 식물 채취, 서울 고대 문리대서" ... 91

8월 20일
『동아일보』, 3면, "독도 카메라 탐방①, 우뚝 솟은 두 개의 바위섬" ... 92

8월 21일

『동아일보』, 3면, "독도 카메라 탐방②, 집은 경비초소뿐, 기암괴석·절해의 금강" 94

8월 22일

『동아일보』, 3면, "독도 카메라 탐방③, 견딜 수 없는 애수(哀愁), 20일 교대의 경비진" 96

『조선일보』, 2면(조간), "항해 1천 마일: 학도 해양훈련기, 첫 회로는 우선 성공, 순조로운 날씨에 계획대로 실천" 98

8월 23일

『동아일보』, 3면, "독도 카메라 탐방④, 갈매기의 섬인가, 바위 속에도 꽃은 피고" 100

『조선일보』, 2면(조간), "항해 1천 마일: 학도 해양훈련기②, 해사(海士)에 3일 입영(入營)" 102

『조선일보』, 4면(석간), "신(新) 영화, 독도와 평화선, 총천연색 기록영화" 104

8월 24일

『동아일보』, 3면, "독도 카메라 탐방⑤, 침식해가는 섬" 105

『조선일보』, 2면(조간), "항해 1천 마일: 학도 해양훈련기③, 장엄한 대자연" 106

8월 25일

『동아일보』, 3면, "독도의 생태(生態), 소련 선박 가끔 출몰, 이색의 여(女) 주민, 구슬피 우는 물개" 108

『조선일보』, 2면(조간), "항해 1천 마일: 학도 해양훈련기④, 드디어 독도로" 110

8월 26일

『조선일보』, 2면(조간), "항해 1천 마일: 학도 해양훈련기⑤, 함정(艦艇) 생활에 익숙" 112

8월 27일

『조선일보』, 3면, "항해 1천 마일: 학도 해양훈련기⑥, 인상 깊은 독도" 114

8월 28일

『조선일보』, 2면(조간), "항해 1천 마일: 학도 해양훈련기⑦, 울릉도도 더위가 혹심" 116

8월 29일

『조선일보』, 2면(조간), "항해 1천 마일: 학도 해양훈련기⑧, 수확 많은 고고학반" 118

8월 31일

『조선일보』, 4면(석간), "울릉도 시초(詩抄)(1), 정결한 왕국(유치환)" 120

9월 1일

『조선일보』, 4면(석간), "울릉도 시초(2), 당개나리꽃(유치환)" 121

9월 3일

『조선일보』, 4면, "울릉도 시초(3), 월야(月夜) 도동(道洞)(유치환)" 122

9월 4일
『조선일보』, 4면(석간), "울릉도 시초(4), 한바다 복판에서(유치환)" 123

9월 5일
『조선일보』, 4면(석간), "울릉도 시초(완), 독도여(유치환)" 124

10월 24일
『조선일보』, 3면(석간), "울릉도와 독도, 학생 해양훈련 보고전에 제(際)하여(홍종인)" 125

12월 5일
『경향신문』, 1면 ""구보타(久保田)의 망언 취소 용의", 시게미쓰(重光) 외상, 한일 재협상에 언명" 128

3 1957년의 독도
한국의 독도 영유권 논거

1월 29일
『조선일보』, 1면(조간), "한일회담 재개에 암영(暗影), 일, 독도 영유권 주장, 김 주일공사에 각서 전달" 131

1월 30일
『경향신문』, 1면, "정치적 복선(伏線) 검토, 외무 당국, 독도 문제에 언급" 133
『한국일보』, 1면, ""일 측 주장은 억지", 외무 당국 담(談), 독도 영유권 주장에" 134

3월 21일
『한국일보』, 1면, "내월(來月)에 한일회담 재개" 135

4월 30일
『경향신문』, 1면, "일지(日紙), 독도 국제재판 제기 주장" 136
『한국일보』, 1면, "[사설] 평화선 거부, 독도, 류큐(琉球), 일본은 다시 무엇을 그리려 하는가?" 137

9월 6일
『동아일보』, 3면, "국적 불명 괴함선, 독도 앞에 나타났다 잠적" 139

12월 11일
『세계일보』, 1면, "울릉도를 시찰, 주한 외교사절 일행" 140
『조선일보』, 1면, "독도·울릉도 시찰, 영·서독·월남 외교사절" 141

4 1958년의 독도
독도와 평화선 문제

1월 19일
『경향신문』, 1면(석간), "해양주권선언 불변, 조(曺) 장관 언명, 원자(原子) 외교 추진할 터" 143

3월 6일

『조선일보』, 1면(조간), "독도 문제, 국재(國裁) 통해 해결, 일 수상, 평화적 노력 계속 언명" …… 144

3월 20일

『경향신문』, 1면(조간), "어부 석방 후에 본회담 재개, 일 외상, 회의서 한일관계 답변" …… 145

11월 23일

『경향신문』, 3면(석간), "돈벌이하는 경비선, 운임 받고 일반 화물 운반에 급급" …… 146

5 1959년의 독도
한국의 독도 경비 강화

1월 29일

『경향신문』, 3면(석간), "일 순찰선이 평화선 침범, 독도 주위를 돌다가 도주" …… 149

3월 3일

『경향신문』, 3면(조간), "독도는 살아 있다, 조국의 전초(前哨) 수호에 철통, 피눈물 나는 경비대원의 노고" …… 150

8월 2일

『동아일보』, 1면(조간), "'독도 침략' 운운, 일 방위청 장관 망언" …… 152

9월 19일

『동아일보』, 1면(조간), "일본 순시선이 독도 근해 침입, 대표부서 항의" …… 153
『동아일보』, 3면(석간), "독도경비원들 고립, 식량 유실되고 시설도 파괴" …… 154
『조선일보』, 1면(석간), "일(日)서 영유권 주장, 대표부의 독도 침범 항의에 강변" …… 155

9월 20일

『동아일보』, 1면(조간), "독도 영유권 재주장, 일, 국재(國裁)에도 제소 운운" …… 156
『동아일보』, 1면(석간), "일, 국재(國裁) 제소 불능, 최 차관 담, 독도는 한국 영토" …… 157
『한국일보』, 1면(조간), "독도 문제 다시 말썽? 일, 한국 측 항의에 반론을 준비" …… 158

9월 23일

『동아일보』, 1면(석간), "일 정부서 각서, 독도 문제로 망발" …… 159
『조선일보』, 1면(조간), "독도 문제 등 국재(國裁)에 제소, 일 운수상(運輸相) 공언" …… 160

9월 26일

『조선일보』, 1면(조간), "독도 영유권, 일(日)서 또 주장, 유(柳) 대사에 구상서" …… 161

9월 27일

『조선일보』, 1면(조간), "독도 침범 부인, 일, 유(柳) 대사에 각서" …… 162

9월 29일

『조선일보』, 1면(석간), "일 우익단체서 독도 점령 계획, 일 방송이 보도" … 163

10월 2일

『동아일보』, 1면(조간), ""독도는 우리 영토", 최 차관, 일(日)의 인정 종용" … 164

『조선일보』, 3면(조간), "독도 수비를 강화, 일 우익분자들의 강점 기도에" … 165

10월 30일

『조선일보』, 3면(석간), "독도의 인광(燐鑛) 채굴권 청구, 일인(日人)이 일본 정부 상대로 소송" … 166

12월 2일

『동아일보』, 1면(석간), ""독도는 일령(日領)", 기시(岸) 수상 또 주장" … 167

『한국일보』, 1면(석간), "독도는 금보다 값진 우리의 땅" … 168

12월 3일

『한국일보』, 3면(조간), "사라 태풍에도 지킨 태극기, 현지 경찰대장, 본사 기자와 무전 회견, 독도의 겨우살이" … 169

12월 12일

『한국일보』, 3면(석간), "울릉도의 우울(憂鬱)(7), 백발이 간직한 고사(故事), 처절했던 일로(日露)전쟁도" … 172

12월 13일

『조선일보』, 1면(석간), "일(日) 조건부 수락? 국재(國裁) 제소, 독도·평화선 문제의 동시 취급" … 174

『조선일보』, 1면(석간), "평화선 문제 제기, 국제 변협리(辯協理)에, 일 변협(辯協)서 발표" … 175

6 1960년의 독도
한일회담 재개와 독도

1월 7일

『동아일보』, 1면(석간), "독도 파병 주장, 일(日)의 일(一) 국수주의자" … 177

1월 9일

『동아일보』, 1면(석간), "독도 상륙작전 운운, 일본 국수주의자가 망언" … 178

1월 10일

『동아일보』, 1면(석간), "오키섬에서 지체, 일 '독도 공격대'" … 179

『조선일보』, 1면(석간), "상대할 가치 없다, 일 국수주의자의 독도 상륙 공언" … 180

1월 12일

『마산일보』, 1면, "대한반공청년단 출동 호(乎), 일 청년단체, 독도 침입에 대비" … 181

1월 16일

『동아일보』, 1면(석간), "독도 경비 질의, 3장관 출석 제안" … 182

[참고자료] 국회 회의록: 제4대 국회 제33회 제35차 국회 본회의(1960년 1월 20일) … 183

1월 31일
『동아일보』, 1면(조간), "한일회담 30일 재개, 일 극우파, 독도 반환 요구코 난동" … 186

2월 3일
『동아일보』, 2면(조간), "독도 공격 계획 연기, 일인(日人) 히고(肥後) 언명, 방한 사증(査證)을 대기" … 187

2월 6일
『동아일보』, 3면(석간), "독도수비대 편성, 경북 반공청년단서 6백 군경 출신으로" … 188

2월 9일
『동아일보』, 1면(석간), ""독도 점령은 침략", 일 수상 중의원 답변" … 189

2월 20일
『동아일보』, 1면(석간), "독도 문제 국재(國裁) 제소는 불고려, 후지야마(藤山) 외상 언명" … 190

3월 10일
『동아일보』, 1면(석간), "독도 문제 평화 해결, 일 정부 방침 재확인" … 191
『한국일보』, 1면(조간), "독도 문제 평화적으로 해결, 일 외상, 미(美)에 중재 요청도 고려" … 192

3월 11일
『세계일보』, 1면(조간), "독도 점유 위해, 미일 안보 발동 불가" … 193
『조선일보』, 1면(석간), "독도 문제 등 질의, 일 참의원, 안보조약 적용 논의" … 194

3월 12일
『마산일보』, 1면, "일본 중의원 외무위(外務委)서 논의된 한일 문제, 평화선, 독도 문제 등 질의에, 후지야마(藤山) 외상, 평화적 방침을 언명" … 195
『조선일보』, 1면(조간), "독도의 외교적 해결 모색, 한국서 수비군 강화면 무력행사" … 197

3월 14일
『마산일보』, 1면, "독도는 한국 영토, 유(柳) 대사, 일 기자회견 담" … 198

3월 23일
『조선일보』, 1면(조간), "독도 문제 논란, 일 의회서 쓰지(辻) 씨 발언" … 199

3월 28일
『동아일보』, 1면, ""독도 문제 41회나 항의했다", 일 외상, 유엔 제소도 고려" … 200

4월 9일
『동아일보』, 1면(조간), "독도 영유 주장, 후지야마 일본 외상" … 201

12월 8일

『조선일보』, 1면(석간), "'독도 소송' 비용 지불 명령, 정부 상대로 한 5억 원 손해보상재판, 동경지법(東京地法)서 민간인에 유리한 판결" — 202

12월 21일

『경향신문』, 1면(조간), "'현 한국 정부는 친일 정권', 일 고사카(小坂) 외상, 의회 예산위서 증언" — 203

12월 22일

『조선일보』, 1면(석간), "독도 영토권 주장, 고사카(小坂) 일 외상 발언" — 204

12월 23일

『민국일보』, 1면(조간), "'독도는 일(日) 영토', 일 외상, 참원(參院)서도 답변" — 205
『민국일보』, 1면(석간), "독도는 우리 것, 정부, 일 주장 일축" — 206
『한국일보』, 1면(석간), "독도는 우리 영토, 정부, 일 외상 주장 반박" — 207

7 1961년의 독도
한국의 독도 시설과 경비대

2월 18일

『민국일보』, 1면(조간), "평화적으로 해결, 일 외상, 독도 문제에 언급" — 209

2월 28일

『민국일보』, 3면(조간), "독도의 호소, 걱정이 태산인 카스트로 수염들, 단 하나의 나룻배마저 부서지고" — 210
『조선일보』, 3면(석간), "물개·갈매기의 안식처, 여기는 독도, 조국 땅의 보루" — 212

10월 22일

『마산일보』, 1면, "8억 불 청구설, 들은 일 없다, 독도 문제, 협상 통해 해결, 일 외상 참원(參院)서 대한(對韓) 정책 천명" — 213
『조선일보』, 1면(조간), "'독도는 한국 영토', 외무부 대변인, 일 외상의 발언을 논박" — 214

11월 10일

『조선일보』, 1면(조간), "일 광업회사 패소, 정부를 상대로 한 독도 광업권 소송" — 215
『한국일보』, 1면(조간), "[시시비비] 무슨 생각인가, '독도 판결'" — 216

11월 19일

『동아일보』, 1면(조간), "독도 시찰, 손(孫) 문사위원장" — 217

11월 20일

『경향신문』, 1면, "'독도' 중요성 재확인, 손(孫) 문교사회위원장 시찰 담" — 218

12월 5일

『한국일보』, 1면(조간), "독도 영유는 기정 사실, 일 외상 담, 국재(國裁)서 해결 가능" — 219

12월 27일

『경향신문』, 1면(조간), "한일관계 다시 악화? 독도는 엄연한 우리 땅, 정부, 국기(國旗) 철수 등 일(日) 요구에 항의"   220

『경향신문』, 1면(조간), "[귀거래(歸去來)] 동상이몽의 경협(經協)과 상의(商議), 독도에 생떼, '일본은 역시 일본'"   222

『동아일보』, 1면(석간), "일(日), 돌연 독도 영유권을 주장, 시설 제거·경비원 철수 요구"   223

『동아일보』, 1면(석간), ""엄연한 우리 영토", 외무 당국 반박, 청구권 줄이려는 외교술책"   223

『민국일보』, 1면(조간), "[로타리] 속이 들여다보이는 얕은 수"   225

『조선일보』, 1면(조간), "정부, 일(日)에 엄중 항의 준비, "우리 국내사항에 간섭, 독도 영유권 주장은 천만부당""   226

『조선일보』, 1면(석간), "[사설] 독도 문제를 돌연 재(再) 제기한 일본 측의 진의"   227

『한국일보』, 1면(석간), "[사설] 독도를 걸고 드는 일본의 저의는 무엇인가?"   229

『한국일보』, 2면(석간), "독도, 역사와 현실, 동·서 두 개로 된 돌섬, 일본은 노일전쟁 후 날치기로 저희 것이라 우겨, 산물은 미역, 전복 등, 한때는 물개도"   231

12월 28일

『경향신문』, 1면(조간), "[사설] 독도 영유를 주장하는 일본의 저의를 경계하라"   234

『경향신문』, 1면(석간), ""내정간섭이다", 일의 독도 주장에 항의, 주일대표부서"   236

『동아일보』, 2면(석간), ""독도는 엄연한 한국 영토", 맥아더 장군에 보낸 최남선(崔南善) 씨의 유고(遺稿)"   237

『마산일보』, 1면, "독도는 우리 영토, 외무부 대일각서 준비"   241

『민국일보』, 2면(조간), "[사설] 일본은 무엇을 위해 그러는가? 독도에 대한 각서(覺書)에 대하여"   242

『민국일보』, 2면(조간), "논쟁의 초점과 역사적 사실, 말썽이 된 독도·백두산 영유권 문제"   244

『민국일보』, 2면(조간), "독도 영속 문제, 신라 때부터 속령, 일본 에도(江戶) 시대엔 불침략 각서 받은 일도, 임진란 후 일선(日船) 자주 침범(장도빈)"   245

『민국일보』, 2면(조간), "한(韓)·만(滿) 경계와 백두산, 한말(韓末) 정계비엔 간도도 한국령, 청조(淸朝) 땐 임경업(林慶業) 장군에 만주 일대 물려준 사적(史蹟) 있고, 단군의 유적 있는 길림성(한찬석)"   248

『조선일보』, 1면(석간), "일 측의 주장 반박, 독도 영유 논의의 여지없다, 정부서 일에 강경한 항의서 전달"   253

12월 29일

『경향신문』, 2면, "독도의 역사적 배경, 엄연한 우리 영토, 일의 소위 '선점권' 주장은 부당"   254

8   1962년의 독도
한일 정치회담과 독도

1월 10일

『동아일보』, 3면(석간), "독도의 태극기, 뚜렷한 한국 영토, 경비원들 새벽마다 게양"   261

1월 30일

『경향신문』, 1면(조간), "대한(對韓) 상환액, 4월경에 제시키로, 경제협조에 더 큰 비중, 일(日) 이케다(池田) 수상, 의회서 답변, 별도로 독도 문제 해결"   263

『경향신문』, 1면(조간), "주목할 가치도 없다, 외무 당국 응수"   264

『동아일보』, 1면(석간), "조사단 파한(派韓)과 투자는 별개, 이케다(池田) 수상·고사카(小坂) 외상, 의회서 한일 문제 답변" ... 265

1월 31일

『경향신문』, 1면(조간), "따져볼 의문이 몇 가지, "일 의회의 주기적인 발작이라"" ... 267

『동아일보』, 1면(조간), ""3백 년 전 입증 문서 발견", 일지(日紙), 독도 영유권에 새 주장" ... 268

『동아일보』, 1면(조간), "국재(國裁)에 제소, 독도 점유권에 일 외상도 주장" ... 269

『동아일보』, 1면(석간), "[사설] 독도 문제에 관한 이케다(池田) 수상의 발언" ... 270

『한국일보』, 1면(석간), "일(日), 독도 영유권 주장은 주기적인 발작, 침략행위 재확인시키는 결과, 최 외무, 국제법과 역사상 이유 들어 반박" ... 273

『한국일보』, 1면(석간), "국재(國裁) 제소 불가능한 일, 망상 버리고 우호 회복을 촉구" ... 273

2월 1일

『동아일보』, 1면(조간), "망상적 주장 버리라, 최 외무, 일의 독도 영유권을 반박" ... 275

2월 6일

『경향신문』, 1면(석간), "평화선 불인정, 한일회담서 해결, 이케다 일 수상 의회서 증언" ... 276

『경향신문』, 1면(석간), ""허황한 언사, 우리 입장엔 변함없다"" ... 277

2월 8일

『경향신문』, 1면(조간), "외자(外資) 7억 불 도입, 송(宋) 수반(首班) 대구서 담(談), 한일 국교는 일(日) 성의 따라" ... 278

2월 13일

『동아일보』, 1면(석간), "한국 맞고소 예상, 일 외상, 독도 문제에 증언" ... 279

『한국일보』, 3면(석간), "독도 ↔ 울릉도①, 독도를 지키는 사람들, 오난(五難) 이겨 동단을 수호, 나무 떨어지면 막사 뜯어 때고, 풍랑 땐, 한 달 교체가 두 달도 되며" ... 280

2월 15일

『민국일보』, 1면(석간), "독도 문제는 한일회담 끝난 뒤, 제3국 중재로 해결, 고사카 외상, 의회 증언서 견해 표명" ... 282

『한국일보』, 3면(조간), "독도 ↔ 울릉도②, 독도와 홍(洪) 노인, 평생 소원, 본적이 독도인 옥동자, 67년 전에 이곳 찾아가 나무 심고, 손자들에게 내 땅 지키라 유훈(遺訓)" ... 283

2월 18일

『조선일보』, 2면(조간), "독도 분쟁, '국재(國裁)'에 제소될까?" ... 286

『조선일보』, 2면(조간), "한국의 주장, 역사의 기록이 입증, 신라시대부터 엄연한 한국 영토, 무인도지만 선점의 대상 안 된다" ... 287

『조선일보』, 2면(조간), "일본의 주장, 소속국 없던 무인도, 한국은 최근까지 공도정책(空島政策)을 답습, 영토 편입 시 외국의 이의 없었다" ... 289

2월 21일

『민국일보』, 1면(석간), "독도 문제, 국재(國裁)에 제소, 일(日) 전례 없이 강경한 태도, 고사카 외상, 의회서 언명, 한국서 동의해야 국교 정상화" … 291

2월 23일

『경향신문』, 1면(조간), "일(日), 정치회담 대표로, 이시이(石井) 씨 파한할 듯, 김(金) 정보부장, 고사카(小坂) 일 외상과 회담" … 292

『경향신문』, 3면(조간), "독도와 울릉도, 개발계획 추진" … 293

『동아일보』, 1면, "독도 문제 취급, 일본 측서 희망" … 294

2월 24일

『민국일보』, 1면(석간), "정치회담에 합의, 이케다 수상은 동경서 열자고 했다, 청구권·평화선 등 일괄 해결해야, 김 특사, 귀국 앞서 언명" … 295

2월 25일

『동아일보』, 1면(석간), "독도 일령(日領) 주장, 일 교수, 증서(證書) 발견설" … 297

2월 28일

『경향신문』, 1면(석간), "일본서 발견설, 176년 전 독도 지도" … 298

『조선일보』, 1면(조간), ""독도 문제도 정치회담 의제로", 김·이케다(池田) 회담선 청구권 불논의, 일 수(首)·외상(外相), 중의원 외위(外委)서 증언" … 299

3월 1일

『경향신문』, 1면(조간), ""17세기부터 영유", 일 조약국장, 독도 문제에 답변" … 301

3월 5일

『경향신문』, 1면(석간), ""독도 문제, 정치회담 의제로", 일, 국재(國裁) 제소 응해줄지 타진할 듯" … 302

『경향신문』, 1면(석간), ""있을 수 없는 일", 외무부에서 논평" … 302

3월 6일

『경향신문』, 1면(조간), "[사설] 일본은 정치협상에 성의를 보여라, 독도 문제 제기설을 보고" … 303

『동아일보』, 1면(조간), ""정치회담 안건 될 수 없다", 외무 당국, 독도 문제에 언명" … 305

『동아일보』, 1면(조간), "독도 문제도 의제로, 일, 정치회담에 제기 준비" … 305

『동아일보』, 1면(석간), "[사설] 독도 문제는 한일 정치회담의 의제가 될 수 없다" … 306

3월 7일

『동아일보』, 1면(조간), "12일 동경서 한일 정치회담, 수석대표에 양측 외상, 주 의제는 재산 청구권, 한일 양국 정부서 정식 발표" … 308

『동아일보』, 1면(조간), "일, 독도 토의 시사, 청구권도 1억 불(弗) 선 제의할 듯" … 309

3월 8일

『경향신문』, 2면(석간), "한일 보세(保稅) 가공(加工)무역, 현 단계에선 불가능, 일 외상 증언, 독도 문제 우선 해결" … 310

3월 9일

『동아일보』, 1면(석간), "13일 최(崔)·이케다(池田) 회담, 동경 한일 정치회담 일정 결정" … 311

『동아일보』, 1면(석간), "대표부서 부인, 독도 문제 토의설" … 312

『마산일보』, 1면, "일(日), 1억 불(弗) 선 고려, 독도 문제 국재(國裁) 제소, 대표부 설치 등 요청 시" … 313

『민국일보』, 1면(조간), "한일 외상회담 일정에 합의, 주 의제, 청구권 문제, 주한대표부, 독도 문제 등 상정 않기로" … 314

『조선일보』, 1면(조간), "독도 문제, 정치회담과는 무관, 일 측에서도 제기 않을 듯, 공식 의제로는 지금까지 논의된 현안만" … 315

『조선일보』, 4면(석간), "고문헌에 나타난 독도, 숙종 때 『약천집(藥泉集)』에 영유권 명시, 일 측 사료 『조선통교대기』에도" … 316

3월 11일

『경향신문』, 1면(조간), "우선 평화선 문제를 해결, 고사카(小坂) 외상 담, 독도 국재 제소 동의도" … 319

3월 12일

『경향신문』, 1면(석간), "독도 문제는 제기 않을 듯" … 320

『동아일보』, 1면(조간), "한일 외상 정치회담, 의제 협상을 시작, 처음부터 난항 예상" … 321

3월 13일

『동아일보』, 1면(조간), "한일 정치회담 개막, 총괄적 의견 교환, 의제 합의, 양측 수석 인사, 다음 회담은 14일에" … 322

『동아일보』, 1면(조간), "독도 문제 부(不)제기, 이케다(池田)·고사카(小坂) 발언으로 뚜렷, 일 외교 소식통 담" … 323

『민국일보』, 1면(조간), "[로타리] 일의 얕은 '제스처' 한탄" … 324

3월 15일

『민국일보』, 1면(조간), "국교 정상화와 함께 독도 문제 국재(國裁) 제소, 고사카 외상, 참원서 증언" … 325

3월 16일

『경향신문』, 1면(조간), "[사설] 해리만 차관보의 방한을 환영한다" … 326

3월 17일

『동아일보』, 1면(조간), "일 대표부 서울 설치를 거절, 최 외무, 독도 문제 국재(國裁) 제소도" … 327

『동아일보』, 1면(조간), "자민당과 접촉, 최 외무" … 327

3월 19일

『경향신문』, 1면(석간), "한일 교섭, 8·9월경 타결, 이번 회담 장차(將次)의 토대 마련, 최(崔) 장관, 서울 향발 앞서 언명" … 329

『민국일보』, 1면(석간), "국교 정상화 후 독도 문제 논의" … 330

『민국일보』, 3면(석간), "'독도는 옛날부터 우리 땅', 천석짜리 뗏목배로 내왕(來往), 일인(日人)은 그림자도 없어… 원산, 대마도까지 우리 독무대" 331

3월 20일
『민국일보』, 2면(조간), "제1차 한일회담의 총결산, 현지에서 본 경과와 협상의 이면" 334

3월 21일
『경향신문』, 2면(조간), "한일 외상회담 결산, 일, 이중 전술로 잔꾀, 법 이론만 들추고, 일례(一例)론 바위투성이 독도로 트집" 335
『경향신문』, 2면(조간), "'독도 제소에 응소 않는다'" 336
『경향신문』, 2면(조간), "두 측의 주장점" 336

3월 27일
『동아일보』, 3면(석간), "억보 일본 주장 뒤집어, 독도 영유권에 새 사실(史實), 「팔역도(八域圖)」, 벌교(筏橋) 유생(儒生)이 3대째 전승, 우산도(于山島)라고 뚜렷이 기재" 338

4월 6일
『동아일보』, 3면, "독도는 엄연히 우리 영토, 본사에 또다시 두 종을 기증, 실증하는 옛 지도 속출" 340

4월 9일
『조선일보』, 1면(석간), "일본대표부 설치 승인 않는 한, 서울 정치회담 반대, 일 외상(外相), 독도 국재(國裁) 제소를 재(再)언명" 341

4월 10일
『동아일보』, 1면(조간), "'일(日)대표부 없는 서울 회담 무리', 고사카(小坂) 외상, '독도' 국재(國裁) 제소 재표명" 342

4월 11일
『민국일보』, 1면(조간), "'일(日)은 배신행위 없다, 회담 불응은 청구액 때문', 이세키(伊關) 씨, 최(崔) 외무 발언에 반대 견해" 343

4월 28일
『동아일보』, 1면(석간), "독도 문제 해결 없이 국교 정상화 불가능, 일 고사카(小坂) 외상 증언" 344

4월 29일
『동아일보』, 1면(조간), "큰 물의 일으킬 듯, 고사카(小坂) 일 외상의 독도 문제 발언" 345

4월 30일
『마산일보』, 1면, "독도 문제 해결 선행돼야, 고사카(小坂) 외상 중의원서 되풀이" 346

5월 15일
『경향신문』, 1면(조간), "독도 국재(國裁) 제소, 99% 승소 자신, 일(日) 최고재장(最高裁長) 담" 347
『경향신문』, 1면(석간), "한일관계 개선돼야, 독도 문제 해결 가능, 일 최고재판소장" 347

6월 24일

『경향신문』, 1면(조간), "영토권 문제에 대한 일 측 주장은 부당, 8월 정치회담에 비관론" ... 348

『동아일보』, 1면(조간), "기본조약은 불체결, 일, 한일회담 기본방침을 수립" ... 349

6월 25일

『경향신문』, 1면(조간), "독도는 일 영토 아니다, 재일 미 사학 교수 조지 씨가 자료 제공, 일(日)서 만든 85년 전의 판도가 입증, 류큐제도 등 있는데 독도 표시 없어" ... 350

8월 10일

『조선일보』, 3면(조간), "박 의장이 라디오, 독도경비원과 울릉도민에게" ... 352

『한국일보』, 1면(조간), "독도는 엄연한 우리 영토, 박 의장 담, 왈가왈부는 가소로운 일" ... 353

8월 19일

『동아일보』, 1면(조간), "대한(對韓) 지불 3억 불, 일 외무성 제안, 대장성(大藏省) 측서는 반대, 수상, 조약 대신 선언안(案) 승인" ... 354

8월 20일

『경향신문』, 4면, "한일 예비회담의 전도(前途), 재산권 타협 주목, 일(日)은 어물어물 넘기려는 태도, 한국 주권 확인이 선결" ... 356

8월 21일

『조선일보』, 1면, "독도의 영유권 또 주장, '한국은 해적 국가' 운운, 일 사회당 의원, 의회서 망언" ... 358

8월 24일

『조선일보』, 2면, "독도 문제도 포함, 한일 국교 정상화 전의 해결점, 오히라(大平) 일 외상 증언" ... 359

8월 26일

『조선일보』, 2면, "그이를 독도에 초청하면 …" ... 360

『한국일보』, 1면, "[시시비비] 오히라(大平) 씨 독도에 초청해야" ... 361

9월 18일

『경향신문』, 2면, "독도의 근황, 어류만이 무진장, 우리 영토에 좀 더 관심 가져야, 일 경비정 얼씬도 못해" ... 362

『동아일보』, 3면, "우리의 '막내 섬' 독도, 동해를 지키는 외로운 초소, 빗물 받아먹는 경비대, 사기는 높아, 이젠 뜸해진 일 어선의 침범" ... 364

『조선일보』, 7면, "바다의 고아(孤兒) 독도, 외로운 초소만이 우뚝, 요즘엔 일선(日船)도 얼씬 않고, 바위에 새긴 두 글자 '韓國'(한국)" ... 366

9월 25일

『경향신문』, 4면, "독도 광업권 문제, 쓰지(辻) 후손이 또 고소" ... 369

10월 12일

『경향신문』, 1면, "독도 경비 강화토록, 박(朴) 의장, 울릉도 개발계획도 지시" ... 370

차례 23

10월 19일

『마산일보』, 1면, "독도 문제 국재(國裁) 제소, 일 외상 용의 재표명" ... 372

10월 26일

『동아일보』, 2면, ""독도는 일본 영토"라고, "재산 청구권 지나친 일", 고대(高大) 초청, 일(日) 다나카(田中) 박사 강연 내용 말썽" ... 373

10월 29일

『동아일보』, 7면, ""독도는 일본 땅, 청구권은 지나친 일", 다나카(田中) 발언에 서울대생 항의, 27일 본인도 정식으로 사과 성명" ... 375

11월 1일

『경향신문』, 7면, "물의 일으켜 미안, 일(日) 다나카(田中) 교수의 말" ... 376

11월 12일

『경향신문』, 2면, "미(美), 한국 재건에 장기 협조, 김(金) 부장, 공동통신과 회견 담" ... 377

11월 13일

『경향신문』, 1면, "독도 문제는 수교 후, 국재 제소 부당성 역설" ... 378

11월 14일

『조선일보』, 1면, "예비회담에서 독도 문제 토의, 오히라(大平) 일 외상 담" ... 379

11월 15일

『동아일보』, 1면, "제3국 통해 조정, 독도 문제에 일 외상 언급" ... 380

11월 26일

『동아일보』, 1면, "국제중재위 설치, 일, 독도 문제 해결에 구상" ... 381

12월 6일

『경향신문』, 2면, ""한일회담 조속 타결을 희망", 이케다(池田) 수상 담, "청구권 등 일괄해서"" ... 382

12월 11일

『한국일보』, 1면, "현안 조기 타결에 의견 일치, 어제 김(金) 부장·오노(大野) 씨 단독 회담, 청구권·어업·평화선·독도 문제 등 광범한 토의" ... 383

12월 13일

『조선일보』, 1면, "독도 문제, 국교 후에 해결, 국방선(國防線) 설정은 특수 사정 때문" ... 384

『한국일보』, 1면, "독도 경비에 만전을, 박 의장, 울릉도서 담(談)" ... 371

| 3편 | 〈목록〉 1955~1962년 독도 관련 국내 언론보도 기사 목록 |

1 1955년 388
2 1956년 389
3 1957년 392
4 1958년 395
5 1959년 396
6 1960년 399
7 1961년 403
8 1962년 406

색인 420
자료 출처 426

1편

⟨개설⟩
언론보도를 통해 본
1955~1962년의 독도

I. 머리말

광복 후 독도는 일본이 아니라 한국의 영역에 있었다.[1] 독도는 1946년 연합국최고사령관 각서(SCAPIN) 제677호에 의해 일본의 통치영역에서 제외되었다. 그리고 1946년 연합국최고사령관 각서 제1033호에 의해 일본 선박이나 선원들은 독도 12해리 이내로 들어올 수가 없었다. 그에 반해, 1947년 한국에서는 정부 차원에서 독도조사단을 파견하는 등 독도 학술조사를 실시하고 어민들은 독도를 왕래하며 미역을 채취하였다. 그러다가 1948년 미 공군기의 폭격 연습으로 독도에서 조업하던 한국 국민들이 사망하는 사건도 일어났다.

그런 상황 중에 일본은 독도를 자국의 영토로 편입하고자 독도 영유권을 주장하였다. 1947년 일본의 한 민간인이 독도를 마치 자기의 어업구역인 것처럼 주장하기도 하였고, 1951년 샌프란시스코강화조약 체결 이후에는 일본 정부가 나서서 독도 영유권을 주장하였다.

1952년 한국이 평화선을 선언하며 독도를 그 안에 포함시키자 일본은 이에 항의하며, 독도가 마치 자국의 영토인 것처럼 미 공군에게 폭격 연습지로 내어주는 모양새를 취하기도 하였다. 한국이 미국 측에 항의를 하여 독도가 폭격 연습지에서 해제되기는 했지만, 일본은 더욱 공세적으로 독도 침탈을 시도하였다.

1953년 일본은 한국이 6·25전쟁으로 혼란한 틈을 이용하여, 독도의 영해를 침범하거나 독도에 상륙하여 그곳에서 조업하던 한국 어민들을 쫓아내는 일도 있었다. 한국에서는 재차 독도에 학술조사단을 파견하여 독도를 조사하고 측량지도도 제작하였다. 1954년부터는 한국의 경비대가 독도에 상주하게 되었다. 그 후 일본 순시선이 독도에 접근하려고 하면 한국의 경비대가 총격을 가하며 일본 측의 독도 접근을 막았다.

이 글에서 다루는 1955~1962년간의 독도 관련 사항은 이러한 상황을 기반으로 전개되었

---

1 이하, 광복 후 1954년까지 독도 관련 사항에 대해서는 홍성근 편, 2020, 『광복 후 독도와 언론보도 I : 1948년 독도 폭격사건』, 동북아역사재단; 홍성근 편, 2021, 『광복 후 독도와 언론보도 II: 1945~1954년의 독도』, 동북아역사재단 참조.

<표 1> 1955~1962년간 독도 관련 국내 신문기사의 연도별 주요 내용

연번	연도	독도 관련 사항	기사 건수
1	1955년	• 한국 정부, 독도 등대 재건설 및 각국 정부에 통고 • 한국 정부, 일본 순시선의 독도 영해 침범에 항의	14건
2	1956년	• 일본 수상 등, 독도 영유권 주장 • 한국산악회, 학도 해양훈련 및 독도 학술조사 • 영화 '독도와 평화선' 시사회	31건
3	1957년	• 일본 정부, 독도 영유권 관련 구술서 제출 • 주한외교사절단, 울릉도·독도 시찰 보도	28건
4	1958년	• 일본 수상, 국제사법재판소 제소 주장	9건
5	1959년	• 한국 정부, 일본의 국제사법재판소 제소 주장에 거부 • 한국 정부, 일본 순시선의 독도 영해 침범에 항의 • 일본 우익단체, 독도 점령 계획 발표 • 일본 민간인, 독도 인광 채굴권 소송 제기	40건
6	1960년	• 한국 민간단체, 일본 우익단체의 독도 도발에 대응 계획 발표 • 일본 정부 관계자, '독도 문제' 관련 평화적 해결 언명 • 한국 정부, 일본 외상의 독도 영유권 주장에 반박 • 일본 지방법원, 독도 인광 채굴권 관련 재판	37건
7	1961년	• 일본 외상 등, '독도 문제'의 국제사법재판소 제소 주장 • 한국 정부, 일본의 독도 시설물 철거 주장에 반박 • 한국 정부 고위 인사, 울릉도·독도 시찰	46건
8	1962년	• 일본 수상 등, 국교 정상화에 앞서 '독도 문제' 처리 주장 • 한국 정부, '독도 문제'의 국교 정상화 의제 논의에 반박 • 한국 정부, 일본의 국제사법재판소 제소 주장에 거부 • 박정희 의장, 울릉도 방문 후 독도 경비 강화 지시 • 일본인 교수, 독도 영유권 주장 관련 논란 후 사과 표명 • 일본 정부, 독도 관련 국제중재위원회 구상 제기 • 한국 정부, 독도 관련 제3국 조정안 제기	165건
		합계	370건

다. 이 기간 국내 신문에 게재된 독도 관련 사항을 연도별로 정리하면 〈표 1〉의 내용과 같다.

이 책에서 다루는 독도 관련 기사는 모두 370건이고, 연도별로 보면 1955~1958년간에는 연 9~31건, 1959~1962년간에는 연 37~165건이다. 신문별로 결호도 있어 기사 건수가 대략적인 통계이긴 하지만, 1959년 이후 독도 관련 기사가 점차 늘어났음을 볼 수 있다. 이는 국교 정상화를 위한 한일 정치회담 등이 진행되면서 독도 관련 사항이 많이 거론되었기 때문인 것으로 보인다.

이 책의 독도 관련 기사는 다음 두 가지 방법으로 조사하였다. 첫째는 『경향신문』, 『동아일보』, 『마산일보』, 『조선일보』 기사와 같이 국립중앙도서관, 국사편찬위원회, 네이버 뉴스 라이브러리 등의 신문기사 검색 사이트에서 '독도'라는 단어를 입력하여 조사하였다. 둘째는 『민국일보』(『세계일보』), 『한국일보』 기사와 같이 국회도서관과 국사편찬위원회에 각각 원본 신문 형태로 소장되어 있는 신문에서 독도 관련 기사를 조사하였다.

그럼에도 불구하고 이 책이 당시 국내 신문의 독도 관련 기사를 모두 다루고 있는 것은 아니다. 『서울신문』의 기사처럼 인쇄 상태가 좋지 않아서 검토 대상에서 제외한 것도 있고, 『민국일보』(『세계일보』)와 같이 중간에 결호가 있어 확인이 어려운 경우도 있었다.[2] 그리고 독도를 직접 언급하지 않고 울릉도나 평화선을 언급한 기사라고 하더라도 독도 관련 내용 이해를 위해 필요한 경우 추가한 기사도 있다.

이 책의 제1편 〈개설〉에서는 제2편 〈자료〉와 제3편 〈목록〉을 기초로 독도 관련 사항을 연도별로 정리하고자 한다. 이를 통해 1955~1962년간에 독도와 관련하여 어떤 사항이 뉴스 또는 사회적 이슈로 등장하였는지, 그 내용이 무엇인지, 그리고 그러한 독도 관련 사항이 어떻게 전개되고 처리되었는지 등에 관해 살펴보고자 한다.

---

[2] 『서울신문』은 국사편찬위원회에 마이크로필름 형태로 보관되어 있지만, 신문의 인쇄 상태뿐만 아니라 조사 당시 마이크로필름 기기의 상태도 좋지 않아서 기사의 내용을 제대로 확인할 수 없었다. 그래서 『서울신문』의 기사는 검토 대상에서 제외하였다. 국회도서관에는 『민국일보』(『세계일보』)가 1957년 1월부터 1962년 6월 30일까지 마이크로필름과 원본 신문으로 보관되어 있는데, 중간에 결호도 있다. 『민국일보』는 당초 신문의 제호(題號)가 『세계일보』였는데, 1960년 7월 9일 『민국일보』로 바뀌었다. 『민국일보』(『세계일보』)는 1957년 1월 1일부터 1959년 7월 31일 마이크로필름으로 보관되어 있고, 원본 신문으로는 1960년 3월과 4월, 그리고 1960년 7월 1일부터 1962년 6월 30일까지 보관되어 있다.

II. 1955~1957년의 독도

1. 1955년의 독도: 한국의 독도 등대 재건설

한국 정부는 1955년 7월 8일 독도의 동도 정상부에 등대를 준공하였다. 언론에서는 독도 등대를 준공했다고 보도하였지만, 정부 문서에는 독도 등대를 '개수(改修)'했다고 기록되어 있다.[3] 독도 등대는 1954년 8월 10일 동도의 동북쪽 해안에 처음 건설된 바가 있는데, 등대의 위치를 동도의 정상부로 옮겨 1955년 7월 8일 다시 완공한 것이다.

새롭게 건설된 독도 등대는 1954년에 세워진 등대와 비교할 때 '무인 등대'이고 '아세틸렌 와사등(瓦斯燈)'이라는 점에서 같으나, 등고(燈高)가 15.24미터(50피트)에서 126.9미터로 높아지고 광달거리(光達距離)도 10해리에서 15해리로 늘어났다는 점에서는 차이가 있다.[4]

해무청에서는 독도 등대를 준공한 후 그 사실을 각국 정부에 통보하도록 외무부에 요청하였다. 그래서 외무부에서는 독도 등대 건설에 관해 한국에 있는 영국, 미국, 프랑스, 중국, 필리핀 공관에 공한을 보내어 통보하였다.[5] 그리고 외무부 본부에서는 주일한국대표부에 지시하여 일본 정부 및 일본에 주재하는 각국 공관에도 중복되지 않은 범위에서 통보하도록 하였다.[6] 한국 정부는 1954년에 독도 등대를 건설한 뒤에도 한국에 주재하는 각 외교사절단에 그 사실을 통보한 바 있다.[7]

한국 정부는 1955년 8월 8일 구술서를 통해 일본 정부에 독도 등대 건설 사실을 통보하

---

[3] 「독도 등대 개수에 관한 건」(1955년 7월 26일), 『독도 문제, 1955-59』(분류번호 743.11JA, 등록번호 4567). 영어 문장에서는 '개수(改修)'에 대해 '재건설(reconstruction)'이라는 표현을 사용하고 있다. 「독도 등대 개수에 관한 건」(1955년 8월 3일), 『독도 문제, 1955-59』.

[4] 1954년 독도 등대 현황은 『경향신문』, 1954년 8월 13일, 2면, "독도에 등대 완성, 우리 영역표식에 개가" 참조.

[5] 『경향신문』, 1955년 7월 29일, 3면, "독도 등대 이용, 각국 정부에 통고"; 『한국일보』, 1955년 7월 29일, 3면, "독도 등대 준공, 광달거리는 15리(哩)".

[6] 「독도 등대 개수에 관한 건」(1955년 7월 30일) 및 「독도 등대 개수에 관한 건」(1955년 8월 3일), 『독도 문제, 1955-59』.

[7] 『조선일보』, 1954년 8월 24일, 2면, "독도의 등대 설치, 외교사절단에 통고".

<표 2> 1955년 준공된 독도 등대 개요

구분		내용			
등대명		독도 등대(獨島 燈臺)			
위치		N37° 14′ 40″, E131° 52′ 20″			
개수 연원일		1955년 7월 8일			
도색 및 구조		백색 사각형 철탑			
등질(燈質)		섬백광(閃白光), 매 5초 1섬광, 아세틸렌 와사등(瓦斯燈)			
명호(明弧)		자(自) 140도 지(至) 146도	자 150도 지 179도	자 180도 지 205도	자 210도 지 116도
등고(m)	기초상	2.9m			
	평균수면상	126.9m			
광력(촉: 燭)		3/10(240와트)			
광달거리(리: 浬)		15마일			
기사		무간수(無看守) 등대			

출처: 「독도 등대 개수에 관한 건」(1955년 7월 26일), 『독도 문제, 1955-59』.

였다.[8] 이에 대해 8월 24일 일본 정부는 한국 정부의 독도 등대 건설 통보를 접수할 수 없다는 구술서를 보내왔다.[9] 한편, 일본 정부는 8월 16일 구술서로 한국이 일본의 영토를 침입했다고 주장하며, 한국이 독도에 세운 등대, 경비대 막사, 무선시설 등 시설물을 즉시 철거하고 독도에 있는 사람도 철수시킬 것을 요구하였다.[10] 일본 측에서는 7월 19일 독도의 영해를 침범하여 독도의 상황을 탐지한 일본 순시선 헤쿠라호를 통해 이미 독도에 등대가 건설된 사실을 파악하고 있었던 것이다.

8월 25일 밤에는 일본 순시선 1척이 독도 주변을 약 1시간 동안 순회한 일이 있었다. 이러한 사실은 경북 경찰국에서 치안국을 통해 외무부에도 보고되었다.[11] 그리고 외무부에서

---

8 「1955년 8월 8일 자 아 측 구술서」, 『독도 문제, 1955-59』.
9 「(번역문) 외무성 구상서(동경 8월 24일)」, 『독도 문제, 1955-59』.
10 이하 「1955년 8월 16일 자 일 측 구술서」, 『독도 문제, 1955-59』 참조.

는 8월 31일 주일한국대표부를 통해 일본 순시선의 독도 영해 침입은 한국의 안전을 위협하는 행위라고 항의하며 재발 방지를 요구하였다.[12]

2. 1956년의 독도: 한국산악회의 학도 해양훈련

1) 일본 정부 관계자들의 독도 발언

1956년 5월 24일 일본 방위청 후나다 나카(船田中) 장관이 참의원 내각위원회에서 '독도를 일본령'이라고 주장하고, '독도 문제'를 외교 협상을 통해 해결하는 것이 일본 정부의 방침이라고 했다.[13] 그리고 "한국의 독도 점령이 '침략'을 받고 있다고 생각하지 않는가"라는 의원의 질문에 대해서는 "미일행정협정 제24조를 적용할만한 침략행위가 일본 지역에서 일어났다고 보지 않는다"고 답변하였다. 이 협정 제24조는 "일본 구역에 있어서 적대행위 또는 적대행위의 급박한 위협이 발생한 경우, 일본 정부와 미국 정부는 일본 구역의 방위를 위해 필요한 공동조치를 취하고, 아울러 안전보장조약 제1조의 목적을 수행하기 위하여 즉시 공동 협의해야 한다"고 규정하고 있었다.[14]

12월 5일 기사에 따르면, 일본의 하토야마 이치로(鳩山一郎) 수상과 시게미쓰 마모루(重光葵) 외상도 '독도를 일본 영토의 일부'라고 하며, 평화선에 관한 협상이 진행될 때 '독도 문제'가 해결되어야 한다고 주장하였다.[15]

2) 한국의 학도 해양훈련 실시

한국산악회에서는 7월 27일부터 14일간 서울 지역의 고등학교 학생들에게 해양 사상을 고

---

11 「일본 선박 독도 출현의 건」(1955년 8월 31일), 『독도 문제, 1955-59』.
12 「1955년 8월 31일 자 아 측 구술서」, 『독도 문제, 1955-59』.
13 『동아일보』, 1956년 5월 26일, 1면, "독도는 일본령, 스나다(砂田) 또 괴발언"; 『조선일보』, 1956년 5월 26일, 1면(석간), "독도는 일본 영토, 일본 방위청 장관 주장"; 일본 국회 회의록(第24回国会 参議院 内閣委員会 第51号 昭和31年5月24日).
14 당시 미일행정협정은 1960년 개정 전의 미일주둔군지위협정으로 1951년 9월 8일에 체결한 미일안전보장조약 제3조에 따라 체결되었다. 이 협정의 원문명은 "일본과 미국 간의 안전보장조약 제3조에 기한 행정협정"인데 줄여서 '미일행정협정'이라고 한다.
15 『경향신문』, 1956년 12월 5일, 1면, "구보타(久保田)의 망언 취소 용의, 시게미쓰(重光) 외상, 한일 재협상에 언명".

취시키기 위해 울릉도와 독도 답사를 추진하였다. 그들은 출발에 앞서 7월 25일 오후 2시 해군 본부 강당에서 해군 참모총장이 참석한 가운데, 학생 해양훈련대 편성식을 가졌다. 학생들은 출발 후 해군 장병들의 지도하에 함상 훈련도 하고, 해군사관학교에서 5일간 사관생도들과 함께 내무생활도 체험하였다.[16]

그때 한국산악회에서는 울릉도와 독도 학술조사도 실시하였다. 독도 학술조사는 1947년, 1953년에 이어 3번째였다.[17] 학술반은 식물반, 동물반, 지질반으로 구성되었고, 조사자들은 독도를 실지 조사하였다. 독도에 자생하는 식물 조사는 이전에도 있었는데, 독도의 식물은 대개 울릉도에 있는 것과 같았다. 1956년 독도 학술조사 때는 곤충 조사가 처음으로 이루어졌다. 그리고 지질반에서는 독도의 화산 분출에 흥미를 가졌는데, 독도가 인근 해저에서 큰 화산이 터지면서 생긴 것으로 보았다.

학도 해양훈련을 추진한 한국산악회장 홍종인은 해양훈련을 마친 후 『조선일보』에 "항해 1천 마일, 학도 해양훈련기"라는 제목으로 1956년 8월 22~29일까지 모두 8회에 걸쳐 기고문을 게재하였다. 그는 "독도를 알려면 울릉도에 대한 지식을 가져야 할 것"이라고 하며 울릉도에 대한 관심을 촉구하였다.[18] 울릉도가 산업상, 국방상 중요한데 교통과 산업, 문화 등이 매우 낙후되어 있기 때문에 울릉도에 대해 더 관심을 갖고 혜택을 주어야 한다고 했다. 그의 기고문에는 '독도'의 명칭에 대한 그의 인식도 볼 수 있는데, "독도라고 하는 것은 한문 글자에 보이듯 따로 떨어져 홀로 서 있는 섬이 아니라, 경상도 방언으로 돌(石)섬, 즉 돌로 된 섬이라는 뜻이라고 울릉도에서는 옛날부터 설명되고 있다"고 했다.[19]

한국산악회에서는 학도 해양훈련을 마친 뒤, 그해 10월 18일부터 23일까지 서울 시내 동화백화점에서 전시회를 개최하여, 일반 국민들에게 울릉도와 독도, 그리고 학도 해양훈련에 대해 소개하였다.

---

[16] 『조선일보』, 1956년 7월 22일, 2면(조간), "독도 등을 답사, 산악회서 27일부터 14일간"; 『한국일보』, 1956년 7월 22일, 3면, "고교생 해양훈련, 해군의 지도로".
[17] 1952년에도 독도 학술조사를 계획하였으나, 독도 폭격으로 독도에 입도하지 못했다.
[18] 『조선일보』, 1956년 10월 24일, 3면(석간), "울릉도와 독도, 학생 해양훈련 보고전에 제하여(홍종인)".
[19] 『조선일보』, 1956년 8월 25일, 2면(조간), "항해 1천 마일, 학도 해양훈련기: 드디어 독도로(홍종인)".

3) 독도경비대원의 생활상

1956년 8월 『동아일보』에는 기자가 독도를 방문하고 찍은 사진과 함께 독도의 현황에 대해 소개한 기사가 5회에 걸쳐 실렸다. 당시 독도에는 아직 계단이 제대로 정비가 되어 있지 않아 줄을 붙잡고 동도 정상부로 올라갔다.[20] 정상부에는 등대와 경비대 초사가 있었고, 무선시설 안테나도 세워져 있었다. 경비대 초사는 온돌방 한 칸, 청마루 한 칸으로 되어 있었고, 그 내부 모습은 기사와 함께 실린 사진을 통해 볼 수 있다.

독도 경비는 울릉도경찰서에서 담당하고 있었는데, 6~10명의 경찰관들이 20일간 근무를 하였다.[21] 경비대원들은 중화기나 M1소총을 갖고 경계근무를 서고 있었다. 그들은 풍랑으로 인한 교통 두절을 염려하여 식량, 연료 등 3개월분씩 예비로 보유하고 있었다. 한때 풍랑 때문에 51일간 10명의 경비대원들이 식량 없이 지내다가 구사일생으로 구출된 적도 있었다. 식수는 바위틈에서 한 방울 두 방울 떨어지는 물을 받아 간신히 갈증을 면하고 있는 정도였다. 경비대원들이 근무 중 제일 어려운 것은 귀양살이와도 같은 생활에서 느끼는 외로움이었다.

기자는 독도에서 불행한 일도 있었다며, 한 경찰관이 식량을 운반하다가 바위에서 미끄러져 순직한 일도 있었다고 했다.[22] 2022년 현재까지 독도에서 근무하다가 순직한 경찰관은 모두 7명이다. 그 내용은 독도의 동도 정상에 있는 '독도경찰위령비' 안내문에 적혀 있다.[23] 그런데 1956년 이전에 순직한 경찰은 1954년에 사망한 허학도 경사인데, 그의 순직비는 1955년 봄에 세워졌다.[24]

기자는 독도에서 직접 보고 들은 바에 대해서도 기록하였다.[25] 당시 경비대 숙소에는 미역을 채취하기 위해 독도에 온 제주 해녀 3명이 머물고 있었다. 1956년 당시 제주 해녀들이 미역 채취를 위해 독도에 왔던 것을 알 수 있다. 또한 독도에 1백여 마리 정도의 물개가 서

---

20 이하 『동아일보』, 1956년 8월 21일, 3면, "독도 카메라 탐방②, 집은 경비초소뿐, 기암괴석·절해의 금강" 참고.
21 이하 『동아일보』, 1956년 8월 22일, 3면, "독도 카메라 탐방③, 견딜 수 없는 애수, 20일 교대의 경비진" 참고.
22 『동아일보』, 1956년 8월 25일, 3면, "독도의 생태(生態), 소련 선박 가끔 출몰, 이색의 여(女) 주민, 구슬피 우는 물개".
23 독도박물관, 2019, 『한국인의 삶의 기록, 독도: 독도의 인공조형물 보고서』(독도박물관 연구총서), 102~107쪽 참고.
24 허학도 경사의 사망 사고와 관련해서는 다른 증언도 있는데 이에 대해서는, 홍순칠, 1997, 『이 땅이 뉘 땅인데: 독도의용수비대 홍순칠 대장 수기』, 혜안, 61~63쪽, 216~219쪽 참고.
25 이하, 『동아일보』, 1956년 8월 25일, 3면, "독도의 생태(生態), 소련 선박 가끔 출몰, 이색의 여(女) 주민, 구슬피 우는 물개" 참조.

식하고 있었는데, 기자는 물개의 우는 소리가 마치 송아지 우는 소리와 같았다고 했다. 당시 물개는 천연기념물로 보호하고 일체 수렵을 금하고 있었는데, 여기서 물개는 독도 바다사자로 보인다. 또한 소련의 선박이나 잠수함이 독도 영해를 침범하는 일이 있어 해군에서는 비상이 걸리기도 했다고 한다.

4) 영화 '독도와 평화선'과 유치환의 '독도여'

1956년 8월 24일부터 성남극장에서 김승옥(金承玉) 씨가 제작한 영화 '독도와 평화선' 시사회가 있었다. 이 영화는 우리나라 최초의 총천연색 영화로서 일본 어선의 나포 실황을 직접 촬영하였으며 평화선에 출현한 일본인들을 볼 수 있는 것이 특징이라고 했다.[26] 이 영상은 1954년경 독도 현지에서도 촬영되었는데, 독도의용수비대 홍순칠 대장은 그의 수기에서 그때 독도에서 있었던 촬영 상황에 대해 증언한 바도 있다.[27]

그 시기 『조선일보』에는 청마(靑馬) 유치환(柳致環)이 쓴 울릉도와 독도에 관한 5편의 시(詩)가 연재되었다. 울릉도와 독도에 관한 유치환의 시는 1956년 8월 31일부터 9월 5일까지 울릉도 시초(鬱陵島詩抄)라는 코너에서 소개되었는데, 마지막 5번째 시가 독도를 주제로 한 '독도여'라는 제목의 시다.[28]

'독도여'라는 시는 깎아지른 바위섬과 태양이 이글거리는 바다를 묘사한 삽화와 함께 게재되었다. 한편 『조선일보』의 '울릉도 시초'에 소개된 시 다섯 편의 내용을 볼 때, 유치환이 울릉도와 독도를 직접 방문하고 쓴 것으로 보인다. '월야(月夜) 도동(道洞)'이나 '한바다 복판에서'와 같은 시를 보면, 울릉도와 독도를 직접 방문하지 않고는 쓸 수 없는 울릉도와 독도의 지리적 상황이나 행적이 구체적으로 묘사되어 있기 때문이다.

---

[26] 『조선일보』, 1956년 8월 23일, 4면(석간), "신(新) 영화, 독도와 평화선, 총천연색 기록영화".
[27] 홍순칠, 1997, 앞의 책, 90~95쪽. 영화 '독도와 평화선'은 2005년 한국영상자료원에서 필름을 기증받은 후, 컬러로 복원하여 보관하고 있다. 『국민일보』, 2005년 3월 16일, "1955년 독도 기록영화 '독도와 평화선' 발견"; 한국영상자료원(www.koreafilm.or.kr): '독도와 평화선'(1955, 한국문화영화사 제작).
[28] 『조선일보』, 1956년 8월 31일, 4면(석간), "울릉도 시초(1), 정결한 왕국"; 『조선일보』, 1956년 9월 1일, 4면(석간), "울릉도 시초(2), 당개나리꽃"; 『조선일보』, 1956년 9월 3일, 4면, "울릉도 시초(3), 월야(月夜) 도동(道洞)"; 『조선일보』, 1956년 9월 4일, 4면(석간), "울릉도 시초(4), 한바다 복판에서"; 『조선일보』, 1956년 9월 5일, 4면(석간), "울릉도 시초(완), 독도여".

독도여

유치환

무슨 저주가
이 같은 절해에 너를 있게 하였던가.

종시 청맹(靑盲) 같은 세월과
풍랑의 허망에 깎이고 찢기어
한 포기 푸새도 생명하기 힘겨운
독올(禿兀) 불모(不毛)한 암석만의 편토(片土).

다시 갈 곳 없으매
갈매기도 마침내 해골을 바래(曝)는 곳.

그러나 진정 너의 욕(辱)됨은
이 유당(流黨)의 고절(孤絶)에 있음이 아니거니
제 모국에서 분노가 오늘처럼 치밀 제는
차라리 너 되어 이 절해(絶海)에 이름 견디고저.

유치환은 독도폭격사건이 있었던 해인 1948년에는 "동쪽 먼 심해선(深海線) 밖의 한 점 섬 울릉도로 갈거나"로 시작되는 '울릉도'란 제목의 시를 대표작으로 하여 『울릉도』란 시집을 출판한 적도 있다. '울릉도'는 독도박물관이 있는 울릉도 도동리의 약수공원에 시비(詩碑)가 세워져 있을 정도로 일반 대중들에게도 널리 알려져 있다.

3. 1957년의 독도: 한국의 독도 영유권 논거

1) 일본 정부 견해 보도

1957년 1월 29일 국내 언론에서는 그 전날인 28일 일본 『마이니치신문(每日新聞)』의 기사를 인용하여 일본 정부에서 1953년 9월 9일 한국 정부의 독도에 관한 견해에 반박하는 구술서를 한국 측에 보냈다는 보도가 있었다. 그리고 『마이니치신문』에 실린 일본의 주장을 3가지로 정리하여 소개하였다.[29] 보다 분명한 이해를 위해 『마이니치신문』에 소개된 독도 관련 내용을 정리하면 대략 다음과 같다.[30]

> 첫째, 역사적인 측면에서 한국 측의 문헌과 사실의 인용은 부정확하고, 한국 측이 말하는 우산도나 삼봉도는 현재의 울릉도로서 오늘날 독도라고 하는 것에는 어떠한 근거도 없다. 둘째, 법적으로 보면 1905년 2월 22일 시마네현의 독도 편입 고시, 태평양 전쟁 발생 직전까지 있은 독도에 대한 실효적 경영은 근대국제법에서 요구하는 영토 취득의 요건을 갖추고 있다. 셋째, 한국 측에서는 샌프란시스코강화조약의 영토조항이 연합국최고사령관 각서의 행정권 정지 조치를 확인한 것이라고 주장하지만, 각서와 강화조약과는 아무런 관계가 없다. 그것은 샌프란시스코회의에서 미국 대표 덜레스가 동 각서에서 행정권이 정지된 하보마이 군도가 포기된 쿠릴열도에는 포함되지 않는다고 언급한 것에서 볼 수 있다.

이에 대해 한국 외무부 당국자는 냉담한 반응을 보였다. 즉, '일본의 주장은 종래에도 누차에 걸쳐 표명된 것으로 새삼스러운 일이 아니며 아직 공식적인 보고도 접하지 못하였다'고 하며 직접적인 언급을 회피하였다.[31] 다만, 일본이 독도 영유권을 주장하는 그들의 조건과 정치적 복선에 관해 검토해야 할 것이라면서, "일본 측이 다시 독도 영유권에 관한 부당한 주장을 고집한다면 이는 그들이 한일관계를 고의로 더욱 악화시키며, 또한 그들이 인국(隣國) 영토에 대한 야욕을 아직도 버리지 않고 있다는 사실을 스스로 폭로하는 것"이라고 말하였다.[32]

여기서 일본 정부 견해에 대해 논박하는 것은 별론으로 하고, 한 가지 주목해야 할 점이 있다. 한국의 외무부 당국자는 '공식적인 보고도 접하지 못하였다'고 한 내용이 어떻게 일본

---

29 『조선일보』, 1957년 1월 29일, 1면(조간), "한일회담 재개에 암영(暗影), 일, 독도 영유권 주장, 김 주일공사에 각서 전달".
30 『每日新聞』, 1958년 1월 28일, 1面, "竹島の日本の領土, 政府, 再び韓国に反論".
31 『경향신문』, 1957년 1월 30일, 1면, "정치적 복선(伏線) 검토, 외무 당국, 독도 문제에 언급".
32 『경향신문』, 1957년 1월 30일, 1면, "일 측 주장은 억지, 외무 당국 담(談), 독도 영유 주장에".

유력 신문에 기사화되었냐는 것이다.

『마이니치신문』이 이 내용을 다룬 것은 1957년 1월 28일이었는데, 그즈음에 일본 정부가 한국 정부에 독도에 관한 견해를 보내온 것은 1956년 9월 20일 자 일본 정부 견해였다. 그런데 『마이니치신문』에서는 1953년 9월 9일 자 한국 정부 견해에 대한 일본 정부의 반박이라고 했는데, 그렇다면 『마이니치신문』이 언급한 일본 정부의 반박은 1954년 2월 10일 자 일본 정부 견해를 가리키는 것으로 보인다. 또한 『마이니치신문』에서 언급한 3가지 일본 정부의 주장을 내용 면에서 보더라도 1954년 2월 10일 자 견해로 생각된다.

그렇다면 왜 3년이나 지난 시점에서 일본 정부의 주장이 일본의 유력 신문 1면에 기사화되었는지에 대해서는 그 정치적인 의도를 의심하지 않을 수 없다.

1955년 9월 1일 『조선일보』에는 "1954년 9월 25일 일본 정부에 우리가 독도 영유권을 천명한 문서를 전달한 후 일본 정부로부터는 하등 동도(同島)의 영유를 반증할만한 응답이 없었다"는 내용이 있다.[33] 이처럼 언론에서는 한일 양국 정부 간에 오간 독도 관련 내용이 간략히 언급되는 정도였는데, 1957년 1월 『마이니치신문』의 기사처럼 독도에 관한 일본 정부의 견해가 자세하게 보도되는 것은 드문 일이었다.

참고로 한일 양국 정부는 1953~1965년까지 모두 4차례에 걸쳐 정부 간 견해를 주고받았다(〈표 3〉 참조). 일본 정부가 보낸 1954년 2월 10일 자 견해에 대해 한국 정부는 1954년 9월 25일 자로 반박을 하였고, 그로부터 2년이 지난 1956년 9월 20일 일본 정부가 한국 정부 견해에 대해 반박을 해왔다.[34] 다시 1956년 9월 일본 정부의 견해에 대해서는 한국 정부가 1959년 1월 7일 자로 재반박을 하였다.[35] 그에 관한 언론보도는 찾을 수 없었다.

2) 독도 영유권 관련 국내적 논의

1956년 일본 정부 견해에 대한 반박문 작성 작업이 외무부 내부에서, 학자들의 의견을 들어가면서 이루어졌다. 학자들은 신문에 한일회담에서 독도 관련 사항이 논의될 것에 대비하여

---

[33] 『조선일보』, 1955년 9월 1일, 1면, "한국의 안전을 위협, 일 무장선, 독도 근해 침입을, 우리 대표부서 일 정부에 항의".
[34] 「1956년 9월 20일 일본 정부 견해」, 『독도 문제, 1955-59』.
[35] 「1956년 9월 20일 자 독도에 관한 일본국 정부의 견해를 반박하는 대한민국 정부의 견해」(1959년 1월 7일), "The Korean Government's Views Refuting the Japanese Government's Version of the Ownership of Dokto Dated September 20, 1956"(이상 『독도 문제, 1955-59』).

<표 3> 독도 관련 한일 정부 견해를 담은 왕복 외교문서 현황

	내용	비고
1	1953년 7월 13일 자 일본 정부 견해 1	
2	1953년 9월 9일 자 한국 정부 견해 1	1차 일본 정부 견해 반박
3	1954년 2월 10일 자 일본 정부 견해 2	1차 한국 정부 견해 반박
4	1954년 9월 25일 자 한국 정부 견해 2	2차 일본 정부 견해 반박
5	1956년 9월 20일 자 일본 정부 견해 3	2차 한국 정부 견해 반박
6	1959년 1월 7일 자 한국 정부 견해 3	3차 일본 정부 견해 반박
7	1962년 7월 13일 자 일본 정부 견해 4	3차 한국 정부 견해 반박
8	1965년 12월 17일 자 한국 정부 견해 4(구술서)	4차 일본 정부 견해 반박

독도 영유권에 관한 논거를 제시하는 글을 기고하였다. 그 대표적인 글이 김기수(金基洙) 씨의 글이다.[36] 그는 1957년 2월 『동아일보』에 게재한 5편의 기고문을 통해 독도가 한국의 영토이라는 논거와 함께 한국 정부가 역사적·지리적 논의만 할 것이 아니라 실질적인 행정 조치를 취해야 한다고 주장하였다.[37]

김기수 씨의 시론 기고가 끝나자, 황상기(黃相基) 씨가 김기수 씨가 제기한 몇 가지 이론이 다소 모호하다며 반론을 제기하며 독도 영유권에 관한 그의 주장을 전개하였다.[38] 황상

---

36 이 시론에는 김기수 씨의 소속이 표기되어 있지 않으나 글 내용을 볼 때 국제법 전문가로 보인다. 당시 국제법 전문가 중 김기수라는 이름을 가진 사람은 동국대학교 법정대학에 재직하고 있던 김기수 교수가 있다. 그는 도서 영유권 분쟁에 관한 국제사법재판소 판례를 소개한 글을 『국제법학회논총』에 게재하기도 하였다(김기수, 1964, 「Minquiers 및 Ecrehos 제도의 영유권에 관한 영불 간의 사건(1953)」, 『국제법학회논총』 제9권 제1호, 110~113쪽).

37 김기수의 "독도 영유권 문제"는 ①~⑤까지 5편이 게재되었다. 『동아일보』, 1957년 2월 10일, 2면, "독도 영유권 문제①"; 『동아일보』, 1957년 2월 11일, 2면, "독도 영유권 문제②"; 『동아일보』, 1957년 2월 12일, 2면, "독도 영유권 문제③"; 『동아일보』, 1957년 2월 13일, 2면, "독도 영유권 문제④"; 『동아일보』, 1957년 2월 14일, 2면, "독도 영유권 문제⑤".

38 이 시론에는 필자 소개가 '서울대학교 대학원에서 국제공법 연구'로 되어 있는데, 황상기 씨는 1955년에 서울대학교 대학원에서 「독도 문제 연구」라는 제목으로 석사학위를 받았으며, 독도에 관한 단행본도 1954년(초판)과 1965년(재판)에 출판한 바 있다[황상기, 1965, 『독도 영유권 해설(부록 평화선 문제)』(재판), 근로학생사].

기 씨는 6편의 기고문을 통해 독도가 역사적·국제법적으로 한국의 영토임을 설명하였다.[39]

김기수 씨는 독도가 한국의 영토라는 것을 대한민국 정부 수립 후의 독도에 대한 행정조치 등을 들면서 국제법상 무주지 선점론에 기초하여 다소 생소한 주장을 제기하였다. 이에 황상기 씨는 신라의 우산국 복속 이래 있은 역사적 기록을 언급하며 역사적 권원에 기초하여 독도 영유권 논거를 제시하였다. 김기수 씨가 황상기 씨의 주장에 대해 다시 반론을 제기하지는 않았지만, 이들의 지상 논쟁에 대해 의견을 덧붙이는 이도 있었다.[40]

한편 『조선일보』에는 김용국(金龍國) 씨가 쓴 안용복에 관한 글이 3회 연재되었다.[41] 이 글은 안용복의 활동과 17세기 말 울릉도 쟁계에 관한 역사를 설명한 내용인데, 일본의 독도 영유권 주장에 맞서 영토 수호 의지를 제고하는 측면에서 쓰인 것으로 보인다.

3) 주한 외교사절단 독도 방문 계획 보도 등

4월 28일 일본 『세이카이(政界)신문』은 "한일회담 성공의 열쇠"라는 제목의 사설에서 '독도 문제'를 거론하며, "국제법에 합치되고 세계 여론이 납득할 수 있는 해결"이 이루어지지 못할 때에는 국제사법재판소에서 결정하도록 해야 한다고 한 내용이 국내 신문에 보도되었다.[42]

9월 3일 오후 2시 30분경 독도 동방 4.3킬로미터 해상에 선박의 국적이나 표지를 식별할 수 없는 국적 불명의 괴선박(200톤급으로 추정)이 나타났다가 동남쪽으로 자취를 감추었다.[43] 한국의 경비대가 독도에 상주하고 있었기 때문에 독도의 주위 상황을 상시 감시할 수 있었다.

---

[39] 황상기의 "독도 영유권"은 ①~⑥까지 6편이 계재되었다. 『동아일보』, 1957년 2월 28일, 2면, "독도 영유권①"; 『동아일보』, 1957년 3월 1일, 2면, "독도 영유권②"; 『동아일보』, 1957년 3월 2일, 2면, "독도 영유권③"; 『동아일보』, 1957년 3월 3일, 2면, "독도 영유권④"; 『동아일보』, 1957년 3월 4일, 2면, "독도 영유권⑤"; 『동아일보』, 1957년 3월 5일, 2면, "독도 영유권(完)".

[40] 『동아일보』, 1957년 3월 26일, 4면, "독도 소고(小考)(벽산학인: 碧山學人)".

[41] 김용국은 안용복에 관한 글을 1957년 4월 13일 이후 3회 연재하였다. 『조선일보』, 1957년 4월 13일, 2면(석간), "울릉도와 독도 분쟁 사화, 안용복과 그의 공적을 더듬으며①"; 『조선일보』, 1957년 4월 14일, 2면(석간), "울릉도와 독도 분쟁 사화, 안용복과 그의 공적을 더듬으며②"; 『조선일보』, 1957년 4월 13일, 2면, "울릉도와 독도 분쟁 사화, 안용복과 그의 공적을 더듬으며③".

[42] 『경향신문』, 1957년 4월 30일, 1면, "일지(日紙), 독도 국제재판 제기 주장".

[43] 『동아일보』, 1957년 9월 6일, 3면, "국적 불명 괴함선, 독도 앞에 나타났다 잠적".

12월 11일에는 주한외교사절 수 명이 독도 방문을 추진한다는 내용의 보도가 있었다.[44] 보도에 따르면, 주한외교사절들이 12월 10일 오후 2시 특별기편으로 여의도를 출발하여 부산으로 가서 11일 울릉도와 독도를 시찰한 후 12일 포항을 경유하여 서울로 귀환할 예정이었다. 독도 시찰에 참가한 사람들은 헬쓰 서독 대사 부처,[45] 뉴 겐퀴 안 월남 공사, 파이크 영 대사관 3등서기관, 유엔 한국통일부흥위원단(UNCURK)의 호주 대표 휴 H. 던(동 위원단 현 의장) 및 동 부대표 애쉬인 등 6명이었다. 그런데 그들이 여의도를 출발했다는 기사는 있으나, 실제 독도를 시찰했는지에 관한 후속 기사는 찾을 수가 없었다.

---

[44] 이하 『세계일보』, 1957년 12월 11일, 1면, "울릉도를 시찰, 주한 외교사절 일행"; 『조선일보』, 1957년 12월 11일, 1면, "독도·울릉도 시찰, 영·서독·월남 외교사절"; 『한국일보』, 1957년 12월 11일, 1면, "독도를 시찰차 어제 출발, 주한외교사절 일행" 참조.

[45] 『한국일보』에는 서독 공사 부처로 되어 있다. 『한국일보』, 1957년 12월 11일, 1면, "독도를 시찰차 어제 출발, 주한 외교사절 일행".

Ⅲ. 1958~1959년의 독도

1. 1958년의 독도: 독도와 평화선 문제

1) 제1차 국제해양법회의

1958년 2월 24일 제네바에서 제1차 국제해양법회의가 개최되었다. 외무장관은 회의 전망과 평화선에 대한 기자들의 질문에 '정부의 기본 태도에는 변함이 없다'고 하며, 평화선은 어업선의 성격을 띤 것으로 어업에 대한 국가의 주권을 두는 것이라고 했다. 평화선은 해양주권선이라는 명칭으로도 사용되었는데, 당시 언론에 소개된 평화선의 내용은 다음과 같다.[46]

> 해양주권선=북위 42도 15분, 동경 130도 45분의 회령(會寧) 연안으로부터 북위 38도선, 동경 132도 50분의 독도 외곽을 경유하여 북위 32도의 제주도 남안을 거쳐 동경 124도 내의 서해를 포함한 총 연장 1,366마일에 달하는 평화선은 대일평화조약 제9조 및 21조에 의해 양국 간에 어로협정을 체결하자는 한국 측의 1951년 10월 22일 제의에 대해 일본 측이 거부하여 왔기 때문에 한국은 연해(沿海)에 서식하는 주요 어족의 보존 조치를 위하여 주권선을 설정한 것이다.

4월에는 그해 2월에 시작된 제1차 국제해양법회의에서 영해의 범위와 관련된 논의가 있었다는 것과 한국의 입장을 설명하는 기고문이 실렸다.[47] 그 기고문에 따르면, 미·영·불·일 등은 영해 3해리설을 주장하였고, 소련·동구 제국·이집트·인도네시아 등은 12해리를 주장하였다. 그 외 국가에서는 4해리, 6해리, 200해리를 주장하는 국가도 있었다. 우리나라로서

---

46 『경향신문』, 1958년 1월 19일, 1면(석간), "해양주권선언 불변, 조(曺) 장관 언명, 원자(原子) 외교 추진할 터".
47 『경향신문』, 1958년 4월 5일, 2면(석간), "후진국에 불리한 영해 3리설(상): 일·미·영·불이 해양법회의서 고집(정기문)"; 『경향신문』, 1958년 4월 6일, 2면, "후진국에 불리한 영해 3리설(하): 미·영·불·일이 해양법회의서 고집(정기문)".

는 서남 연해의 대륙붕과 동해의 지세, 그리고 평화선 보전 등을 고려할 때 영해 3해리를 받아들여서는 안 된다고 주장하였다. 결국 1958년 제1차 국제해양법회의에서 영해의 범위를 정하는 데는 실패하였다. 영해의 범위는 제3차 국제해양법회의(1973~1982)에서 결정되었는데, 그 회의에서 채택된 UN해양법협약은 각 국가들이 기선에서 12해리를 넘지 않는 범위에서 영해의 폭을 설정할 수 있다고 규정하였다(제3조).

2) 일본 국회에서의 독도 논의

3월 5일 일본 참의원 예산위원회에서 모리 야소이치(森八三一) 의원이 기시 노부스케(岸信介) 수상에게 "한국의 독도 점유가 일본의 주권을 침해한 것이 아니겠는가, 그렇다면 자위권을 발동해야 하지 않겠느냐"고 질문하였다.[48] 그에 대해 기시 수상은 "그러한 조치는 한일관계의 악화를 초래할 뿐"이라고 하며, "독도 문제를 국제사법재판소 제소 등 평화적인 방법으로 해결하기 위해 계속 노력할 것"이라고 하였다.

3월 19일 중의원 본회의에서는 다나카 도시오(田中稔男) 의원이 "일본 정부는 평화선, 독도 문제를 UN에 제소할 의사가 없는가"를 질의하였는데, 후지야마 아이이치로(藤山愛一郎) 외상은 "평화선은 맥아더 라인과 전혀 다른 것"이라고 하며, "미국이 이에 대해 적극적으로 의사를 표시한 바 없다"고 하였다.[49]

2. 1959년의 독도: 한국의 독도 경비 강화

1) 독도 경비 현황

1월 28일 일본 순시선(헤쿠라호)이 평화선을 침범하여 독도 주위를 15분간 항해한 후 동남쪽으로 달아났다. 이러한 상황들은 독도에 주둔하고 있는 경비대원들에 의해 확인이 되었다. 독도경비대의 독도 상주는 한국이 독도를 실효적으로 관리, 이용하는 데 크게 기여하였다.

---

[48] 『조선일보』, 1958년 3월 6일, 1면(조간), "독도 문제, 국재(國裁) 통해 해결, 일 수상, 평화적 노력 계속 언명"; 일본 국회 회의록(第28回国会 參議院 予算委員會 第5号 昭和33年3月5日).

[49] 『경향신문』, 1958년 3월 20일, 1면(조간), "어부 석방 후에 본회담 재개, 일 외상, 회의서 한일관계 답변"; 일본 국회 회의록(第28回国会 衆議院 本会議 第17号 昭和33年3月19日).

독도경비대원들의 상황은 독도를 방문한 기자들에 의해 널리 알려졌다. 한 기자는 독도경비대원들의 경비 임무와 생활 환경에 대해 다음과 같이 소개했다.[50]

> 독도의 경비 임무를 받고 있는 울릉경찰서에서는 관하 경찰관 ○○명으로 경비대를 편성하여 ○○일씩 교대로 파견 근무케 하고 있는데 약 두 달에 한 번씩 차례가 온다는 것이며 대원들은 말할 수 없는 고독과 단조로움, 모든 결핍과 싸우며 피눈물 나는 고생을 하면서도 내 나라의 땅을 지킨다는 보람에 사기는 매우 좋다는 것이다. 경비 초사(哨舍)는 동도에 있고 바다에서 초사에 이르려면 근 백 미터나 되는 쇠사다리(鐵柵)와 바위 계단을 밟아야 하는데 아차 실수하면 그대로 고깃밥이 된다.

그리고 당시 경비대원들은 빗물을 받아 식수로 쓰고 있었는데, 독도의용수비대 홍순칠 대장에 따르면 서도에 10명이 먹고 살만한 '물굴(水窟)'이 있다고 했다.[51] '물굴'은 오늘날 서도의 '물골'이라고 불리는 지역이다. 독도경비대원들에게 가장 고통스러운 것은 외로움이었다. 독도경비대에 대해 소개한 기자는 마지막으로 경비대원에 대한 급식, 처우 개선, 경비정 장비 강화 문제 등은 다른 각도에서 충분히 검토되어야 한다고 했다. 기사에 따르면 당시 독도의 바닷가에는 1950년 경상북도에서 건립한 독도조난어민위령비와 그 옆에 '대한민국 독도'라는 영토 표지도 있었다.

2) 일본 순시선의 독도 영해 침범

8월 1일 일본 참의원 내각위원회에서 쓰지 마사노부(辻政信) 의원이 방위청 아카기 무네노리(赤城宗徳) 장관에게 "한국이 독도에 국기를 달고 포를 설치하여도 침략이 아닌가"라고 질의하였다.[52] 이에 아카기 장관은 "그러한 사실이 있다면 침략행위라고 생각하지만 국제사법

---

50 이하 『경향신문』, 1959년 3월 3일, 3면(조간), "독도는 살아 있다, 조국의 전초(前哨) 수호에 철통, 피눈물 나는 경비대원의 노고".
51 『경향신문』, 1959년 3월 3일, 3면(조간), "독도는 살아 있다, 조국의 전초(前哨) 수호에 철통, 피눈물 나는 경비대원의 노고".
52 이하, 『동아일보』, 1959년 8월 2일, 1면(조간), "독도 침략 운운, 일 방위청 장관 망언" 및 일본 국회 회의록(第32回 国会 参議院 内閣委員会 閉会後第2号 昭和34年8月1日) 참조.

재판소에 제소하는 방안도 검토할 필요가 있다"고 하였다. 같은 위원회에서 해상보안청 하야시 히로시(林垣) 장관은 "독도에 등대가 설치되어 있고 한국의 군인인지 경비정의 선원인지 잘 모르겠지만 무기를 가진 사람들 수 명이 있다"며 독도의 현지 상황에 대해 보고하였다.

9월 15일 일본 순시선이 독도 영해를 침범하여 독도 주위 5백 미터의 거리를 항해하였다.[53] 이 내용은 경상북도 경찰국장이 치안국장을 통해, 외무부 정부국장 앞으로도 제보하였다. 이 문서에는 출몰 일시, 해도상의 위치, 일본 경비정의 제원 상황 등이 기록되어 있는데, 일본 경비정의 출몰 개요는 다음과 같다.[54]

> 전시 일시 장소에 출현한 일본 경비정은 독도 연안 약 500미터 해상에 근접하여 독도를 일주 시위 항해하고 일본 쪽으로 퇴거하였음.

한국 외무부에서는 일본 순시선의 독도 영해 침입과 관련된 내용의 공한을 주일대표부로 보내어 일본 정부에 항의하고 그 결과를 보고하도록 하였다.[55] 그에 따라, 9월 18일 주일대표부는 일본 외무성에 한국의 주권을 무시한 독도 영해의 침범이라며 항의 구술서를 보냈다.[56] 주일대표부에서는 그 사실을 외무부 본부로 다시 보고하였다.

일본 순시선 헤쿠라호는 한국 정부가 항의 구술서를 보낸 9월 18일에도 독도의 영해를 침범하였다. 9월 21일 일본 정부는 한국에 대해 독도 불법 점유에 항의하고 반환을 요구하였다.[57] 그리고 사태 진전 여하에 따라 이 문제를 국제사법재판소에 제소할 것도 불사할 것이라고 하였다. 이와 관련, 외무부 최규하(崔圭夏) 차관은 일본의 독도 영유권 주장은 주목할 만한 새로운 사실이 아니며, 독도는 엄연한 한국의 영토라고 하였다.[58] 그러면서 독도 영토권을 둘러싼 국제재판소 제소의 필요성은 전혀 없다는 말도 덧붙였다.

---

53 『동아일보』, 1959년 9월 19일, 1면(조간), "일본 순시선이 독도 근해 침입, 대표부서 항의".
54 「일본 경비정 출몰에 관한 건」(단기 4292년 9월 15일), 『독도 문제, 1955-59』.
55 「일본 함정의 독도 연안 침범에 관한 건」(단기 4292년 9월 16일), 『독도 문제, 1955-59』.
56 『조선일보』, 1959년 9월 19일, 1면(석간), "일(日)서 영유권 주장, 대표부의 독도 침범 항의에 강변"; 「1959년 9월 18일 자 아 측 구술서」, 『독도 문제, 1955-59』.
57 『동아일보』, 1959년 9월 20일, 1면(조간), "독도 영유권 재주장, 일(日), 국재(國裁)에도 제소 운운".
58 『동아일보』, 1959년 9월 20일, 1면(석간), "일(日) 국재(國裁) 제소 불능, 최 차관 담(談), 독도는 한국 영토". 기사에는 '최 차관'으로만 되어 있는데 당시 외무부 차관은 최규하 차관(1959년 9월 12일~1960년 5월 11일)이었다.

9월 23일 일본 정부는 한국이 독도를 불법 점령하고 있다고 주장하는 구술서를 주일대표부를 통해 전달해왔다.[59] 같은 날 일본 운수성(運輸省) 나라하시 와타루(楢橋渡) 장관은 일본 서부지방을 순방하는 도중 시마네현 마쓰에(松江)에서 기자들에게 '평화선과 독도' 문제를 국제재판소에 제소하는 것에 찬성한다고 발언한 내용이 기사화되었다.[60]

9월 25일 일본 정부는 순시선 헤쿠라호가 독도 주변 해역을 침범했다는 한국의 항의를 각하한다는 구술서를 보내왔다.[61] 그러면서 독도는 일본의 영토이므로 한국의 독도 점유는 일본의 영유권을 침범한 행위라고 하였다. 9월 26일 일본 정부는 1척의 초계정이 독도 영해를 침범했다는 한국 측의 항의를 부인하였다.

9월 29일 보도에 따르면, 일본 규슈 지방의 우익단체들이 10월 중순경 선박 3척과 기타 장비를 가지고 독도 점령을 계획하고 있다는 것이 일본 라디오를 통해 방송되었다.[62] 그들은 "독도가 일본의 영토이므로 독도 점령은 일본의 출입국관리법 위반이 아니다"라고 주장하였다.

이와 관련, 경상북도 경찰국장은 "만일의 사태에 대비하기 위해 울릉경찰서장에게 어떠한 긴급사태에도 대비하기 위한 태세를 갖추도록 긴급 지시했다"고 하였다.[63] 그리고 장비와 병력을 보다 보강하도록 조치하고 경우에 따라서는 현지에 경비정도 배치 강화할 것이라고 하였다. 외무부 장관도 주일대사에게 사실 여부를 조사하여 상세히 보고할 것을 지시하였다.[64] 내무부에서도 이에 대해 조사하여 외무부 장관에게 제보하였는데, 그 내용은 다음과 같다.[65]

일본 우익단체들은 독도는 일본 영토이므로 한국으로부터 실력으로써 탈환하여야 한

---

59 『동아일보』, 1959년 9월 23일, 1면(석간), "일 정부서 각서, 독도 문제로 망발". 『동아일보』에는 일본 정부가 구술서를 9월 22일 주일대표부에 전달해왔다고 했으나, 『독도 문제』에는 9월 23일 자 구술서로 되어 있다. 「1959년 9월 23일 자 일 측 구술서」, 『독도 문제, 1955-59』.
60 『조선일보』, 1959년 9월 23일, 1면(조간), "독도 문제 등, 국재(國裁)에 제소, 일 운수상(運輸相) 공언".
61 『조선일보』, 1959년 9월 26일, 1면(조간), "독도 영유권, 일본서 또 주장, 유 대사에 구상서". 이에 관한 구술서는 『독도문제, 1955-59』 등에서는 찾을 수 없다.
62 『조선일보』, 1959년 9월 29일, 1면(석간), "일 우익단체서 독도 점령 계획, 일 방송이 보도"; 「독도 문제를 위요한 일본 구주 지방 우익단체의 동향」, 『독도 문제, 1955-59』.
63 『조선일보』, 1959년 10월 2일, 3면(조간), "독도 수비를 강화, 일 우익분자들의 강점 기도에, 경북 경찰국장 담".
64 「외무부 전문」(1959년 10월 5일), 『독도 문제, 1955-59』.
65 「독도 문제를 위요한 일본 우익단체의 동향(제2보)」(1959년 10월 20일), 『독도 문제, 1955-59』.

다고 하여 거 9월 초순경 독도 돌격대란 명칭 하에 약 30명이 어선으로써 독도에 접근하여 상륙코저 기도하였으나 무기가 없음으로 우회만 하고 시마네에 귀항하였으며 거 9월 28일 동경도에 우익단체인 순국 청년단 등 24개 단체가 회합하여 독도 탈환 문제를 토의하였는바 독도 탈환 돌격대 조직 문제가 확정되어 그 책임자로서 … 결정되고 3척의 철선과 대원 150명을 모집키로 결정하는 일방 대원 지망자에게는 혈판 서약을 받으며 대원, 무기, 선박을 준비 중에 있다 하며 동경도 긴자 거주 유명한 고리 대금업자로부터 일화 60만 원의 자금도 조달하였다 함.

외무부는 내무부에서 받은 우익단체 동향을 주일대표부로 보냈다. 그 후 10월 22일 정체불명의 대형 선박 1척이 독도 동방 약 6킬로미터까지 접근했다가 일본 쪽으로 퇴거한 일도 있었다.[66]

한편, 9월 17일 독도에 들이닥친 폭풍으로 독도경비대의 화목과 식량이 모두 유실되고 무전시설도 일부 파괴되었다.[67] 그리고 발전기마저 침수되어 독도경비대에서 울릉도경찰서장에게 긴급 구호조치를 요청하였다. 이에 울릉경찰서에서는 18일 구호선을 급파하여 구호에 나섰다는 소식이 신문기사를 통해 알려졌다.

3) 독도 관련 사항의 국제재판소 제소 문제

12월 1일 기시 노부스케 수상은 참의원 내각위원회에서 "과거의 역사적 사실로 보아 독도는 일본령"이라고 반복하고 "현재 한국에 의해 불법적인 점령상태에 놓여 있다"고 하였다.[68]

12월 12일 한국 정부가 북송 문제를 국제사법재판소에 제소하기로 한 것에 대해 기시 수상은 보고를 받았지만, 일본 외무성에서는 이에 불응할 것으로 보인다고 하였다.[69] 그 이유는 한국이 국제사법재판소 규정의 조인국이 아니라는 이유를 들고나올 것이었기 때문이

---

66 「정체 불명 선박 출현에 관한 건」(1959년 10월 23일), 『독도 문제, 1955-59』.
67 『동아일보』, 1959년 9월 19일, 3면(석간), "독도경비원들 고립, 식량 유실되고 시설도 파괴".
68 『동아일보』, 1959년 12월 2일, 1면(석간), "독도는 일령(日領), 기시(岸) 수상 또 주장"; 일본 국회 회의록(제33회国会 参議院 内閣委員会 第6号 昭和34年12月1日).
69 이하 『조선일보』, 1959년 12월 13일, 1면(석간), "일(日) 조건부 수락? 국재(國裁) 제소, 독도·평화선 문제의 동시 취급" 참조.

다. 일본으로서는 수락할 의무는 없으나 한국의 태도 여하에 따라 그 필요성을 신중히 검토하고, 여러 가지 측면에서 검토하고 정치적 입장에서 결정할 것이라고 하였다. 여기서 여러 가지 측면이라고 하면, 북송 문제를 독도나 평화선 문제와 연계하여, 만일 한국이 독도나 평화선 문제를 국제사법재판소에 제소하는 것에 동의하는 것을 조건으로 검토한다는 것이었다.

4) 광업권 관련 재판

쓰지 도미조(辻富藏)[70]라는 일본인이 1959년 10월 29일 독도의 인광(燐鑛) 채굴권을 갖고 있다며 일본 정부와 시마네현을 상대로 '1백만 원'의 피해보상 청구소송을 동경지방법원에 제기하였다.[71] 그는 1946년 12월 독도의 인광 채굴권을 취득한 후[72] 수차에 걸쳐 현지를 조사했으며 1954년에는 히로시마현 통상국으로부터 채굴권도 허가받았다고 주장하였다. 그런데 1953년 한국이 평화선을 선언한 후 1954년 채굴 기술자와 인부들을 데리고 독도에 갔으나 한국의 경비대 때문에 상륙하지 못했다고 한다. 그런데 독도에 대해 관할권을 갖고 있는 시마네현청이 1958년에 자기에게 3만 5천여 원을 과세하였다는 것이다.[73]

쓰지는 1960년 12월 7일 동경지방법원으로부터 동 권리에 관한 피해보상 재판의 소송 비용을 지불받는 판결을 받았다.[74] 이 판결은 일본 정부를 상대로 5억 원의 피해보상을 요구하고 있는 그가 앞으로 상고심에서 승소할지도 모른다는 인상을 주었다. 쓰지는 그가 독도의 인광 채굴권을 얻었으나 독도가 한국군의 점령하에 있어 일본 당국이 이 문제를 해결할 수 없기 때문에 그 책임을 일본 정부가 마땅히 져야 한다고 주장하였다.

---

70 기사 원문에는 辻實造로 되어 있으나, 辻富藏가 맞는 표기로 보인다. 川上健三, 1966, 『竹島の歷史地理學的硏究』, 古今書院, 227~230面.
71 『조선일보』, 1959년 10월 30일, 3면(석간), "독도의 인광(燐鑛) 채굴권 청구, 일인(日人)이 일본 정부 상대로 소송".
72 신문에는 1945년 12월 채굴권을 양도받은 것으로 되어 있으나, 가와카미 겐조(川上健三)는 쓰지 도미조가 1946년 12월 채굴권을 양도받았다고 한다. 川上健三, 1966, 앞의 책, 262面.
73 『조선일보』, 1960년 12월 8일, 1면(석간), "독도 소송 비용 지불 명령, 정부 상대로 한 5억 원 손해보상재판, 동경지법(東京地法)서 민간인에 유리한 판결".
74 이하, 『조선일보』, 1960년 12월 8일, 1면(석간), "독도 소송 비용 지불 명령, 정부 상대로 한 5억 원 손해보상재판, 동경지법(東京地法)서 민간인에 유리한 판결" 참조.

이 재판은 1961년에도 있었는데 1961년 11월 9일 동경지방법원에서는 독도에 대한 일본인의 광업권이 한국의 독도 '불법점거'로 소멸된 것이 아니라고 판결하였다.[75] 일본 정부를 상대로 소송을 제기한 '쓰지'[76]의 인광 회사는 독도에 대한 광업권을 행사할 수 없는 상태가 계속되는데는 정부에 책임이 있다고 주장하고 5억 원의 피해보상과 '3만 5천 원'의 세금 반환을 요구했던 것이다. 그러나 법원은 개인이 국가에 대해서 그러한 요구를 제기할 수 없다고 판결하고 2천 6백만 원의 소송 비용을 지불할 것을 명하였다.

---

75 『경향신문』, 1961년 11월 10일, 2면(조간), "독도 광광권 소송, 일 광업사(鑛業社) 패소"; 『동아일보』, 1961년 11월 11일, 1면(조간), "'독도 광산권 인정', 일 지법(地法) 판결"; 『조선일보』, 1961년 11월 10일, 1면(조간), "일 광업(鑛業) 회사 패소, 정부를 상대로 한 독도 광업권 소송".

76 기사 원문에는 쯔지로 표기되어 있으나, 이름 표기를 '쓰지 도미조'의 쓰지로 통일한다. 『동아일보』, 1961년 11월 11일, 1면(조간), "독도 광산권 인정, 일 지법(地法) 판결".

Ⅳ. 1960~1961년의 독도

1. 1960년의 독도: 한일회담 재개와 독도

1) 일본인들의 물리적 도발 시도

1960년 1월 33세의 한 일본인이 한국의 독도 영유를 일본 영토에 대한 직·간접의 침략이라고 평가하고 결사대를 조직하여 독도 상륙작전을 전개할 것이라는 보도가 있었다.[77] 그는 미국이 미일안전보장조약에 따라 이 작전에 합세할 의무가 있다고 주장하며, 일행과 함께 동경에서 훈련을 마치고 독도로 가기 위해 열차를 타고 오키섬으로 향했다고 한다. 그들은 독도 상륙을 1월 9일 아침에 시도할 것이라며 오키섬에서 맹렬히 선전활동을 하였다.

일본 경찰은 그들이 오키섬 밖으로 나가는 것을 금지할 것이라고 하며, 그들이 정작 독도로 가겠다는 의도를 가지고 있다고 보기는 어렵다고 하였다. 현실적으로도 1월의 독도 해상 날씨는 파도도 높고 바람도 세차게 불어 독도에 접근하는 것조차 쉽지 않다. 이러한 점을 고려할 때도 그들의 행동은 여론을 충동하기 위한 정치적 선전활동에 지나지 않았던 것으로 보인다. 외무부 최규하 차관은 일본인들의 독도 상륙은 한국 영토에 대한 불법 입국이며, 약탈행위를 감행한다면 해적행위가 된다고 하였다.[78] 덧붙여 일본 정부가 국제분쟁이 발생하지 않도록 적절한 조치를 취해야 할 것이라고 말하였다.

이와 관련, 대한반공청년단(大韓反共靑年團)은 일본 민간단체의 도발에 대해서는 민간단체가 대응해야 한다며, 일본 청년단체들의 침입에 만반의 대비 태세를 갖출 것을 1월 11일 부산특별해상단부와 경남 제주도단부에 긴급 지시하였다.[79] 그리고 대한반공청년단 경북도단에서는 중앙 본부의 지시에 따라 2월 5일 도단 내에 독도수호경비사령부를 설치하는 한

---

77 『동아일보』, 1960년 1월 7일, 1면(석간), "독도 파병 주장, 일(日)의 일(一) 국수주의자".
78 『조선일보』, 1960년 1월 10일, 1면(조간), "독도 점령이란 선전, 일본 우파 5명, 오키섬서 지체".
79 『마산일보』, 1960년 1월 12일, 1면, "대한반공청년단 출동 호(乎), 일 청년단체 독도 침입에 대비".

편, 부산·포항을 중심으로 한 동해 연안 각 시 군단에서 선출된 군경 출신 단원 600명으로써 독도수비대를 편성하였다고 한다.[80] 또한 이 경비사령부에서는 일본 극우인사에게 독도 침범의 망상을 버리도록 촉구하는 경고문을 보낼 계획도 갖고 있었다고 하였다.

한편, 일본인 3명이 1월 30일 오전 11시에 재개된 한일 정식회담의 개최를 방해하기 위하여 일본 외무성 건물에 난입하려다가 경비원에 제지당한 일도 있었다.[81] 이들은 독도의 반환을 요구하고 성과 없는 협상의 즉시 종결을 주장하였다.

이러한 가운데, 국회 조일환(曺逸煥) 의원 외 12명은 1월 15일 오후 국무위원 출석에 관한 긴급동의안을 제출하여, 외무·내무·상공 3부 장관을 출석시켜 독도 경비 및 울릉도 정기여객선 취항에 관한 문제를 질의하자고 제안하였다.[82]

2) 일본 국회에서의 독도 논의

일본의 기시 노부스케 수상은 2월 8일 일본 중의원 예산위원회에서 "만일 한국이 미일안전보장조약 발효 후에도 독도를 계속 점령한다면 이는 무력 침략으로 간주될 것"이라고 말하였다.[83] 그러나 기시 수상은 "이 문제를 외교 협상이나 국제기관에 호소 등 평화적 방법으로 처리하려고 한다"고 덧붙였다.

후지야마 아이이치로 외상은 2월 19일 중의원 예산위원회에서 "한일 간의 독도 영유권 문제를 국제사법재판소에 제기할 의사는 없다"고 하며, "국제사법재판소 제소는 한국이 동의를 해야만 가능한 일"이라고 하였다.[84] 일본 정부는 3월 9일 '독도 문제'의 평화적 해결 방침을 재확인하고 미국의 조정을 요청할 것을 고려하고 있음을 시사하였다.[85] 기시 수상과

---

80 『동아일보』, 1960년 2월 6일, 3면(석간), "독도수비대 편성, 경북 반공청년단서 6백 군경 출신으로".
81 『동아일보』, 1960년 1월 31일, 1면(조간), "한일회담 30일 재개, 일 극우파, 독도 반환 요구코 난동".
82 『동아일보』, 1960년 1월 16일, 1면(석간), "독도 경비 질의, 3장관 출석 제안"; 국회 회의록(제4대 국회 제33회 제35차 국회 본회의, 1960년 1월 20일, 독도 경비 및 울릉도 연락선 취항 실태 상황 조사에 관한 건).
83 『동아일보』, 1960년 2월 9일, 1면(석간), "독도 점령은 침략, 일 수상 중의원 답변"; 『조선일보』, 1960년 2월 9일, 1면(조간), "한국의 독도 영유를 무력 침략 간주 운운, 기시(岸) 일 수상"; 일본 국회 회의록(第34回国会 衆議院 予算委員会 第4号 昭和35年2月8日).
84 『동아일보』, 1960년 2월 20일, 1면(석간), "독도 문제 국재(國裁) 제소는 불고려, 후지야마(藤山) 외상 언명"; 일본 국회 회의록(第34回国会 衆議院 予算委員会 第12号 昭和35年2月19日).
85 『동아일보』, 1960년 3월 10일, 1면(석간), "독도 문제 평화 해결, 일 정부 방침 재확인"; 일본 국회 회의록(第34回国会 衆議院 予算委員会 第12号 昭和35年2月19日).

후지야마 외상은 미국의 조정을 요청할 것인지의 여부에 대해서는 한일회담의 진전 여하에 따라 고려할 것이라고 하였다.

3월 26일 일본 참의원 예산위원회에서 후지야마 외상은 "한국이 독도를 불법 점거한 데 대하여 지금까지 41회나 항의하였다. 일본은 독도 관련 사항을 한일 양국 간 교섭으로 해결하길 희망하지만 아무리 해도 이 문제가 해결되지 않을 때는 유엔 제소 등의 방법도 고려한다"고 말하였다.[86]

그리고 12월 20일 일본 참의원 예산위원회에서 고사카 외상은 "한일회담에서 독도 문제가 토의되고 있다"고 하면서, "한국의 현 정권은 이성적인 친일정권이므로 우호적인 기초에서 이 문제가 해결될 것으로 생각한다"고 하였다.[87] 이에 대해 그달 23일 외무부 김용식(金溶植) 차관은 고사카 외상의 독도 영유권 주장을 반박하면서 독도가 역사적·지리적으로 한국의 영토가 명백하기 때문에, 이 문제에 관해 토의를 하거나 국제사법재판소에 제기할 수 있는 성질의 것은 아니라고 말하였다.[88]

3) 미일안전보장조약 제5조

3월 10일 일본 참의원 예산위원회에서는 미일안전보장조약 제5조의 해석과 '독도 문제'에 관해 토의를 하였다.[89] 미일안전보장조약 제5조는 "각 당사국은 일본국의 시정(施政)하에 있는 영역에 있어서, 어느 일방에 대한 무력 공격이 자국의 평화 및 안전을 위태롭게 하는 것임을 인정하고, 자국의 헌법상의 규정 및 절차에 따라 공통의 위험에 대처하도록 행동할 것임을 선언한다. … "는 내용을 규정하고 있다. 미일안전보장조약 제5조는 1960년 조약 개정 시 새롭게 추가된 내용이다.[90] 일본 정부 관계자는 "독도 문제는 미일안전보장조약 개정 전의

---

86 『동아일보』, 1960년 3월 28일, 1면, "독도 문제 41회나 항의했다, 일 외상, 유엔 제소도 고려"; 일본 국회 회의록(第34回国会 参議院 予算委員会第二分科会 第3号 昭和35年3月26日).
87 『경향신문』, 1960년 12월 21일, 1면(조간), "현 한국 정부는 친일 정권, 일 고사카(小坂) 외상, 의회 예산위서 증언"; 『경향신문』, 1960년 12월 22일, 1면(석간), "여적(餘滴)".
88 『조선일보』, 1960년 12월 23일, 1면(석간), "독도는 한국 땅, 고사카(小坂) 일 외상 주장, 김 외무차관 반박"; 『경향신문』, 1960년 12월 23일, 1면(석간), "독도는 한국 영토, 김 차관, 일 외상 발언 반박".
89 『조선일보』, 1960년 3월 11일, 1면(석간), "독도 문제 등 질의, 일 참의원, 안보조약 적용 논의"; 일본 국회 회의록(第34回国会 参議院 予算委員会 第12号 昭和35年3月10日).
90 미일안전보장조약은 1951년 9월 8일 샌프란시스코강화조약과 같은 날 체결되고 1952년 4월 28일 발효하였으나,

문제이므로 제5조를 적용할 수 없으며, 앞으로 그러한 일이 발생하면 제5조를 적용시키겠다"고 말하였다.

그 이유는 독도에 관한 사항이 8년 전부터 계속되어 현재 외교 교섭 중이고, 일본이 이 문제에 대해 미일안전보장조약을 적용하면 한국 측도 한미상호방위조약을 적용할 우려가 있다는 점을 고려한 답변이었다.[91] 그 회의에서 기시 수상, 후지야마 외상, 그리고 방위청의 아카기 무네노리(赤城宗德) 장관은 독도와 관련하여 대략 다음과 같이 말하였다.[92]

> 한국이 독도를 점령할 때 무력을 사용했듯이 일본 영해를 침범하는 침입자들을 몰아내기 위해서 일본이 무력을 행사할지도 모른다. 그러나 새로운 미일안전보장조약에 입각해서 미국의 원조를 반드시 요청하지는 않을 것이다. 한국이 독도에 수비군을 강화할 때에만 무력행사가 고려될 것이고 일본은 계속해서 독도 문제를 외교협상을 통해 해결하도록 노력할 것이다.

3월 21일 참의원 예산위원회에서는 쓰지 마사노부 의원이 후지야마 외상에게 "현재 독도를 점령하고 있는 한국군이 만약 북한 공산도당으로부터 공격을 받는다면 그것을 일본에 대한 공격으로 간주한다는 견지에서 한국에 원조를 제공할 것인가?"라고 질의하였다.[93] 후지야마 외상은 "미국 정부까지도 독도를 일본 관할권하에 두어야 한다는 데 이해를 갖고 있다"고 하며, "독도 문제는 지금 한일 양국 정부에서 심의 중에 있다"고 답변하였다.

후지야마 외상은 4월 6일 중의원 미일안전보장조약 특별위원회에서 "독도가 새로 조인된 미일안전보장조약의 관할 지역에 포함되나, 한미상호방위조약의 관할 지역에는 포함되어 있지 않다"고 말하였다.[94] 그러면서 "이것은 미국이 독도를 일본 영토의 일부라고 인정하

그 후 1960년 1월 19일 개정되고 그해 6월 23일 발효하여 현재에 이르고 있다.
91 한미상호방위조약은 6·25전쟁 직후인 1953년 10월 1일 체결되고, 1954년 11월 18일 발효하였다.
92 『조선일보』, 1960년 3월 12일, 1면(조간), "독도의 외교적 해결 모색, 한국서 수비군 강화면 무력행사, 기시(岸) 일 수상 의회 답변"; 일본 국회 회의록(제34回国会 参議院 予算委員会 第12号 昭和35年3月10日).
93 『조선일보』, 1960년 3월 23일, 1면(조간), "독도 문제 논란, 일 의회서 쓰지(辻) 씨 발언"; 일본 국회 회의록(제34回国会 参議院 予算委員会 第18号 昭和35年3月21日).
94 『동아일보』, 1960년 4월 9일, 1면(조간), "독도 영유 주장, 후지야마(藤山) 일본 외상"; 일본 국회 회의록(제34回国会 衆議院 日米安全保障条約等特別委員会 第13号 昭和35年4月6日).

기 때문이다"라고 덧붙였다. 하지만 독도는 광복 후 계속해서 한국의 관할 지역이었으며, 미일안전보장조약의 관할 지역이었다고 하는 것은 사실과 다르다.

2. 1961년의 독도: 한국의 독도 시설과 경비대

1) 일본 외상의 발언

고사카 젠타로(小坂善太郎) 외상은 2월 17일 참의원 예산위원회에서 "독도 문제가 무력이 아니라, 외교 협상을 통해 평화적으로 해결될 수 있을 것으로 확신한다"고 언명하였다.[95]

고사카 외상은 10월 20일 참의원 예산위원회에서도 비슷한 발언을 하였다.[96] 이에 대해 10월 21일 외무부 대변인은 독도 및 평화선 문제에 대한 고사카 외상의 발언을 논박하며, 독도가 역사적으로 한국 영토의 일부라는 것은 엄연한 사실로서 현재도 실제로 독도에 대하여 주권을 행사하고 있다고 하였다. 그리고 평화선도 충분한 존재 이유가 있으며 국제법상으로나 관례상으로 부합한다는 것은 이미 널리 알려져 있는 사실이라고 말하였다.

2) 정부 고위 인사의 독도 방문

1961년 11월 독도에는 15명의 경비대원이 있었는데, 경비대원들은 병이 나면 약 한 첩 먹을 수 없고, 빗물이 마르면 먹을 물 한 모금 없이 어렵게 생활하고 있었다.[97] 이런 독도를 정부 고위 인사가 방문하였다. 국가재건최고회의 손창규(孫昌奎) 문교사회위원장이 11월 16일 5명의 전문위원 및 자문위원과 함께 울릉도와 독도를 시찰하였다.[98] 국가재건최고회의 관련 인사가 독도를 시찰하기는 처음이었다. 손 위원장은 독도가 차지하는 정치적·경제적·군사적 가치가 크다는 것을 확인했지만, 국가재건최고회의에서 울릉도와 독도에 대해 어떠한

---

[95] 『경향신문』, 1961년 2월 18일, 1면(조간), "외교상 해결 확신, 일 고사카(小坂) 외상, 독도 문제에 언급"; 일본 국회 회의록(第38回国会 参議院 予算委員会 第5号 昭和36年2月17日).

[96] 이하, 『경향신문』, 1961년 10월 22일, 1면(조간), "독도는 우리 영토, 외무 당국, 일 외상 증언을 논박"; 『조선일보』, 1961년 10월 22일, 1면(조간), "독도는 한국 영토, 외무부 대변인, 일 외상의 발언을 논박" 참조. 일본 국회 회의록(第39回国会 参議院 予算委員会 第8号 昭和36年10月20日).

[97] 『조선일보』, 1961년 2월 28일, 3면(석간), "물개·갈매기의 안식처, 여기는 독도, 조국 땅의 보루".

[98] 『경향신문』, 1961년 11월 18일, 1면(석간), "독도 등 시찰, 손(孫) 문교사회위원장(文教社會委長)"; 『동아일보』, 1961년 11월 19일, 1면(조간), "독도 시찰, 손(孫) 문사위원장(文社委員長)".

새로운 시책을 세웠는지에 대해서는 언급하지 않았다.[99]

3) 한국 측의 반론

12월 4일 중의원 외무위원회에서 고사카 외상이 "독도가 시마네현의 일부"라며, 독도 영유권을 주장하였다.[100] 12월 25일에는 일본 외무성에서 독도를 일본의 영토라고 주장하며 독도에 거주하는 한국인 철수 및 시설 철거를 요구하는 구술서를 한국 외무부에 보내왔다.[101] 이에 대해 한국 외무부는 주일대표부를 통해 즉시 항의서를 일본 외무성에 전달하도록 하였다.[102]

그래서 주일대표부에서는 12월 27일 일본 외무성에 항의서를 전달하며 엄중히 항의하였다.[103] "독도가 한국 영토임은 역사적·국제법적 사실로서 논의의 여지가 없으며, 일본 정부가 독도의 인원과 시설 철거를 요구한 것은 내정간섭이다"라고 하였다. 더불어 12월 3일에 있었던 일본 순시선의 독도 영해 침범에 대해 재발 방지를 강력히 요청하였다.

언론에서는 일본이 독도 영유권을 주장하고 나선 이유에 대해 1962년에 개최 예정인 고위정치회담에서 일본 측이 재산 청구권에 대한 한국 측의 양보를 노리는 데 있다고 관측하였다.[104] 12월 29일 『경향신문』에는 일본이 독도 영유권 문제를 들고나와서 한일 간에 새로운 위기 조성을 시도하고 있다고 하면서, 독도가 한국의 영토라는 것을 역사 및 국제법적 관점에서 설명하는 내용이 게재되었다.[105]

---

99 『경향신문』, 1961년 11월 20일, 1면, "독도 중요성 재확인, 손 문교사회위원장 시찰 담".
100 『경향신문』, 1961년 12월 5일, 1면(조간), "독도 영유권은 기정 사실, 고사카(小坂) 외상 주장".
101 언론에는 일 측 구술서를 12월 26일 받은 것으로 되어 있으나 실제로는 12월 25일 받았다. 『동아일보』, 1961년 12월 27일, 1면(석간), "일(日), 돌연 독도 영유권을 주장, 시설 제거·경비원 철수 요구"; 「1961년 12월 25일 일 측 구술서」(1961년 12월 25일), 『독도 문제, 1960-64』(분류번호 743.11JA, 등록번호 4568).
102 『동아일보』, 1961년 12월 27일, 1면(석간), "엄연한 우리 영토, 외무 당국 반박, 청구권 줄이려는 외교 술책"; 『조선일보』, 1961년 12월 27일, 1면(조간), "정부, 일본에 엄중 항의 준비, 우리 국내사항에 간섭, 독도 영유권 주장은 천만부당, 외무부 당국자 담".
103 『경향신문』, 1961년 12월 28일, 1면(석간), "'내정간섭이다', 일의 독도 주장에 항의, 주일대표부서"; 『마산일보』, 1961년 12월 28일, 1면, "독도는 우리 영토, 외무부 대일각서 준비"; 『조선일보』, 1961년 12월 28일, 1면(석간), "일 측의 주장 반박, 독도 영유 논의의 여지없다, 정부서 일에 강경한 항의서 전달"; 「1961년 12월 27일 아 측 구술서」(1961년 12월 27일), 『독도 문제, 1960-64』.
104 『동아일보』, 1961년 12월 27일, 1면(석간), "엄연한 우리 영토, 외무 당국 반박, 청구권 줄이려는 외교 술책"; 『경향신문』, 1961년 12월 27일, 1면(조간), "한일관계 다시 악화?, 독도는 엄연한 우리 땅, 정부 국기 철수 등 일 요구에 항의".
105 『경향신문』, 1961년 12월 29일, 2면, "독도의 역사적 배경, 엄연한 우리 영토, 일의 소위 선점권 주장은 부당".

한편, 12월 28일 『동아일보』에는 독도가 한국의 영토임을 고증한 육당 최남선의 유고가 발견되었다고 하며, 그 내용이 실렸다.[106] 그 유고는 최남선이 극동군총사령관 맥아더 장군에게 보내려던 것이었다. 최남선은 "러일전쟁 때 일본이 독도를 몰래 침탈하였으며 울릉도 근해 어채상 이익을 노렸다"고 하였다. 그리고 그는 "17세기 말 울릉도 쟁계 때 일본이 울릉도와 독도에 침입하지 않기로 서약했다"는 점도 상기시켰다.

---

[106] 『동아일보』, 1961년 12월 28일, 2면(석간), "독도는 엄연한 한국 영토, 맥아더 장군에 보낸 최남선 씨의 유고(遺稿)".

V. 1962년의 독도: 한일 정치회담과 독도

1. 제6차 한일회담 재개

1962년에 들어서서 한일 외무장관 회담이 개최될 것이라는 소식이 보도되면서 독도 관련 사항도 계속 신문지상에 오르내렸다. 국교 정상화를 위한 한일회담은 1951년 9월 8일 샌프란시스코강화조약 체결 후 그해 10월 예비회담을 시작으로 진행되었다. 한일회담은 1952년에 제1~2차 회담이 열리고 1953년 제3차 회담이 열렸지만, '구보타(久保田) 망언'으로 중단되었다.[107] 그 후 약 4년 6개월 간 회담이 열리지 못하다가 1958년 4월에 제4차 회담으로 재개되었다. 1960년 이후 제5차 회담에 이어 제6차 회담이 진행되면서 독도 관련 사항이 많이 기사화되었다.

그중에서도 1962년에는 독도 관련 기사가 165건이나 되었는데, 1955~1961년간의 연간 기사가 46건 이하였던 것에 비하면 많은 숫자이다(앞의 〈표 1〉 참조). 그만큼 1962년에는 국내외적으로 독도 관련 사항이 많이 논의되었음을 볼 수 있다.

특히 일본 국회에서 독도에 관한 논의가 많이 있었는데 그 내용은 신속하게 한국 언론을 통해 국내에 전해졌다. 1월 29일 중의원 예산위원회에서 이케다 하야토(池田勇人) 수상이 독도 문제를 한일회담과 별도로 해결하겠다고 하였다.[108] 그 해결 방법으로 제3국이나 국제사법재판소를 통한 해결을 주장했는데,[109] 고사카 외상도 이와 같은 취지로 발언을 하였다.[110]

---

[107] '구보타 망언' 또는 '구보타 발언'은 1953년 10월에 개최된 제3차 한일회담 청구권위원회 회의에서 일본 측 대표였던 구보타 간이치로(久保田貫一郎)가 일본의 식민 통치가 정당하다는 인식에서 제기한 소위 식민지 시혜론에 관한 발언이다. 이에 관해서는, 유의상, 2022, 『한일 과거사 문제의 어제와 오늘: 식민 지배와 전쟁 동원에 대한 일본의 책임』, 동북아역사재단, 100~101쪽 참고.

[108] 『경향신문』, 1962년 1월 30일, 1면(조간), "대한(對韓) 상환액 4월경에 제시키로, 경제협조에 더 큰 비중, 일 이케다(池田) 수상, 의회서 답변, 별도로 독도 문제 해결"; 일본 국회 회의록(第40回国会 衆議院 予算委員會 第2号 昭和37年1月29日).

[109] 『동아일보』, 1962년 1월 30일, 1면(석간), "조사단 파한(派韓)과 투자는 별개, 이케다(池田) 수상·고사카(小坂) 외상,

<표 4> 한일회담 진행 현황[111]

구분	기간	비고
예비회담	1951년 10월 20일~1951년 12월 27일	
제1차 한일회담	1952년 2월 15일~1952년 4월 25일	
제2차 한일회담	1953년 4월 15일~1953년 7월 23일	
제3차 한일회담	1953년 10월 6일~1953년 10월 21일	구보타 망언
제4차 한일회담	1958년 4월 15일~1960년 4월 15일	
제5차 한일회담	1960년 10월 25일~1961년 5월 16일	
제6차 한일회담	1961년 10월 20일~1964년 4월 6일	한일 정치회담
제7차 한일회담	1964년 12월 3일~1965년 6월 22일	

이에 대해 한국의 외무부 당국자는 "일본 의회의 질의 답변 가운데 나온 말이므로 크게 주목할 가치가 없다"고 하였다.[112] 그러면서 "독도 문제는 한일회담과는 별도의 문제이며, 별도의 회담을 갖는다는 것도 생각할 수 없는 문제"라고 하였다. 최덕신(崔德新) 외무부 장관은 이케다 수상의 발언을 비판하며, 독도에 관한 사항이 한일회담에 영향을 주지 않기 바란다고 말하였다.[113] 그리고 1905년 일본의 각의 결정은 1905년 이전에는 독도가 일본의 영토가 아니었음을 반증하는 것이라고 반박하였다.

1월 31일 『동아일보』에서도 "독도 문제에 관한 이케다 수상의 발언"이라는 제목의 사설을 통해 일본 측의 영유권 주장을 반박하였다.[114] 일본이 한일회담을 앞두고 독도에 관한 부당하고 불법한 주장이 불순한 정치·외교적 의도에서 비롯된 것으로 보았다. 그것은 "이케다

의회서 한일 문제 답변".
110 『동아일보』, 1962년 1월 31일, 1면(조간), "국재(國裁)에 제소, 독도 점유권에 일 외상도 주장".
111 국민대학교 일본학연구소, 2008, 『한일회담 외교문서 해제집 V: 7차 회담』(동북아역사 자료총서 12), 동북아역사재단, 667~685쪽 참고.
112 『경향신문』, 1962년 1월 30일, 1면(조간), "주목할 가치도 없다, 외무 당국 응수".
113 『동아일보』, 1962년 2월 1일, 1면(조간), "망상적 주장 버리라, 최 외무, 일의 독도 영유권을 반박".
114 『동아일보』, 1962년 1월 31일, 1면(석간), "[사설] 독도 문제에 관한 이케다(池田) 수상의 발언".

정부가 한일회담을 반대하는 일본 사회당(社會黨)의 공세에 대응하기 위해 취해진 조치"이거나, "한일 고위정치회담에 있어서 한국의 대일 재산 청구권의 금액을 줄이려는 일본 측의 외교적인 복선이 숨어 있을 수 있다"는 것이다.

2월 5일 이케다 수상은 중의원 예산위원회에서 또 독도 영유권 주장을 하였다.[115] 한국 측에서는 즉시 외무부 대변인을 통해 독도가 일본의 영토인 것처럼 주장하는 것은 통탄할 일이라고 비판하였다.[116] 2월 12일에는 고사카 외상이 중의원 예산위원회에서 현재 진행되고 있는 한일회담이 순조롭게 진행되면, 한국 측이 국제사법재판소에 맞고소를 제기하게 될 것이라고 하였다.[117] 또한 그는 일본이 이 문제를 유엔에 제기할 수는 없다고 하며, 그 이유는 이 문제가 유엔헌장에서 규정하고 있는 국제분쟁의 범주에 속하지 않고, 또한 한국이 유엔의 회원국이 아니기 때문이라고 하였다.

2월 18일 『조선일보』는 일본 정부의 국제사법재판소 제소 주장은 일종의 정치적 발언이자 정치적 제스처에 지나지 않는다고 하였다.[118] 다만, 최악의 경우 무력 충돌을 피할 필요가 있는 경우에 한해서 국제사법재판소 제소에 한국이 동의할 가능성은 있겠지만, 그 전에는 거의 가능성이 없다고 하였다.

2월 20일 고사카 외상은 중의원 예산위원회에서 일본은 '한일 양국 간에 정상적인 외교 관계가 확립된 후 독도 문제를 국제사법재판소에 제소할 의향이 있지만, 사전에 한국의 동의를 얻는 것이 필요하다'고 하였다.[119] 그리고 일본 측에서는 '향후 정치회담에서 독도 문제를 다루어야 한다는 의견이 일본 지도자들과 관계 당국에서 일어나고 있다'고 하였다.[120]

2월 24일 김종필 특사가 일본 방문을 마치고 동경을 떠나기 직전에 가진 기자회견에서 고사카 외상이 독도 영유권 문제를 국제사법재판소에 제소할 것을 제의했다고 말하였다.[121]

---

[115] 일본 국회 회의록(第40回国会 衆議院 予算委員会 第8号 昭和37年2月5日).
[116] 『경향신문』, 1962년 2월 6일, 1면(석간), "평화선 불인정, 한일회담서 해결, 이케다(池田) 일 수상 의회서 증언".
[117] 『동아일보』, 1962년 2월 13일, 1면(석간), "한국 맞고소 예상, 일(日) 외상, 독도 문제에 증언"; 일본 국회 회의록 (40回国会 衆議院 予算委員会 第12号 昭和37年2月12日).
[118] 이하 『조선일보』, 1962년 2월 18일, 2면(조간), "독도 분쟁 '국재(國裁)'에 제소될까?".
[119] 『동아일보』, 1962년 2월 22일, 1면(석간), "독도 문제, 국제재판에 제소, 고사카(小坂) 일 외상, 하원 예산위서 증언"; 일본 국회 회의록(第40回国会 衆議院 予算委員会第二分科会 第2号 昭和37年2月20日).
[120] 『경향신문』, 1962년 2월 23일, 1면(조간), "일(日), 정치회담 대표로, 이시이(石井) 씨 파한(派韓)할 듯, 김(金) 정보부장, 고사카(小坂) 일 외상과 회담".

이에 대해 김 특사는 고사카 외상에게 독도에 관한 사항을 현 시기에 다루지 않는 것이 좋다고 했다고 한다.

2월 27일 이케다 수상은 중의원 외무위원회에서 한국이 독도에 관해 국제사법재판소 제소에 동의해줄 것을 희망하지만, 이 문제로 국교 정상화를 지연시키는 것은 원하지 않는다고 말하였다.[122] 같은 위원회에서 고사카 외상은 김종필 특사와의 회담에서 국제사법재판소 제소에 동의해줄 것을 요청하였고, 김 특사는 이에 대해 충분히 양해한 것으로 보였다고 했다. 그 위원회에서 일본 외무성의 조약국장(나카가와 도오루, 中川融)은 17세기부터 독도를 일본의 영토로 간주해왔다고 주장하며, 1905년 독도 편입조치에 대해서도 어느 개인이나 국가도 반대한 적이 없었다고 하였다.[123]

일본 정부에서는 한일 정치회담 개최를 앞두고 독도에 관한 사항을 정치회담의 의제로 올리고자 문서를 작성한다는 소식이 들렸다.[124] 그러면서 한국 정부에 대해 한일 국교 수립 전에 독도 문제를 해결하기 위해 국제사법재판소 제소에 응해줄 것인가를 타진할 것이라고 하였다. 이에 대해 한국 외무부 당국자는 '정치회담 문제는 독도와 전혀 별개의 것이며, 국제재판소 제소 운운은 말도 되지 않는다'고 반박하였다. 언론에서는 한일 정치회담을 앞둔 시점에서 일본이 '독도 문제'를 제기하는 것은 정치회담에 대한 일본의 성의를 의심할 수밖에 없게 한다고 하였다.[125]

3월 7일 보도에 따르면, 한일 정치회담은 3월 12일 일본 동경에서 최덕신 외무장관과 고사카 외상 간에 열리는데, 재산 청구권을 주로 하여 전반적인 문제에 대해 다루기로 하였다.[126] 언론에서는 독도를 의제로 다룰 것이라는 일본의 태도로 인해 상호 타협에 상당한 어려움을 겪게 될 것이라고도 전망하였다.

---

[121] 『경향신문』, 1962년 2월 24일, 1면(석간), "한일 우호 통일 촉진, 김(金) 특사, 방일 마치고 귀국 도상 언명".
[122] 『조선일보』, 1962년 2월 28일, 1면(조간), "독도 문제도 정치회담 의제로, 김(金)·이케다(池田) 회담선 청구권 불논의, 일 수(首)·외상(外相), 중의원 외위(外委)서 증언"; 일본 국회 회의록(第40回国会 參議院 外務委員会 第6号 昭和 37年2月27日).
[123] 『경향신문』, 1962년 3월 1일, 1면(조간), "17세기부터 영유, 일 조약국장 독도 문제에 답변".
[124] 『경향신문』, 1962년 3월 5일, 1면(석간), "독도 문제, 정치회담 의제로, 일(日), 국재 제소 응해줄지 타진할 듯"; 『동아일보』, 1962년 3월 6일, 1면(조간), "독도 문제도 의제로, 일(日), 정치회담에 제기 준비".
[125] 『경향신문』, 1962년 3월 6일, 1면(조간), "[사설] 일본은 정치협상에 성의를 보여라, 독도 문제 제기설을 보고".
[126] 『동아일보』, 1962년 3월 7일, 1면(조간), "일(日), 독도 토의 시사, 청구권도 1억 불 선 제의할 듯".

3월 7일 중의원 외무위원회에서 고사카 외상은 '한일 국교 정상화에 앞서 독도 문제에 관해 양국 간 합의가 이루어져야 한다'고 하면서도 정치회담에서 이 문제가 토의 의제로 포함될 것인지에 대해서는 밝히지 않았다.[127] 한국대표부에서는 '독도 문제는 정치회담의 의제로 포함시킬 수도 없고, 일본 외무성과의 협의에서도 토의된 바 없다'고 하였다.[128] 또한 고사카 외상은 '독도 문제를 해결하지 않고 넘어가면 양국 간 우의에 좋지 못한 영향을 미친다'고 하면서, '한국이 국제사법재판소에서 이 문제가 해결되도록 하는 데 동의하도록 노력하겠다'고 하였다.[129] 이처럼 이 시기 독도에 관한 사항을 정치회담의 정식 의제로 할 것이냐를 두고 논란이 되었다.

3월 12일 문철순(文哲淳) 외무부 정무국장과 이세키 유지로(伊關祐二郎) 외무성 아세아국장이 의제 절충을 위한 사전 접촉을 가지며 실제적인 교섭이 시작되었다.[130] 일본 측에서는 비공식적이긴 하지만, 독도에 관한 사항을 의제로 제시할 것이라는 움직임을 보였다.

2. 한일 외무장관 회담

3월 12일 오전 9시부터 12시까지 최덕신 외무부 장관과 고사카 외상 간에 외무장관 회담이 열렸다.[131] 먼저 총괄적인 의견을 교환하면서 정치회담에서 논의할 의제에 합의하였다. 의제는 ① 청구권 문제(일반 청구권 및 문화재 청구권 등 포함), ② 재일교포 법적 지위 문제, ③ 평화선 및 어업 협정 문제였다.

언론에는 독도가 의제에 포함되지 않은 것으로 보도되었다. 이와 관련, 외교 소식통에 따르면 일본의 고사카 외상이 중의원에서 독도에 관한 사항을 국제사법재판소에 제소하겠다고 한 것은 국교 정상화 이후를 말한 것이며, 이케다 수상도 독도에 관한 사항이 한일 국

---

[127] 『경향신문』, 1962년 3월 8일, 2면(석간), "한일 보세 가공무역, 현 단계에선 불가능, 일 외상 증언, 독도 문제 우선 해결"; 일본 국회 회의록(제40회국회 衆議院 外務委員會 제9호 昭和37年3月7日).
[128] 『동아일보』, 1962년 3월 9일, 1면(석간), "대표부서 부인, 독도 문제 토의설".
[129] 『한국일보』, 1962년 3월 11일, 1면, "독도 문제, 국재(國裁)서 해결, 평화선 해결 없인 국교 난망, 고사카(小坂) 일 외상 답변"; 일본 국회 회의록(제40회국회 衆議院 豫算委員會 제17호 昭和37年3月1日).
[130] 『동아일보』, 1962년 3월 12일, 1면(조간), "한일 외상 정치회담 의제 협상을 시작, 처음부터 난항 예상".
[131] 『동아일보』, 1962년 3월 13일, 1면(조간), "한일 정치회담 개막, 총괄적 의견 교환, 의제 합의, 양측 수석 인사, 다음 회담은 14일에".

교 정상화의 조건이 되지 않는다고 언명한 사실을 강조하였다.[132] 그러면서 사실상 일본 측도 회담 진행을 방해할 요소인 이 문제를 정식으로 제기할 의사는 없다고 본다고 전하였다. 그런데 일본이 갑자기 독도에 관해 문제를 제기하고 나온 것은 일본 정부가 사회당의 추궁을 무마하려는 것이거나, 한국 측의 반응을 떠보려는 심산 또는 국민에 대한 선전 방법으로 최대한 이용할 의도가 포함되어 있다고 보았다.

그런데 이후에 나온 소식에 따르면, 외무장관 회담에서 일본 측이 독도에 관한 사항을 국제사법재판소에 제소할 것에 한국이 동의해줄 것을 제의하였다는 것이다.[133] 최덕신 장관은 그러한 문제는 외무장관 회담에서 토의될 문제가 아니라는 이유를 들어 거부하면서, 독도는 과거 10년간의 한일회담에서 한 번도 상정된 일이 없었다는 사실을 상기시켰다.

최 장관은 3월 19일 귀국하였는데, 귀국에 앞서 『동경신문』과의 단독 회견에서 한일 교섭이 8월이나 9월경에 타결될 것 같다고 하였다.[134] 그리고 "독도 문제는 한일회담에서 논의할 성질의 것이 아니고, 국교 정상화 이후에 해결될 문제이며, 일본 측의 국제사법재판소 제소에도 응하지 않겠다"고 말하였다.

3. 한국의 독도 영유권 논거 제시

1962년 1월 『동아일보』에는 기자가 해군 함정(PC 708함)을 타고 독도에 가서 본 모습이 소개되었다.[135] 파도가 세서 독도에 입도를 하지 못했지만, 멀리서 바라본 독도의 모습을 전하였다. 독도에는 경비대 건물과 등대, 영토 표지가 있었고, 경비대원들이 태극기를 올리고 있었다.

2월 23일 『경향신문』에 따르면, 독도개발협회(대표 최익환)에서 "독도 영유권을 주장하는 일본의 야망을 분쇄하고 울릉도 및 독도 개발 5개년 계획을 세우고 추진해나가기로 했다"

---

[132] 이하, 『동아일보』, 1962년 3월 13일, 1면(조간), "독도 문제 부(不)제기, 이케다(池田)·고사카(小坂) 발언으로 뚜렷, 일(日) 외교 소식통 담" 참조.
[133] 『동아일보』, 1962년 3월 17일, 1면(조간), "일(日) 대표부 서울 설치를 거절, 최(崔) 외무, 독도 문제 국재(國裁) 제소도".
[134] 『경향신문』, 1962년 3월 19일, 1면(석간), "한일 교섭, 8·9월경 타결, 이번 회담 장차의 토대 마련, 최 장관, 서울 향발 앞서 언명".
[135] 『동아일보』, 1962년 1월 10일, 3면(석간), "독도의 태극기, 뚜렷한 한국 영토, 경비원들 새벽마다 게양".

는 성명을 발표하였다.[136] 그러자 2월 26일 일본 측에서 한국 민간회사의 독도 개발 보도에 대해 주일대표부에 항의를 제기하였다.[137]

2~3월 독도가 신문지상에 쉼 없이 오르는 중에 독도가 한국의 영토라는 것을 밝히는 자료가 발견되었다는 기사도 있었다.[138] 그 자료 중에는 안용복의 활동이 기록된 남구만의 『약천집(藥泉集)』이 있었다. 그 문서에는 안용복이 호키 태수와 담판을 하여 울릉도와 독도를 조선의 영토로 확인한 문서를 받아왔다는 사실이 기록되어 있다고 하였다. 1906년 울도군수 심흥택(沈興澤)의 보고서와 『매천야록(梅泉野錄)』에도 독도에 관한 내용이 기록되어 있다는 점도 언급하였다. 또한 신문의 독자들은 한일회담에 다소라도 도움이 된다면 써달라고 독도가 우산도이며 한국의 영토임을 표시한 지도라며 신문사에 제보하였다. 여기에는 「팔역도(八域圖)」, 「조선여지총전도(朝鮮輿地總全圖)」, 「대동여지도총전도(大東輿地圖總全圖)」 등이 있었다.[139]

3월 16일 『경향신문』에서는 미 국무성 극동 문제 담당 차관보 에베렐 해리만이 내한하면 '독도 문제'에 대해 건의할 필요가 있다고 하였다.[140] 샌프란시스코강화조약에서 일본이 한국에 대한 모든 권리, 권원, 청구권을 포기한다고 했는데, 일본이 부당하게 독도 영유권을 주장한다는 것이다. 따라서 이 문제에 대해 샌프란시스코강화조약 체결의 주도국인 미국이 명백히 해석해줄 필요가 있다는 것이다.

4. 일본 내에서의 독도 논의

1962년 4월 일본의 고사카 외상이 독도와 평화선 문제를 국제사법재판소에 제소하여 합리적으로 해결해야 한다고 하며, 이를 통해 한일 양국 간 악감정을 해소할 필요가 있다고 하였

---

[136] 『경향신문』, 1962년 2월 23일, 3면(조간), "독도와 울릉도, 개발계획 추진".
[137] 『조선일보』, 1962년 2월 28일, 1면(조간), "독도 문제도 정치회담 의제로, 김·이케다 회담선 청구권 불논의".
[138] 『조선일보』, 1962년 3월 9일, 4면(석간), "고문헌에 나타난 독도, 숙종 때 『약천집(藥泉集)』에 영유권 명시, 일 측 사료 『조선통교대기(朝鮮通交大記)』에도".
[139] 『동아일보』, 1962년 3월 27일, 3면(석간), "억보 일본 주장 뒤집어, 독도 영유권에 새 사실(史實), 「팔역도(八域圖)」 벌교(筏橋) 유생이 3대째 전승, 우산도라고 뚜렷이 기재"; 『동아일보』, 1962년 4월 6일, 3면, "독도는 엄연히 우리 영토, 본사에 또다시 두 종을 기증, 실증하는 옛 지도 속출".
[140] 『경향신문』, 1962년 3월 16일, 1면(조간), "[사설] 해리만 차관보의 방한을 환영한다".

다.[141] 4월 27일 고사카 외상이 중의원 외무위원회에서 "한일 교섭의 과정에서 독도 문제를 논의는 하고 있으나, 의제로서 채택된 일이 없다"고 하면서 "독도 문제 해결 없이는 국교 정상화는 있을 수 없다"고 하였다.[142] 이 발언이 논란이 되자, 고사카 외상은 발언의 진의는 "일본이 독도 문제를 국제사법재판소에 제소하는 데 한국이 응하게 되면 국교 정상화에 도움이 될 것"이라는 것이었다고 해명하였다.[143]

언론에서는 일본이 기본조약을 체결하지 않으려는 태도를 보이고 있다는 한 외교 소식통의 말을 전하면서, 일본이 기본조약 체결을 기피하고 있는 것은 독도와도 연관이 있을 것으로 본다고 하였다.[144] 기본조약을 체결하면 영토조항도 포함되어야 하는데, 그렇게 되면 독도를 한국의 영토로 인정해야 할 상황이 벌어질 수도 있다고 본 것이다. 당시 일본 측에서는 청구권 문제에 있어서도 38도선 이남에 한하여 지불할 방침을 가진 것으로 전해졌다.

한편, 5월 일본의 최고재판소 소장(요코다 기사부로)이 "독도 문제를 국제사법재판소에 제소하면 99% 한국 측에 이길 승산이 있다"고 말한 것이 보도되었다.[145] 그는 한국이 동의를 하지 않아서 국제사법재판소 제소의 목적을 이루지 못하고 있다고 하면서, '독도 문제'는 한일관계가 개선되어야 해결이 가능할 것으로 생각한다고 말하였다.

그런데 1962년 6월 일본에 있는 미국인 역사학 교수(매그레인 조지)가 1877년 일본에서 만든 최초의 동판 지도를 공개하며 그 지도에 류큐 등은 있는데 독도는 표시되어 있지 않다고 하였다.[146] 이 지도와 관련하여, 한국 측에서는 1905년 일본이 시마네현 고시로 독도를 편입했다면 1905년 이전까지는 독도를 자국의 영토로 생각하지 않았다는 것을 이 지도가 반증한다고 하였다.

---

141 『조선일보』, 1962년 4월 9일, 1면(석간), "일본대표부 설치 승인 않는 한, 서울 정치회담 반대, 일 외상, 독도 국재(國裁) 제소를 재언명"; 『동아일보』, 1962년 4월 10일, 1면(조간), "일(日)대표부 없는 서울 회담 무리, 고사카(小坂) 외상, 독도 국재 제소 재표명".
142 『동아일보』, 1962년 4월 28일, 1면(석간), "독도 문제 해결 없이 국교 정상화 불가능, 일(日) 고사카(小坂) 외상 증언"; 일본 국회 회의록(第40回国会 衆議院 外務委員会 第27号 昭和37年4月27日).
143 『동아일보』, 1962년 4월 29일, 1면(조간), "큰 물의 일으킬 듯, 고사카(小坂) 일 외상의 독도 문제 발언"; 『마산일보』, 1962년 4월 29일, 1면, "독도 문제, 국재(國裁) 제소 고집".
144 『경향신문』, 1962년 6월 24일, 1면(조간), "영토권 문제에 대한 일 측 주장은 부당, 8월 정치회담에 비관론".
145 『경향신문』, 1962년 5월 15일, 1면(조간), "독도 국재(國裁) 제소, 99% 승소 자신, 일 최고재장(最高裁長) 담".
146 『경향신문』, 1962년 6월 25일, 1면(조간), "독도는 일 영토 아니다, 재일 미 사학교수 조지 씨가 자료 제공".

5. 한일 정치회담 예비교섭

국내 신문에는 일본 신문을 인용하여, 8월 21일부터 시작되는 한일 양국 수석대표 간 예비 협상에서 독도에 관한 문제를 제기하지 않기로 합의했다는 보도가 있었다.[147]

1962년 3월 한일 정치회담이 있은 후 일본 국내 사정으로 중단되었던 정치회담이 8월에 열리게 되었다.[148] 그에 앞서 배의환(裵義煥) 대사와 스기 미치스케(杉道助) 수석대표 간에 정치회담을 위한 첫 예비회담이 있었다. 이 시기 '오히라(大平) 구상'이 문제가 되었다. 이 구상은 기본조약이 아니라 공동선언을 하겠다는 것이었고, 여기에는 38도선 이남만을 한국의 영토로 인정하고, 독도를 한국의 영토로 인정하지 않으려는 의도가 있다고 보았다. 한국 정부에서는 오히라 구상에 즉각적으로 반응하였다. 만일 일본이 한국의 독립과 주권, 영토권을 인정하지 않으려면 한일 국교 정상화는 결코 기대할 수 없을 것이라고 하였다.

그러한 가운데 8월 20일 일본 사회당의 기하라 쓰요시(木原津與志) 의원이 중의원 예산위원회에서 한국이 단독으로 평화선을 설정하고 독도를 점령하고 있다며 한국을 해적 국가라고 하여 논란이 되었다.[149] 그리고 오히라 마사요시(大平正芳) 외상은 8월 23일 중의원 외무위원회에서 "독도 문제가 국교 정상화 전에 해결되어야 한다"는 입장을 거듭 밝혔다.[150]

최덕신 외무장관은 "독도 문제를 끄집어내는 오히라 외상이 독도를 한번 보기만 하면 누구 땅이라는 것을 알텐데"라고 하였다. 그러면서 오히라 외상을 "독도에 초청을 해볼까" 하는 생각도 있다고 하였다.[151] 최 외무장관의 독도에 관한 일화는 3월 21일 『경향신문』에도 실려 있다. 최 외무장관이 3월 정치회담에 참가하기 전에 서울의 한 친구에게서 들은 이야기를 동경에서 했다고 한다.[152]

---

[147] 『동아일보』, 1962년 8월 19일, 1면(조간), "대한(對韓) 지불 3억 불, 일 외무성 제안, 대장성 측서는 반대, 수상, 조약 대신 선언안 승인, 일지(日紙)서 보도".
[148] 『경향신문』, 1962년 8월 20일, 4면 "한일 예비회담의 전도(前途), 일(日)은 어물어물 넘기려는 태도, 한국 주권 확인 선결".
[149] 『조선일보』, 1962년 8월 21일, 1면, "독도의 영유권 또 주장, '한국은 해적 국가' 운운, 일 사회당 의원 의회서 망언"; 일본 국회 회의록(第41回国会 衆議院 予算委員会 第1号 昭和37年8月20日).
[150] 『조선일보』, 1962년 8월 24일, 2면, "독도 문제도 포함, 한일 국교 정상화 전의 해결점, 오히라(大平) 일 외상 증언"; 일본 국회 회의록(第41回国会 衆議院 外務委員会 第2号 昭和37年8月23日).
[151] 『조선일보』, 1962년 8월 26일, 2면, "그이를 독도에 초청하면".
[152] 『경향신문』, 1952년 3월 21일, 2면(조간), "독도 제소에 응소 않는다".

일본이 말하는 죽도(竹島)란 대가 가득 우거져 있는 섬이겠지, 그 섬은 풍파로 아마 소멸되어버렸을 거요. 한국이 말하는 독도란 이름 그대로 바다 한가운데 대똥하게 고립해 있는 바위투성이의 섬이지요. 이것이 지금 그대로 남아 있지. … 우리가 가지고 있지도 않는 죽도를 돌려달라고 국재(國裁)에 제소한다 해도 한국은 응소할 수가 없습니다.

6. 박정희 의장의 독도 경비 강화 지시

1962년 8월 박정희 의장이 독도경비대원들과 울릉도 도민들을 위해 라디오와 담배, 서적 등과 함께 격려문을 보냈다는 기사가 나왔다.[153] 이 시기 기자가 9월 15일 해군 함정을 타고 독도를 방문하여 독도의 현황을 살펴보고 소개한 기사가 보도되었다.[154] 당시 독도에는 울릉도경찰서 소속 경찰관 16명이 20일 교대로 근무하고 있고, 섬 꼭대기에는 태극기가 꽂혀 있었다. 그리고 섬 중턱에는 '대한민국 경상북도 울릉군 독도'라는 글이 새겨진 청동으로 만든 표지가 있었고,[155] 바위에는 '한국'이라고 새긴 글씨도 있었다.[156]

국가재건최고회의 박정희 의장은 10월 12일 울릉도와 동해안 시찰을 마치고 귀경하였으며, 울릉도의 현대화를 위한 종합 개발계획을 지시하였다.[157] 또한 박 의장은 '독도는 엄연한 한국의 영토'라고 하며, '독도의 경비를 더욱 강화하고 수비 경찰의 모든 편의를 제공할 것'을 관계 당국자에게 지시하였다.

한편, 9월 일본에서는 독도에 광업권을 설정했던 쓰지 씨의 후손들이 일본 정부의 무위로 상실했다며 7억 불에 가까운 손해배상을 청구하였다.[158] 10월에는 오히라 외상이 자민당 외교문제조사회에 출석하여 "일본은 독도 문제를 국제사법재판소에 제소할 용의가 있다"고 하

---

[153] 『조선일보』, 1962년 8월 10일, 3면(조간), "박 의장이 라디오, 독도경비원과 울릉도민에게".
[154] 『조선일보』, 1962년 9월 18일, 7면, "바다의 고아 독도, 외로운 초소만이 우뚝, 요즘엔 일선(日船)도 얼씬 않고, 바위에 새긴 두 글자 '한국'".
[155] 『경향신문』, 1962년 9월 18일, 2면, "독도의 근황, 어류만이 무진장, 우리 영토에 좀 더 관심 가져야, 일 경비정 얼씬도 못해".
[156] 『동아일보』, 1962년 9월 18일, 3면, "우리의 '막내 섬' 독도, 동해를 지키는 외로운 초소, 빗물 받아먹는 경비대, 사기는 높아, 이젠 뜸해진 일(日) 어선의 침범".
[157] 『경향신문』, 1962년 10월 12일, 1면, "독도 경비 강화토록, 박 의장, 울릉도 개발계획도 지시".
[158] 『경향신문』, 1962년 9월 25일, 4면, "독도 광업권 문제, 쓰지(辻) 후손이 또 고소".

고, 한국 정부 당국도 이에 동의해주길 바란다고 발언한 내용이 국내 언론에 소개되었다.[159]

일본국제문제연구소 전무이사인 다나카 나오키치(田中直吉) 일본 호세이대학(法政大學) 교수가 고려대학교 아시아문제연구소 초청으로 한국을 방문하여 10월 23일 고려대 강당에서 한 연설이 크게 물의를 일으켰다. 그는 "독도는 일본 영토임에도 불구하고 이승만 정권은 한국 영토라고 고집했다"고 하면서, "이승만 라인은 불법적인 처사이며, 한국의 일본에 대한 청구권은 지나친 일이고 일본은 36년간 한국의 근대화에 기여했다"고 하였다.[160]

고려대와 서울대 등 학생들은 이에 반발하였고, 10월 27일 다나카 교수는 정식 사과문을 발표하였다.[161] 그는 서울대 문리대 학생들에게 "물의를 일으킨 점을 유감으로 생각하며 이를 취소한다"고 공개 사과했으며, 고려대 학생들에게도 "강연 중 일본의 식민통치가 한국의 근대화에 기여했다는 대목이 와전됐다면 취소하겠다"고 해명하였다. 그는 그 강연 내용이 자기의 신념이 아니라 일본 국민들이 그렇게 생각하고 있다는 것을 전했을 뿐이라고 하였다.[162]

7. 김종필 부장과 오히라 외상의 회담

1962년 11월 12일 『경향신문』에는 김종필 중앙정보부장이 공동통신과의 회견에서 이루어진 일문일답이 소개되었다. 그 안에는 독도와 평화선 문제에 관한 답변도 있었다.[163] 그의 답변에는 한때 발언의 존재 여부가 논란이 되었던 '독도 폭파' 발언도 나온다.[164]

(문) 법적 지위, 선박 문제, 독도 문제 등도 동시 해결할 것인가?

---

159 『마산일보』, 1962년 10월 19일, 1면, "독도 문제 국재(國裁) 기소".
160 『동아일보』, 1962년 10월 26일, 2면, "독도는 일본 영토라고, 재산 청구권 지나친 일, 고대(高大) 초청, 일(日) 다나카(田中) 박사 강연 내용 말썽".
161 『동아일보』, 1962년 10월 29일, 7면, "독도는 일본 땅, 청구권은 지나친 일, 다나카(田中) 발언에 서울대생 항의, 27일 본인도 정식으로 사과 성명".
162 『경향신문』, 1962년 11월 1일, 7면, "물의 일으켜 미안, 일(日) 다나카(田中) 교수의 말".
163 『경향신문』, 1962년 11월 12일, 2면, "미(美), 한국 재건에 장기 협조, 김 부장, 공동(共同)통신과 회견 담, 독도 문제는 정상화 후에".
164 김종필의 '독도 폭파' 발언에 대해서는, 유의상, 2016, 『대일외교의 명분과 실리: 대일청구권 교섭과정의 복원』, 역사공간, 413쪽, 각주 48번 참조.

(답) 물론이다. 그러나 독도 문제는 한일회담 중도에 일본 측이 제기한 것이며 이것은 회담 진행에 방해물이다. 이는 한국 영토이므로 이를 일본 측이 제기하면 한국 국민에게 자극을 줄 뿐이다. 이 문제는 국교가 정상화한 후 시간을 두고 해결할 문제다. 이케다(池田) 수상과의 회담 시 "독도를 폭파해버릴까?"라고 하니 이케다 수상은 "그러면 더욱 더 큰 문제로 된다"라고 하면서 크게 웃은 바 있다. 한국은 평화선을 국방선으로 생각하고 있다. 그러나 어업 협정이 체결되면 평화선 문제는 자연 해결될 것이다.

그리고 김종필 부장은 "독도 문제는 한일회담과 전혀 관련성이 없는 문제이므로 한일회담에서 제외되어야 하고", "독도 문제를 국제사법재판소에 제기하는 것도 타당치 않다"는 입장을 11월 13일 일본 정부 관계자에게 밝혔다고 하였다.[165] 또한 "이 문제는 국교 정상화 후에 취급되어야 한다는 것도 통고했다"고 한다.

오히라 외상은 13일 김종필 부장의 발언에 동의하지 않으며, '독도 문제가 한일 양국 대표들에 의해 토의될 것'이라고 하였다.[166] 그리고 신문에는 오히라 외상이 14일 중의원 외무위원회에서 '김종필 부장과의 회담에서 독도 문제를 국제사법재판소에 제소하지 않고 다른 정치적 해결을 위한 조정안을 검토하였다'고 언명한 내용이 실렸다.[167] 또한 그는 "독도 문제가 해결되지 않는 한 한일 국교 정상화는 있을 수 없다"고 한 고사카 전 외상의 견해에 대해서도 동일한 견해를 갖고 있다고 말하였다.[168]

11월 26일 『재팬타임스』가 '일본 외무성이 독도 문제의 해결을 위하여 국제중재위원회를 설치할 것을 구상하고 있다'고 보도한 내용이 국내 언론을 통해 전해졌다.[169] 국제중재위원회는 한국이 제안한 제3국의 조정과는 성격이 좀 달랐다. 한국이 제시한 미국을 조정자로 하는 제3국 조정안은 법적 구속력이 없고, 당사국의 한쪽이 불만이 있으면 조정이 되지 않

---

165 『경향신문』, 1962년 11월 13일, 1면, "독도 문제는 수교 후, 국재(國裁) 제소 부당성 역설".
166 『조선일보』, 1962년 11월 14일, 1면, "예비회담에서 독도 문제 토의, 오히라(大平) 일 외상 담".
167 『동아일보』, 1962년 11월 15일, 1면, "독도 문제에 제3국 조정 모색, 일(日) 외상 언명".
168 오히라 외상이 1962년 11월 14일 중의원 외무위원회에서 한 독도 관련 발언에 대해서는, 일본 국회 회의록(제41回 国会 衆議院 外務委員会 第10号 昭和37年11月14日) 참조.
169 『동아일보』, 1962년 11월 26일, 1면, "국제중재위 설치, 일(日), 독도 문제 해결에 구상, 재팬타임스 보도".

는 것이었다. 반면 국제중재위원회는 위원회의 결정에 복종할 것을 조건으로 양 당사국과 제3국으로 3인 위원회를 구성하는 것이다. 『재팬타임스』는 일본 외무성의 새로운 구상이 한국 측의 제안에 대안이 될는지는 모른다고 하였다.

12월 6일 이케다 수상은 한일회담이 조속히 타결되기를 바란다고 하면서, '한일 교섭은 어업 문제, 법적 지위 문제, 독도 문제를 청구권과 일괄 해결하지 않으면 안 된다'고 하였다.[170] 하지만 그는 서두르지 않고 신중하게 천천히 진행할 것이라고 하였다.

이에 반해 박정희 의장은 12월 12일 일본 기자들의 서면 질의에 대해 독도 문제는 '한일회담이 성립되고 국교가 정상화된 후에 외교적으로 논의되어야 할 문제'라고 하며 한일회담과는 분리시켜야 한다고 하였다.[171]

---

[170] 『경향신문』, 1962년 12월 6일, 2면, "한일회담 조속 타결을 희망, 이케다(池田) 수상 담, 청구권 등 일괄해서".
[171] 『조선일보』, 1962년 12월 13일, 1면, "독도 문제, 국교 후에 해결, 국방선(國防線) 설정은 특수 사정 때문, 박 의장, 일(日) 기자들 서면 질의에 답변".

VI. 맺음말

지금까지 1955~1962년까지 국내 신문에 게재된 독도 관련 기사를 중심으로 그 기간에 있었던 독도 관련 사항에 대해 살펴보았다. 이 시기의 독도 관련 사항을 보면 크게 3가지로 정리할 수 있다.

첫째, 한국이 독도를 실효적으로 영유하는 가운데, 일본 측에서 독도 영해 침범 등을 감행하며 한국 경비대의 철수, 시설물의 철거 등을 요구하였다. 1955년 한국이 독도 등대를 다시 건설한 이후에도 일본은 순시선을 파견하여 독도의 영해를 침범하며 탐지 활동을 하였다. 일본 정부에서는 이를 기초로 한국 경비대 철수와 등대·경비초사 등 시설물 철거를 요구하였다. 이는 일본이 한국의 독도 영유를 인정하지 않겠다는 의도에서 비롯된 것이었다.

일본 순시선이 독도 영해를 침범한 경우에는 한국의 경비대가 상황을 파악하고 즉각적으로 경북 경찰국에 보고하였다. 그 내용은 다시 치안국을 거쳐 외무부에 제보되고, 외무부에서는 주일대표부를 통해 일본 측에 순시선의 독도 영해 침범에 대해 항의하며 재발 방지를 요구하였다. 이처럼 신속한 대응은 독도에 한국의 경비대가 상주하고 있었기 때문에 가능한 일이었다.

독도경비대의 근무 여건은 열악하였지만, 정부 고위 인사가 독도를 현장 방문하고 국가재건최고회의 박정희 의장도 울릉도를 방문하고 독도 경비 강화를 지시하는 등 독도경비대에 대한 관심도 늘어나고 독도 관리 방안도 차츰 강화되었다.

둘째, 한일 양국이 독도에 관한 정부 견해를 교환하며 독도 영유권에 관해 논쟁을 벌인 사실이 알려지면서 독도 영유권 논거에 관한 논의가 활발히 진행되었다. 1953년 일본 정부에서 독도 영유권에 관한 정부 견해를 처음 보내온 후 한일 양국은 1965년까지 4차례에 걸쳐서 독도에 관한 정부 견해가 담긴 외교문서를 주고받았다. 특히 1957년에는 일본 정부가 한국 측에 정부 견해를 보내온 사실이 언론 보도를 통해 외부로 알려지면서 독도가 왜 한국의 땅인가에 대한 관심도 늘어나게 되었다. 그 논쟁점을 정리하면 오늘날 쟁점과 크게 다르지 않은데 그 내용은 다음과 같다.

과거 한국은 독도를 인지하고 있었는가? 17세기 이래 일본은 독도를 실효적으로 경영하였는가? 안용복의 진술은 신뢰할 수 있는가? 1905년 일본의 영토 편입은 유효한가? 연합국최고사령관 각서(SCAPIN) 제677호에 의해 독도가 일본 영토에서 분리되었는가? 샌프란시스코강화조약 제2조에서 일본이 포기해야 할 영토에 독도가 포함되는가?

이러한 내용과 관련하여 학자들은 신문에 독도가 역사적·국제법적으로 한국 땅인 이유에 대해 설명하는 기고문을 게재하였다. 더욱이 한일회담이 진행되면서 정치회담에서 독도를 의제로 할 것인지가 논의되면서 독도에 관한 일반인들의 관심도 더 늘어나게 되었다. 신문의 독자들은 독도가 한국 땅임을 나타내는 지도와 문헌이라며 신문사에 제보하며 한일회담에 조금이라도 도움이 되기를 바랐다.

셋째, '독도 문제'를 어떻게 처리할 것인가에 관한 논의가 있었다. 1953년 구보타 망언으로 중단되었던 한일회담이 1958년 재개되었다. 그와 더불어 한일회담에서 독도에 관한 사항을 의제로 다룰 것인가를 두고 한일 양국이 다투었다. 일본은 '독도 문제'를 한일회담의 의제로 삼고 국교 정상화 전에 별도의 방법을 통해 해결하자는 입장이었다. 그래서 국제사법재판소 제소, 국제중재위원회 구성 등을 제안하였다. 하지만 한국의 경우 독도는 한일회담의 의제가 될 수 없다고 하며, 필요하다면 국교 정상화 후에 외교적으로 논의되어야 할 것이라는 입장이었다. 한국 정부는 일본 측의 국제사법재판소 제소 제의에 대해서는 지속적으로 거절하였지만, 일본의 집요한 요구에 한때 제3국 조정안을 고려하기도 하였다.

한편, 일본 국회에서는 한국이 독도를 불법 점거하고 있기 때문에 미일안전보장조약 제5조 등에 의해 미국의 힘을 빌려 한국을 독도에서 퇴거시킬 수 있는지에 대해서도 논의하였다. 하지만 일본 정부는 독도는 미일안전보장조약 제5조의 대상이 되지 않는다는 입장을 갖고 있었다.

1955~1962년간 독도를 둘러싼 한일 양국의 입장, 그리고 당시 독도에 대한 한국 국민들이나 언론의 태도는 오늘날과 크게 다르지 않음을 볼 수 있다. 다만 1960년대 후 「조선국교제시말 내탐서」, 「태정관 지령」, 「대한제국 칙령 제41호」, 「원록구병자년 조선주착안 일권지각서」 등 독도에 관한 새로운 자료들이 발굴되어 이전 시기에 비하여 그 후 독도 영유권에 관한 한국의 논지가 더욱 강화된 측면이 있다.

그럼에도 불구하고 일본 시마네현의 소위 '죽도(독도의 일본식 명칭)의 날' 행사, 일본 방위백서 및 외교청서의 독도 영유권 기술, 일본 교과서의 독도 기술 문제, 영토주권대책기획조정실 설치, 영토주권전시관 운영 등으로 일본의 도발이 더욱 공세적으로 변하였고, 그에 따라 독도 관련 상황도 더욱 복잡한 양상을 띠고 있음을 볼 수 있다.

참고문헌

○ 국내외 신문기사
- 『경향신문』, 『국민일보』, 『동아일보』, 『마산일보』, 『민국일보』(『세계일보』), 『조선일보』, 『한국일보』.
- 『朝日新聞』, 『読売新聞』, 『毎日新聞』.

○ 단행본
- 국민대학교 일본학연구소, 2008, 『한일회담 외교문서 해제집』 1~5권, 동북아역사재단.
- 독도박물관, 2019, 『한국인의 삶의 기록, 독도: 독도의 인공조형물 조사 보고서』(독도박물관 연구총서).
- 동북아역사재단, 2009, 『일본 국회 독도 관련 기록 모음집』 1부(1948~1976년).
- 동북아역사재단, 2011, 『독도 관련 일본 측 외교문서(1952~1969)』 1~6권.
- 유의상, 2016, 『대일외교의 명분과 실리: 대일청구권 교섭과정의 복원』, 역사공간.
- 유의상, 2022, 『한일 과거사 문제의 어제와 오늘: 식민 지배와 전쟁 동원에 대한 일본의 책임』, 동북아역사재단.
- 홍성근 편, 2020, 『광복 후 독도와 언론보도 Ⅰ: 1948년 독도폭격사건』, 동북아역사재단.
- 홍성근 편, 2021, 『광복 후 독도와 언론보도 Ⅱ: 1945~1954년의 독도』, 동북아역사재단.
- 홍순칠, 1997, 『이 땅이 뉘 땅인데: 독도의용수비대 홍순칠 대장 수기』, 혜안.
- 川上健三, 1966, 『竹島の歷史地理學的硏究』, 古今書院.

○ 외교부(외교사료관) 자료
- 『독도 문제, 1955-59』(분류번호 743.11JA, 등록번호 4567).
- 『독도 문제, 1960-64』(분류번호 743.11JA, 등록번호 4568).
- 외무부, 1977, 『독도관계자료집(Ⅰ): 왕복외교문서(1952~76)』(집무자료 77-134, 北一).
- 외무부정무국, 1955, 『독도문제개론』(외교문제총서 제11호).

○ 한국 국회 회의록
- 제4대 국회 제33회 제35차 국회 본회의 1960년 1월 20일.

○ 일본 국회 회의록
- 第24回国会 参議院 内閣委員会 第51号 昭和31年5月24日.
- 第28回国会 参議院 予算委員会 第5号 昭和33年3月5日.
- 第28回国会 衆議院 本会議 第17号 昭和33年3月19日.
- 第32回国会 参議院 内閣委員会 閉会後第2号 昭和34年8月1日.
- 第33回国会 参議院 内閣委員会 第6号 昭和34年12月1日.
- 第34回国会 衆議院 予算委員会 第4号 昭和35年2月8日.
- 第34回国会 衆議院 予算委員会 第12号 昭和35年2月19日.
- 第34回国会 参議院 予算委員会 第12号 昭和35年3月10日.
- 第34回国会 参議院 予算委員会 第18号 昭和35年3月21日.
- 第34回国会 参議院 予算委員会第二分科会 第3号 昭和35年3月26日.
- 第34回国会 衆議院 日米安全保障条約等特別委員会 第13号 昭和35年4月6日.
- 第38回国会 参議院 予算委員会 第5号 昭和36年2月17日.
- 第39回国会 参議院 予算委員会 第8号 昭和36年10月20日.
- 第40回国会 衆議院 予算委員会 第2号 昭和37年1月29日.
- 第40回国会 衆議院 予算委員会 第8号 昭和37年2月5日.
- 第40回国会 衆議院 予算委員会 第12号 昭和37年2月12日.
- 第40回国会 衆議院 予算委員会第二分科会 第2号 昭和37年2月20日.
- 第40回国会 参議院 外務委員会 第6号 昭和37年2月27日.
- 第40回国会 衆議院 予算委員会 第17号 昭和37年3月1日.
- 第40回国会 衆議院 外務委員会 第9号 昭和37年3月7日.
- 第40回国会 衆議院 外務委員会 第27号 昭和37年4月27日.
- 第41回国会 衆議院 予算委員会 第1号 昭和37年8月20日.
- 第41回国会 衆議院 外務委員会 第2号 昭和37年8月23日.
- 第41回国会 衆議院 外務委員会 第10号 昭和37年11月14日.

2편

<자료>
1955~1962년 독도 관련 국내 주요 언론보도 기사

1. 한국의 독도 등대 재건설
1955년의 독도

『경향신문』, 1955년 2월 17일, 2면

16일 진해서 명명식
도입 LSM형 4척

당지 해군 당국 발표에 의하면 해군 본부에서는 이번 미국 군사원조에 의하여 지난 13일 도입된 LSM형(型) 함정 4척의 명명식을 오는 16일 상오 10시 진해 군항에서 민의원 국방위원장 등 다수 내외 인사 참석하에 거행할 것이라는데 동일 정(鄭) 해군 참모총장으로부터 전기 함정들의 명명과 더불어 다음과 같이 함장 임명이 있을 것이라고 한다.

▲ 601(大草: 대초) 박수왕(朴水王) 소령 ▲ 602(麗島: 여도) 고덕수(高德守) 소령 ▲ 603(獨島: 독도) 최기동(崔基東) 소령 ▲ 605(加德: 가덕) 이응성(李應星) 소령

『경향신문』, 1955년 7월 29일, 3면

독도 등대 이용
각국 정부에 통고*

외무부에서는 지난 8일 준공한 독도 등대를 많이 이용하도록 27일 각국 정부에 통고하였다. 그런데 동 등대는 북위 37도 14분 40초, 동경 131도 52분 20초에 위치하여 15해리(海里)의 광달거리를 가지고 있는 240와트의 무간수(無看手) 등대이다.

---

* 『한국일보』, 1955년 7월 29일, 3면, "독도 등대 준공, 광달거리는 15리(哩)".

참고자료 | 독도 등대 준공 통보 관련 공한* 　　　　　　　　　　　　　【번역문】

No.
외무부는 한국에 있는 _____에 찬사를 보내며, 경상북도 독도에 위치한 등대가 최근 재건되어 운영되고 있다는 것을 알려드리는 영광을 가집니다. 위에서 언급한 등대의 세부 사항은 다음과 같습니다.

1. 등대명: 독도 등대
2. 위치: N37° 14′ 40″, E131° 52′ 20″
3. 재건 일자: 1955년 7월 8일
4. 도색 및 구조: 백색 사각형 철탑
5. 등질: 섬백광, 매 5초 1섬광, 아세틸렌 가스등
6. 명호: 자(自) 140° 지(至) 146°
　　　　　 〃 150° 〃 179°
　　　　　 〃 180° 〃 205°
　　　　　 〃 210° 〃 116°
7. 등고: 기초상 높이 2.9m
　　　　 평균 수면상 높이 126.9m
8. 광력: 240와트
9. 광달거리: 15마일
10. 비고: 무간수 등대

외무부는 _____이(가) 이 정보를 해당 정부 당국에 전달해주시면 감사하겠습니다.

한국, 서울
1955년 7월 27일

---
* 번역: 홍성근.

참고자료 | 독도 등대 준공 통보 관련 공한*

No.
The Ministry of Foreign Affairs presents its compliments to _____ in Korea and has the honor to inform the latter that a lighthouse located at Dokto Island, Kyungsang Puk Do, has recently been reconstructed and is now in operation. The following are the details of the above-mentioned lighthouse:

1. Name: Dokto Lighthouse
2. Location: N37° 14′ 40″, E131° 52′ 20″
3. Date of reconstruction: July 8, 1955
4. Kind of color and construction: White-colored square iron tower
5. Kind of light: White flash light, one flash per 5 seconds. Acetylene lamp
6. Arc range: From 140° to 146°
  〃 150° 〃 179°
  〃 180° 〃 205°
  〃 210° 〃 116°
7. Height: Height from basement: 2.9m
  Height above the sea-level: 126.9m
8. Brightness of light: 240 Watts
9. Range of light: 15 miles
10. Remarks: No lighthouse keeper

The Ministry would appreciate if _____ conveys this information to the appropriate authorities of its government.

Seoul, Korea
July 27, 1955

---

* 『독도 문제, 1955-59』.

「경향신문」, 1955년 8월 28일, 3면

일 정부에 항의 지시
일 어선 또 독도 침범

지난 24일 외무부에서는 일선(日船)이 독도 영해를 침범한 데 대하여 일 정부에 항의를 제출하도록 주일대표부에 지시하였다고 한다.

그런데 지난 7월 19일 일본선 헤쿠라환이 독도 영해 1천 5백 미터 지점까지 침입하여 동도에 있는 등대 시설 등을 탐지하고 도주하였다고 한다.

`마산일보』, 1955년 8월 29일, 2면

일선(日船) 독도 침범
정부 항의 훈령

정부는 일본 선박 헤쿠라환이 독도 근해에 나타난 사실을 영해 침입이라고 지적하고 24일 주일대표부로 하여금 일본 정부에 정식 항의케 하였다. 외무부 당국자에 의하면 전기 일본 선박은 지난 7월 19일에 독도에서 1천 5백 미터 거리의 해상에 나타났던 것이다. 한편 우리 정부는 지난 7월 초순에 독도의 등대를 수축한 바 있는데 일본은 도리어 이를 영토 침입이라고 항의해왔다고 하는바, 이에 대하여 조 외무장관 서리는 27일 일본의 상투적인 뻔뻔스러운 행동이라고 말하였다.

『조선일보』, 1955년 9월 1일, 1면

한국의 안전을 위협
일 무장선(武裝船) 독도 근해 침입을
우리 대표부서 일 정부에 항의[*]

【동경 31일발=동양】주일대표부는 31일 오후 본국의 훈령으로 일본 정부에 대하여 독도에 관한 항의를 제출하였다. 동 내용은 일본 무장선의 우리 영해 침범에 대한 것과 지난번 일본 정부가 우리 정부에 의한 독도 등대 수축에 관하여 항의한 것을 반박한 것인데 1954년 9월 25일 일본 정부에 우리가 독도 영유권을 천명한 문서를 전달한 후 일본 정부로부터는 하등 동도(同島)의 영유를 반증할만한 응답이 없었다는 것, 독도는 분명히 한국의 불가분의 일부이며 그리고 동 항의는 이어 1955년 7월 19일 일본 무장 순시선 헤쿠라호가 독도 1,500미(米) 근방에 침입한 데 대하여 이것은 무장선에 의한 영해 침범이라고 했으며 앞으로 이러한 일이 계속 야기되지 않도록 일본 정부의 조치를 요구하는 동시에 이러한 무장선에 의한 침범은 우리 대한민국의 안전에 대한 위협적 행위이므로 우리는 여기에 중대한 관심을 가지고 있다는 것을 밝혔다.

---

* 『한국일보』, 1955년 9월 1일, 1면, "독도는 우리 영토, 일 무장선 침범에 항의".

『조선일보』, 1955년 9월 6일, 4면

천 톤급 일 경비선
독도 주변을 순회

【경북지사】지난 2일 경상북도 경찰국에 들어온 보고에 의하면 약 1천 톤가량 되는 일본 경비선 1척이 지난달 25일 밤 11시 20분부터 약 1시간 동안 독도 주변을 순회하고 도주하였다 한다.

『조선일보』, 1955년 12월 16일, 3면

독도 경비선 좌초

【경북지사】 독도 경비선 1척(80톤)이 지난 11일 밤 영일군 구룡포 해상에서 암초에 부딪쳐 좌초되었다고 하는바 다행히 인명 피해는 없다고 한다.

한편 경북 경찰국 방(方) 경비과장은 현지에 출동하여 인양 작업에 착수하였다 한다.

1956년의 독도

2. 한국산악회의 학도 해양훈련

『동아일보』, 1956년 5월 26일, 1면

독도는 일본령
스나다(砂田)* 또 괴발언**

【동경 24일발 AP=합동】일본 방위청 장관은 24일 참의원의 한 위원회에서 일 정부는 한일 양국 중간에 있는 물의(物議) 중의 독도를 일본령으로 간주한다고 말하였다. 그러나 그는 일본은 동도(同島)가 일미행정협정 제24조에 규정되어 있는 바와 같은 '침략'을 받았다고는 보지 않는다고 말하였다. 스나다(砂田) 장관은 "정부 방침은 독도 문제를 외교적 협상을 통하여 해결하는 것이다"고 말하였다. 일미행정협정 제24조는 아래와 같이 규정하고 있다. "일본 지역에 있어서 전쟁상태 또는 급박한 전쟁상태의 위협이 있는 경우, 미일 양국 정부는 동 지역 방위에 필요한 공동조치를 취함과 아울러 안보협정 제1조의 목적을 수행하기 위하여 즉시 공동협의할 것".

---

* 이 기사에서 '스나다(砂田)'는 '후나다(船田)'의 오기이다. 당시 일본 참의원에서 발언한 방위청 장관은 후나다 나카(船田中)이다. 일본 국회 회의록(第24回国会 参議院 內閣委員会 第51号 昭和31年5月24日).
** 『마산일보』, 1956년 5월 26일, 1면, "독도 일령(日領) 주장, 방위청 장관이"; 『조선일보』, 1956년 5월 26일, 1면 (석간), "독도는 일 영토, 일 방위청 장관 주장".

『조선일보』, 1956년 7월 22일, 2면(조간)

독도 등을 답사
산악회(山岳會)서 27일부터 14일간*

한국산악회에서는 하기 방학을 이용하여 서울 지구 고등학교 학생들에게 해양 사상을 보급시키기 위하여 오는 27일부터 14일간에 걸쳐 울릉도 및 독도를 답사하고 9백 해리의 항해 중 해군 장병의 지도 아래 함상 훈련도 겸하여 실시하고 기항 후에는 해군사관학교에서 5일간 사관생도들과 함께 해군 내무생활을 체험하게 될 것이라 한다. 한편 해군 당국은 오는 25일 하오 2시 해군 본부 강당에서 정 해군 참모총장 참석하에 훈련대 편성식을 거행하고 장도에 오르게 되었다 한다.

---

*   『한국일보』, 1956년 7월 22일, 3면, "고교생 해양훈련, 해군의 지도로".

『한국일보』, 1956년 7월 24일, 3면

울릉도의 식물 채취
서울 고대 문리대서

고려대학교 물리과학 생물리학과에서는 이달 27일 울릉도 독도 방면으로 하계(夏季) 동식물 채집을 위하여 출발할 것이라 한다. 조(趙福成: 조복성) 교수 및 생물학과 학생들로 구성된 동 채집반은 울릉도와 포천, 양주, 양평 등의 경기도 일대의 동식물상(動植物相) 조사를 목적으로 떠나는 것인데 오는 8월 27일경에 귀환할 예정이다.

『동아일보』, 1956년 8월 20일, 3면

독도 카메라 탐방 ①
우뚝 솟은 두 개의 바위섬

울릉도에서 다시 동남으로 49마일! 동해의 검푸른 창파를 타고 다섯 시간! 여기 유령처럼 우뚝 외로이 선 두 개의 큰 바윗덩어리가 있다. 바로 그것이 독도! 그야말로 아무것도 보잘것없는 단 두 개의 바윗덩어리가 한때 한·일 양국 간의 계쟁점이 되어 커다란 국제문제까지 일으키게 했던가? … 이런 생각에 잠길 때 어쩐지 이 두 개의 바윗덩어리가 소중하고 성스럽게 보이고 또 한없이 정다워만지는데 … 뱃머리에 날아드는 수백 마리의 갈매기 떼도 주

인을 반겨 맞아주는듯 … 섬 주변을 휘돌아 나르고 바위에 부딪치는 파도 소리도 이 섬 특유의 음악 선율인양 그칠 새 없이 귓전을 친다. 8일 상오 열한 시! 남색 비단을 깔듯 푸르고 또 푸른 물결을 헤치며 적막의 섬 독도에 상륙하였다. 【이명동(李命同) 기자】 (사진=바윗덩어리 독도의 기암)

『동아일보』, 1956년 8월 21일, 3면

독도 카메라 탐방 ②

집은 경비초소뿐
기암괴석 · 절해의 금강

약 30미터의 간격을 두고 나란히 사이좋게 서 있는 두 개의 바윗덩어리, 동편 쪽 것을 동도, 서편의 것을 서도라고 부르니, 동도의 넓이는 약 5.4정보, 서도는 약 16.8정보로 서도가 약 3배나 더 큰 셈이다. 그러나 서도는 그야말로 전부가 날카로운 절벽으로만 되어 도저히 사람들이 오르내릴 수 없을 뿐만 아니라 아무 이용 가치도 없는(?) 그야말로 돌 그것뿐이다. 그래도 이 섬의 기기묘묘한 돌덩어리들은 마치 금강(金剛)의 만물상을 연상케 하는 절경을 간직한 채 거센 파도에 시달리며 영원히 잠들고 ….

한편 동도는 서도보다 훨씬 작은 섬이기는 하나 사람은 간신히 줄을 타고 오르내릴 수가 있고 상봉에는 제법 집 한 칸 세울 터가 비어 여기 우리의 영토 독도를 지키는 경비초소가 땅보다 낮게 세워져 있다. 이 경비초소는 재작년 8월 1일 우리 정부에서 경비 명령이 내리자 즉시 세워진 것으로서 온돌방 한 칸, 청마루 한 칸, 도합 두 칸 짜리 건물로 되어 있다. 오직 이 한 채가 독도의 가옥의 전부이고 또 그 경비원이 독도의 인구의 전부이다. 【이명동(李命同) 기자】 (사진은 경비초소)

『동아일보』, 1956년 8월 22일, 3면

독도 카메라 탐방 ③

견딜 수 없는 애수(哀愁)

20일 교대의 경비진

독도의 경비는 울릉도경찰서에서 이를 담당하고 있는데 6명 내지 10명의 경찰관들은 20일간 이 적막의 섬, 독도에서 '귀양살이'를 해야만 한다. 풍랑으로 인한 교통 두절을 염려하여 식량, 연료 등은 3개월분씩을 언제나 예비로 저장하고 있으나 식수는 이 섬 바위틈에서 한 방울 두 방울 떨어지는 물을 받아 간신히 갈증을 면할 수 있다. 그러나 여기서 끝내 참을 수 없는 것이 있다면, 달 뜨는 밤 달빛에 출렁거리는 파도 소리, 그리고 수천 마리 갈매기 떼들의 구슬픈 울음소리와 함께 또 달리 심성 궂게 송아지 울음을 내는 이 섬 특유의 물개(옷토세이)의 울음소리는 견딜 수 없는 단장의 애수를 자아내게 한다고 …. 재작년 8월 10일 해무청 시설국에서 설치한 석유불 등대가 상봉에 우뚝 서 있고 무전시설의 안테나 줄이 제법 위엄을 갖추고 중화기, M1소총 등의 총구는 오늘도 먼 동쪽 바다를 향해 일본 어선들을 감시하는 데에 여념이 없다. 【이명동(李命同) 기자】 [사진은 동도(東島) 상봉의 등대와 보초 선 경비원]

『조선일보』, 1956년 8월 22일, 2면(조간)

항해 1천 마일: 학도 해양훈련기

첫 회로는 우선 성공
순조로운 날씨에 계획대로 실천

한국산악회 주최 서울 지구 고등학교 학생 해양훈련대 사업은 전원 197명의 다수 인원으로서 인천을 기점(起點)으로 하여 서해와 남해를 돌아 다시 멀리 동해 바다로 나가서 울릉도, 독도로 돌아오기까지 일천 마일 이상의 항해를 하며 울릉 등의 5일간의 등반 행동 등 전후 2주간 동안의 일정을 예정대로 무사히 마치고 돌아왔다는 것만으로서 우선 첫 사업의 성공이라고 할 것이다.

해군에서 제공된 함정인 거대한 '엘 에스 티'의 함장 이하 탑승조원이 친절한 지도를 다했고 또 해군 본부로부터 함상과 해상훈련을 위하여 특별히 우수한 청년 장교와 하사관을 임명했던 터이고 또 울릉도의 등반 행동에는 대부분의 학생 대원들이 등반과 캠핑에 경험을 가졌었다. 그러나 원체 다수의 가족이요, 또 학생들이 고등학교만이 11개교에 90명, 기타 여러 곳 대학생이 50명이라는 수효이었으므로 그 통솔도 여간 조심스러운바 아니었다. 겸하여 만경창파의 바다 위로 달리는 일이니 먹고 자고 기동하는 모든 일이 그리 쉬울 수는 없었다. 다행한 것은 천후가 도왔다. 그리고 관계 각 방면과 대원 부형들의 염려해주신 덕이 컸다고 하겠다.

이 사업을 착안하기는 일찍이 몇 차례 울릉도, 독도를 방문했을 때 절해고도의 웅장하기도 하고 다정스럽기도 한 풍경을 우리만 보고 가기 아깝다는 느낌이 깊었다. 될 수만 있다면 다른 나라처럼 한 여름에 청소년들의 '산으로, 바다로!' 대자연을 즐기며 탐험의 경험을 쌓아 책임과 신념을 굳게 가지는 훈련을 할 수 있으면 했던 것이다. 특히 3면에 바다를 가진 한반도의 소년으로서 바다를 이해하고 해상 생활에 경험을 가진다는 것은 더 필요한 일이 아닐 수 없는 것이다. 이에 학술조사반, 의료반, 보도반에 본부반을 두어 정작 인천항을 출발하게 되었던 것이 7월 27일이었다. (사진은 울릉도 상륙을 앞두고 대원들이 자기 학교 산악반 기를 들고나와 울릉도 주민들에게 환호를 보내는 광경) (洪鍾仁: 홍종인)

『동아일보』, 1956년 8월 23일, 3면

독도 카메라 탐방 ④
갈매기의 섬인가
바위 속에도 꽃은 피고

정말로 독도는 갈매기를 위하여 생긴 섬인지도 모른다. 사람들의 발이 닿지 않은 바위틈에는 갈매기가 알을 품고 있으며 깊은 골짜기에는 아직 날지 못하는 새끼 갈매기 떼들이 두 날개를 푸드덕거리며 까우 까우 입 벌려 애처롭게 울고 창파를 스치며 나는 어미 갈매기 떼들도 소리쳐 우는데 독도는 오늘도 갈매기 떼들의 울음소리에 지쳐 고요히 잠들고 있다. 섬 중간 지점에서 상봉에 이르기까지 잡초에 섞여 새빨간 산나리(百合: 백합)와 흰색과 연분홍의 술패랭이꽃이 만발하여 마치 가을의 정취를 자랑하는듯 거센 해풍에 넘실거리고 있다. 바윗덩어리의 독도에도 8월이면 꽃이 피고 봄철과 가을철이 한꺼번에 닥쳐온다는데 8월의 독도는 쓸쓸한 가운데에도 아름답기 한이 없더라 … 【이명동(李命同) 기자】 (사진은 섬 상봉에 핀 산나리 꽃)

『조선일보』, 1956년 8월 23일, 2면(조간)

항해 1천 마일: 학도 해양훈련기②

해사(海士)에 3일 입영(入營)

학생 해양훈련대 일행을 태운 '엘 에쓰 티'는 인천 바다에 뜨면서부터 대체로 바람 없는 평온한 항해였다. 큰 바다에 나가면 다소의 노을은 없지 않은 법이고 배에 익숙치 못하면 다소의 배멀미도 면치 못하는 법이다. 문제는 이런 것도 어떻게 하면 일찍부터 경험을 얻어 넉넉히 참고 이겨 나갈 수 있게 하느냐 하는 것뿐이다. 넘어야 할 고개는 넘고 건너야 할 물은 건너는 것이 사람으로 살아나가는 자질을 갖추는 것이요, 국민으로서 국가에 대하여 유능하게 일할 수 있는 능력을 갖추는 도리가 되는 것이다.

우리 배는 유유히 한바다 위에 떴다. 서남해의 다도해(多島海)를 지날 때에는 멀찍이 외해(外

海)로 돌아 추자도(楸子島)를 지나 바로 제주도엔 읍내가 눈앞에 보이는 데까지 가서 뱃머리를 돌려 다시 동북쪽으로 향하여 진해로 키를 돌렸던 것이다. 서해에서는 이글이글 타오르는 불덩어리 같은 태양이 망망한 바다 저편으로 떨어지는 장려(壯麗)한 광경도 보았다. 태고 때 화산이 터져 용암이 흐르고 또 흘러 지면이 수면에까지 평탄히 잇닿은 아스피데 형(型)의 한라산 전체의 모습도 한나절 실컷 즐길 수 있었다.

29일 아침 먹고 진해에 상륙하면서부터는 해군사관학교에서 마련된 일정에 의한 사관학교 학생 생활의 일과로 몰아가게 되었다. 이미 이틀 동안의 함상 생활에서 해군의 생활에 대한 강화와 일과도 치르기는 했으나 사관학교에서는 해군 소령 이하 대위 등 장교들이 여러 분 나와 사관학교 학생 훈련 과정의 일부를 그대로 훈련받게 되었던 것이다.

첫날은 진해의 여러 곳 해군 시설과 함정의 견학을 하고 다음 날부터 이틀 동안은 아침은 다섯 시 반에 기상하여 점호(點呼)와 해군 체조를 하고 나서 조반을 먹고 보트와 신호 연습, 오후에는 수영, 수영도 함부로 물에 덤벙 덤벙 뛰어드는 것이 아니고 일정한 준비 운동을 갖추고 또 수영 중의 사고 예방을 위한 지식을 배우는 등, 그리고 모든 행동은 규율 있게 체모와 예절을 갖추어가며 움직여야 하는 것이다.

당초부터 우리가 이 훈련 사업을 생각할 때부터 여름방학 한철 더위를 피하여 바다나 산으로 갔으면 하는 자라면 절대 용납코자 하지 않으려고 한 이유도 여기에 있었던 것이다. 우리들에게 가장 부족한 것이 단체 생활의 규율과 공동 협력의 책임 정신인 것이다. 그것을 바다 위의 함정과 또 우리 해군의 간부를 길러 내는 곳에서 그 본을 엿볼 수 있었으면 하는 것이 우리들의 생각하는 바였다. (사진은 해군사관학교 앞 바다에서 수영 직전의 예비 운동과 보트 훈련 광경)

신(新) 영화

독도와 평화선
총천연색 기록영화

김승옥(金承玉) 씨의 제작으로 이번에 우리나라 처음인 총천연색 영화 '독도와 평화선'이라는 기록영화가 완성되어 오는 24일부터 성남극장(城南劇場)에서 특별 유료 시사회를 하리라 한다. 그런데 동 영화는 바다의 은좌(銀座)라고 일컫는 일본 어선과 나포 실황을 풍랑의 평화선상에서 직접 로케한 것으로 이 영화를 통해서 평화선에 출현한 일본인들을 볼 수 있는 것이 특점(特點)이다. (사진은 '독도와 평화선'의 한 장면)

『동아일보』, 1956년 8월 24일, 3면

독도 카메라 탐방 ⑤
침식해가는 섬

단 두 개의 바윗덩어리 독도는 몇천 년 아니 몇만 년 동안을 동해 한복판에서 거센 파도와 싸우고 얼마나 시달렸는지 군데군데 커다란 상처를 입고 자꾸만 침식해가고 있다. 바위 하부에는 수십 개의 큰 구멍이 뚫어져 있고 상봉의 바윗돌도 비바람을 맞아 풍화작용으로 사태가 나고 있는데 간단없이 휘몰아치는 파도에 오늘도 말없이 매를 맞고 있는 우리의 섬 독도는 앞으로 어쩐지 가엾어만 보이고 은근히 걱정되기도 한다. "외로운 섬, 그러나 우리의 섬 독도여! 너는 동해물이 마를 때까지 영원히 건재해다오 …" 멀리 아물거리는 독도를 뒤로 바라보며 기자는 두 손 모아 이렇게 마음으로 빌기도 하였다. (완) 【이명동(李命同) 기자】 [사진은 독도 동방도(東方島)의 기암과 동굴]

『조선일보』, 1956년 8월 24일, 2면(조간)

항해 1천 마일: 학도 해양훈련기③

장엄한 대자연

진해에서 태풍 경보가 있어서 출항을 하루 늦추어 8월 2일 오후 두 시에 가덕도(加德島) 앞 바다로 나왔다. 임진왜란 시초에 왜군이 서울까지 점령하고 나서 반도 강산이 비분 속에 허덕이고 있을 때 우리의 충무공 이순신 장군이 적의 대함대를 연 3일간의 대접전 끝에 적병을 무찌를 대로 무찌르고 제해권(制海權)을 완전히 잡게 된 옥포(玉浦), 당포(唐浦)의 해전 전적지가 바로 진해 앞바다로부터 가덕도를 끼고 도는 여기였던 것이다.

우리들은 충무공의 거룩한 사적을 한 번 더 더듬으면서 낙동강 흐린 물 내린 부산 어구를 지나 동해로 뱃머리를 돌렸다. 밤을 자고 이튿날 아침에 울릉도에 도달했을 때는 약간 서남풍이 있어서 울릉도의 중심지로 되어 있는 도동(道洞)으로 상륙하기에는 불편했다. 도동에서 동쪽으로 고개 하나 넘어 모시개(苧洞: 저동)로 들어가니 산을 등지고 바다는 무척 잔잔하다. 포구가 둥그래하니 산으로 둘러싸였고 자갈이 섞인 모래밭에 물도 깊지 않아 헤엄치기도 좋은 곳이다. 휴양을 위한 '캠프' 예정지로 했던 여기를 베이스로 하고 짐을 풀었다. 인천을 출발한 이래 만 일주일 동안 함상 생활을 하다가 땅 위의 생활을 하게 될 때 멀리 떨어진 섬의 생활을 하다가 육지를 밟는 듯한 기분이 든다.

더구나 학생 대원들에겐 울릉도가 모두 처음인 터에 끝없는 바다 한가운데 홀로 우뚝 서 있는 983미터의 성인봉(聖人峰) 밑이자 모래밭에 잔물결치는 해변가에 조그마한 천막을 저마다 치고 오붓한 새살림을 꾸미며 또 등반 활동에 들어가 자신들의 계획에 자못 감흥이 깊은 것 같다. 풍물은 모두 새롭다.

넓은 바다, 수정같이 맑은 동해의 물, 높은 산, 울창한 숲, 몇천만 년 바람비에 깎일 대로 깎인 괴기한 바위들! 대자연의 장엄하고 기이한 모습 앞에 모두가 자신을 잊고 놀라움과 동시에 기쁨 속에 숨을 크게 들이마시며 "아! 참 좋구나. 여기까지 잘 왔구나!" 소리를 연발하고 있었다. (사진은 모시개의 천막촌에서 맞이하는 동해의 아침 해) (계속) (홍종인 기)

`『동아일보』, 1956년 8월 25일, 3면`

독도의 생태(生態)
소련 선박 가끔 출몰
이색의 여(女) 주민, 구슬피 우는 물개

섬 둘레가 겨우 2.2킬로, 아무것도 보잘것없는 두 개의 바윗덩어리의 독도일망정 그래도 과거 처참했던 폭격사건 등 수많은 우리 민족의 붉은 피가 이 바윗돌에 뿌려졌고 오늘도 정치적 군사적으로 중대한 초점이 되어 민족의 관심을 모으고 있다. 소홀히 여길 수 없는 우리의 독도! 이제 기자가 직접 보고 듣고 느낀 몇 가지 독도의 생태를 적어 본다. 【이명동(李命同) 기자】

고심하는 경비진

울릉도에서 49마일이나 멀리 떨어진 섬이고 배를 타고 다섯 시간, 그것도 풍랑이 심하면 갈 수 없는 곳이라 …. 이 섬을 경비한다는 것은 그다지 용이한 일은 아니다. 재작년 8월 1일 독도의 경비 명령을 받은 울릉도경찰서에서는 모든 악조건을 무릅쓰고 이 섬을 경비하게 되었다는데 그동안 불행하게도 한 사람의 경비경찰관이 식량을 운반하다가 바위에서 미끄러져 순직한 사실과 그 외에 풍랑으로 인해 51일간이나 식량 없이 그대로 섬에다 버려두어 10명의 경비원들이 모두 쓰러져 죽게 되었다가 구사일생으로 구출된 이야기 등 …, 독도 경비를 위해 바친 울릉도경찰서의 공로는 크다고 하겠다.

송아지 울음의 물개

독도 주변에는 약 1백여 마리로 추산되는 물개(옷토세이)가 서식하고 있으며 이 물개들은 가끔 바윗돌 위에 올라와서는 소리쳐 놀기도 하는데 그 울음소리는 마치 송아지가 우는 것과 꼭 같으며 사람이 가까이 가도 잘 도망가질 않는다고 한다. 이 물개는 현재 천연기념물로서 극진히 보호하고 일체 수렵을 금하고 있다. 그런데 과거 일인들이 독도에 자주 온 것은 고기보다 이 물개를 잡기 위해서였다고 한다.

소련 선박의 침범

우리의 땅을 알뜰히 지키기 위해서는 먼저 우리의 바다를 더욱 알뜰히 지켜야만 되겠다는 생각이 동해 한복판 독도에 와서 새삼스러이 강하게 느껴진다.
지난 3일 하오 9시 10분경에는 독도 앞바다에서 정체불명의 선박을 발견한 우리 해군의 809함정은 즉시 신호를 보내고 그 선박의 국적(國籍)을 문의한 바 있었는데 그 선박은 의외에도 블라디보스토크에서 흑해(黑海)로 가는 소련의 상선 KLAIPEDA호라고 응답하며 유유히 가고 있었다. 지도상의 위도로는 틀림없이 공해(公海) 아닌 우리의 해역을 침범 항행하고 있는 것으로 우리 함정은 즉시 해군 본부에 무전으로 알리는 등 자못 긴장했었다. 공해의 항행을 빙자하고 공공연하게 우리의 영해를 침범 항행하는 소련의 수많은 선박 가운데는 간혹 잠수함도 있어 우리 해군의 신경을 날카롭게 만들고 있다 한다.

여(女) 주민(?)은 해녀 셋

독도를 지키는 경비초소 방 안에는 세 사람의 예쁘장한 젊은 아가씨가 웅크리고 앉아 있다. 경비 순경에게 "가족들을 데리고 왔느냐?"고 물은즉 순경은 얼굴을 붉히면서 "아니요 … 제주도에서 미역을 따러 온 해녀들입니다"라고 대답한다. 아무리 미역이 많다고 하더라도 제주도에서 이 멀고 먼 무인도(?)까지 하필 세 사람만이?… 이런 생각이 들어 얼굴을 들 줄 모르는 해녀에게 "그래 미역 많이 땄소?" 하고 물으니 해녀는 모기 같은 소리로 "아니요" … 하고 말문을 닫고 만다. 방 아랫목에는 다른 경비원 한 사람이 술에 만취되어 코를 골고 잠자고 있었으며 이날의 경비초소의 분위기는 자못 추잡하기 짝이 없었다. 6명의 남자에 세 사람의 아가씨, 물론 적적하기 짝이 없을 그들이기는 하나 외적의 침범 언제 있을는지도 모를 국토의 최첨단을 수비하는 경비초소가 이렇게 무질서해도 좋을 것인가? 이런 생각이 자꾸만 머리를 스친다.

『조선일보』, 1956년 8월 25일, 2면(조간)

항해 1천 마일: 학도 해양훈련기④

드디어 독도로

울릉도에서 우리 전 대원은 우선 두 반으로 나누었다. 한 반이 먼저 독도로 가고 또 한 반은 울릉도에서 등산을 하기로 했다. 울릉도에서도 또 동남으로 49마일 바다도 푸르다 못해 까만 왜청빛이 짙은 바다 한가운데로 더 나가야 하는 것이다. 일행은 밤으로 함정에 올라 새벽녘 해뜨기 전 네 시경에 '모시개'를 떠났다. 바다는 여전히 평온하다. 그러나 원체 큰 바다라 넘실거리는 물결이 아주 없지는 않다.

이윽고 아침 해가 오르고 조반 식사가 끝날 때쯤 해서는 멀리 바다 저편에 검은 그림자가 보이기 시작했다. 그 옛날 4백여 년 전에도 나라에서 사람을 보내어 국트의 한 조각이라도 남김없이 조사케 했을 그때 삼봉도(三峰島)라고 불러왔던 곳이 곧 여기인 것이다. 점차 가까이 접근하면서 동서의 두 섬이 있고 그 사이에 우뚝 솟은 바위가 세 봉우리로 보이는 것이다.

그리고 독도라고 하는 것은 한문 글자에 보이듯 따로 떨어져 '홀로 서있는 섬'이란 것이 아니고 경상도 방언으로 '돌섬', 즉 '돌로 된 섬'이란 뜻이라고 울릉도에서는 옛날부터 설명되고 있는 것이다. 비록 높이는 불과 170여 미터요, 면적이 5만여 평에 불과하다고 하지만 여기 역시 우리 국토인지라 그 옛날 뱃길이 험한 때에도 한 조각의 땅을 아끼어 여기까지 찾아왔었거든. 바다 역시 육지의 연장(延長)과 마찬가지로 그 이용과 개발이 간절한 이때 울릉도에 잇달린 우리 섬인 독도를 우리들 눈에 익혀두는 것은 당연하고 필요한 일이 아닐 수 없다. 더구나 옛날부터 울릉도 사람들은 봄 한철 여기까지 와서 미역과 전복, 소라를 따기로 유명했다. 또 '옷토세이' 종류에 속하는 가제* 혹은 물개란 것은 동해에서 이곳 독도가 유일한 번식지로 되어 있는 곳이다.

그런데 해방 후로 한국에서 물러가게 된 일본 사람들이 이 섬을 제 것이라고 생트집을 잡고 있어서 더욱 국제적으로 주목을 끌게 되었다. 지금 독도 동편 섬에는 우리 울릉경찰서의 경비대가 막사를 짓고 20일만큼 교대하면서 상시 주둔하고 있고 등대를 세워 동해의 어두운 밤을 두루 밝히고 있는 것이다. (사진은 독도 전경과 경비대 숙소와 등대) (홍종인 기)

---

* 원문: 가재.

『조선일보』, 1956년 8월 26일, 2면(조간)

항해 1천 마일: 학도 해양훈련기⑤

함정(艦艇) 생활에 익숙

인천에서 진해로, 진해에서 울릉도로 또 독도까지 다녀오는 동안에 우리들 대원의 함정 생활은 상당히 익숙해졌다. 고등학교 학생들은 해군 수병들의 침상을 사용키로 하고 대학생과 그의 대원들의 대부분은 '탱크'를 실어두는 넓은 곳에 침상을 놓게 했다.
아침 기상으로부터 아침, 점심, 저녁 식사는 모두가 일정한 시간에 일정한 분량의 병식(兵食) 그대로였다. 식사에는 함정 내의 손이 모자라 대원들이 분대별로 당번을 내서 서로 돕기로 했다.

처음에는 뱃멀미가 난다고 식사를 잘 못하는 학생도 약간 있었으나, 독도까지 갔을 때는 함정 생활이 거진 육상 생활이나 다름없이 익숙하고 유쾌한 것이었다. 낮에는 내려 쪼이는 볕에 함정 안이 덥기도 하지만 바다에는 어느 때나 서늘한 바람이 불어온다. 아무리 바람이 잔잔하다고 해도 배가 달리는 속력만으로도 서늘한 바람이 절로 생기는 것이다. 밤이면 이슬이 내리며 더 서늘해진다. 티끌 하나 없는 해상의 하늘은 더 맑다.

8월 하늘의 별은 가장 수효도 많거니와 눈에 보일 수 있는 별이면 해상의 맑은 밤하늘에 아니 보이는 것 없이 다 나타난다. 이따금 넓은 하늘을 이 끝에서 저 끝까지 살같이 흘러가는 유성(流星)이 오고 갈 때는 '별이 비 오듯한다'는 말 그대로 찬란한 것이다. 은하수가 남북으로 흐르고 뭇별이 수없이 삼박이는 밤에 우리들은 함상에 모여 때로는 "바다로! 산으로!" 하는 장중한 합창으로 또 각 대원들이 장기껏 즐거운 노래로 함의 밤을 즐겼다. 그런데 우리들의 함상 생활 내지는 훈련 중 가장 어려운 일로서 함장과 훈련 담당 장교 이하 하사관들이 전 신경을 다 쓰고 있었던 것은 배에 오르내릴 때였다. 배를 부두에 갖다 대지 못할 경우에는 커다란 '그물 사다리'를 타고 '브이 피'라는 작은 배로 연락케 되는 것인데 그때 오르내리다가 자칫 하면 큰 실수를 한다는 것이다. 여기에도 한 사람도 실수 없었음은 또한 다행한 일이었다. (사진은 그물 사다리를 오르내리는 광경) (홍종인)

『조선일보』, 1956년 8월 27일, 3면

항해 1천 마일: 학도 해양훈련기⑥

인상 깊은 독도

우리 대원들에게 가장 인상 깊었던 것은 역시 독도의 풍경이었다. 몇만 년을 두고 바닷물에 침식되어 괴기한 모습을 남긴 갖은 모양의 바위와 수십 척 깊이의 바다 밑까지 들여다보이는 맑은 물! 넘실넘실 밀려오는 물결이 바위에 부딪쳐 구슬같이 부서지는 흰 파도*와 거품! 대원들은 바람을 피하여 동편 섬 북쪽으로 올랐다. 섬 둘레를 돌기도 하며 또 수영으로 몇

---

* 원문은 '휘파도'이나 '흰 파도'의 오기로 보인다.

시간 즐겼다. 화산(火山)이 터져나간 동굴로 헤어 들어갔을 때 어린 갈매기가 여기저기 나돌고 있는 것을 대원들이 잡아가지고 같이 헤엄치며 놀기도 했다. 아니 에미 갈매기도 사람을 보고 놀라서 달아날 생각을 않는다. 누가 일부러 해하는 사람도 없어서 언제나 파도를 벗삼아 지내는 갈매기라 사람이라고 본 적도 별로 없거니와 무서워할 리도 없는 것이다. 대자연 속에 그야말로 먹어도 굶어도 자유와 평화를 그대로 누리고 있는 것이 여기의 갈매기 생활인 것이다.

독도에서는 자연과학 부문의 학술반들이 동편 섬 정상까지 올라가 조사에 착수했다. 눈에 띄는** 것은 붉은 백합꽃이 군데군데 군락을 지어 있는 것이다. 식물반의 이민재(李敏載), 이덕봉(李德鳳) 씨며 동물에 조복성(趙福成) 씨 등이 있었다. 식물은 연전에도 조사한 바 있었거니와 종류도 적고 대개가 울릉도에 있는 것들이다. 식물의 종류가 적은 만큼 곤충의 종류도 그리 제한된 것들이었다고 하나, 그러나 곤충의 조사는 이번이 처음이었다.

지질반의 서울 문리과대학 정 교수는 독도의 화산 분출에 관하여 각별한 흥미를 가지는 모양이었다. 화산 활동 시대로 말하면 적어도 4만 년 이전, 백두산에 화산 활동이 있었을 그때였을 것인데 독도는 울릉도의 화산과 같이 활동했을 것이고 그 결과로 지금 동해의 지면에 큰 변화가 있었을 것이고 현재 독도의 분화구는 독도 근방의 큰 화산이 터지면서 생긴 조그마한 일부일 것이라는 것이다. 그 먼 길에 배에도 오르내리기 어려운 터에 표본을 따가지고 오되 못생긴 돌(石)만을 주워가지고 다니는 지질반의 수고는 또한 각별한 것이라 하겠다.

(사진은 동도에서 본 서도) (홍종인 기)

**   원문: 뜨이는.

『조선일보』, 1956년 8월 28일, 2면(조간)

항해 1천 마일: 학도 해양훈련기⑦

울릉도도 더위가 혹심

울릉도의 등산 활동에는 시간이 대단히 바빴다. 진해에서 해풍 경보로 하루 지체되었기 때문에 좀 더 여유 있는 휴양시간을 가지지 못하고 강행군을 하게 되었다.
한 반이 독도로 가 있는 동안 다른 한 반을 두 반에 나누어 한 분대가 산으로 먼저 올라가면 다른 한 분대는 섬을 먼 돌기로 했다. 그래서 하루 독도에 갔던 반까지 섬에 돌아왔을 때는 약 30명 내지 40명씩 되는 네 분대가 성인봉(聖人峰)을 중심으로 4일간을 오르고 내리고 했

던 것이다.

그동안 울릉도도 무척 더웠다. 길이 넘는 대밭 숲을 뚫고 983미터의 상봉을 오르는 길은 용이한 일이 아니었다. 겸하여 2일 반 동안의 식량과 천막을 갖추어 가지고 행동을 하게 되는 때문에 더 어려웠다. 여기서도 각 고등학교 반의 힘의 차이가 나타나고 있었다. 교내 산악반의 역사가 오랜 학교 학생들은 행동이 더 민첩하고 참고 이겨나가는 힘이 더 나은 것을 볼 수 있었다.

성인봉에 오르면 동해의 전면이 보인다. 그리고 동북쪽으로는 나리동의 분지가 보인다. 이 분지는 태곳적에 울릉도 화산이 터져 나왔던 분화구인 것이다. 분화구 안에는 또 알봉(卵峰)이란 조그마한 봉우리가 있는데 이것도 뒤의 화산 활동으로 불을 뿜던 곳이 아닌가 하고 관찰되고 있다.

그리고 울릉도에서도 산중의 농촌 같은 곳은 나리동이다. 몇 집 안 되는 동네에 농사를 짓는다는 것도 비료가 없고 종자도 개량되지 않아 모두가 가난한 살림을 하면서 그래도 명주를 짜고 돼지를 먹이고 그리고 산에서 나무를 해다가 목기(木器)도 만들어낸다.

그리고 겨울이면 울릉도에는 눈이 많이 내리는데 그중에서도 나리동 분지에 제일 많이 쌓인다. 지붕 위까지 눈이 덮이면 집과 집 사이에는 미리 줄을 매어 두었다가 줄을 흔들어서 눈길을 뚫는다. 그러나 눈이 깊은 것에 비해서 겨울 일기는 비교적 따뜻해서 눈도 곧 녹는다.

사진에 보이는 평풍 같은 산이 바다 가까이 가서 끊어지는 지점에는 성인봉의 지압(地壓) 때문에 솟는다고 하는 큰 샘이 있어 마치 폭포수같이 흐른다. 이것을 이용하면 어느 정도의 수력발전도 될 것이라는 기초 조사도 되어 있다. (사진은 성인봉에서 나리동 분지를 내려다보는 광경) (홍종인)

『조선일보』, 1956년 8월 29일, 2면(조간)

항해 1천 마일: 학도 해양훈련기⑧

수확 많은 고고학반

울릉도를 작별하는 전날인 7일 정오경부터는 각 반이 다 모시개 기지(基地)로 모이었다. 시간의 여유만 있었더라면 하루 더 유양*하려고 했던 것이나 섭섭한 대로 7일 밤은 전후 일간의 막영(幕營) 생활의 마지막 날을 즐기기로 했다.

밤하늘은 맑고 바다는 고요하다. 바람소리도 없이 물결은 은근히 모래밭을 씻어내린다. 이때 여기저기 모여 그동안에 지낸 이야기가 즐겁게 벌어진다. 이번 훈련 때는 훈련대대로 수

---

* '휴양'의 오기로 보인다.

확이 있다면 전원이 사고 없이 다닐 수 있었던 것이 가장 큰 수확이라고 하겠고 그리고 전 대원이 폭염을 이기며 산과 바다에서 경험치 못한 풍광을 즐기며 집단생활을 각히 자신들의 책임에 [따라] 할 수 있었던 것이라 하겠다.

훈련의 성과에 대해서는 다시 검토키로 하거니와 우리 학술반 중의 성과를 말하면 생물반의 수고도 컸다. 아직 발표하기까지에는 신중을 다하고 있는 모양이나 아직 채집되지 않았던 식물이 몇 가지 확실히 있는 모양이다. 그러고는 역사 고고학반의 성과가 크다. 지금까지도 울릉도에 석기시대의 유적과 유물이 있다는 조사는 없지 않았다. 그러나 아직까지 구체적인 보고는 없었다.

그런데 이번에 국립박물관장 김재원(金載元) 박사 이하 다섯 분은 모시개의 패총(貝塚) 유적을 비롯하여 현포, 태하, 남양동 등지에 산재한 백수십 개로 헤일 수 있는 석축고총(石築古塚)을 조사하고 그 근처 혹은 고총 내부에서 석기시대의 토기(土器) 파편을 수백 점 채집했다. 일찍부터 신라시대에 우산국의 이름을 가졌었다고 하고 울릉도 내에서 신라시대의 토기가 발견되기도 했으나 신라의 문화가 들어오기 전 시대에도 사람이 여기까지 들어와 살았다는 것은 실로 희한한 일이라고 하지 않을 수 없다.

고분과 토기의 파편에 의하여 본토의 어느 시대 어느 땅 사람들이 여기에 와서 살았겠느냐 하는 것이 조사될 것이다. 울릉도를 떠난 것은 8일 아침이다. 단시일간의 체재였지만 산과 바다의 인상이 깊었던 만큼 깊이 정들었다. 그런데 이번에 와서 놀란 것은 오징어로 유명했던 울릉도에 금년부터는 오징어가 전혀 나지 않는다는 것이다. 그 때문에 이곳 주민들의 생활은 더욱 곤궁에 빠져 있다. 울릉도를 작별하면서 울릉도 주민의 생업이 근본적으로 동요되고 있다는데 모두 미안쩍은 느낌을 금치 못했다. (사진은 훈련대의 기지였던 모시개의 전경) (끝)

(홍종인 기)

『조선일보』, 1956년 8월 31일, 4면(석간)

울릉도 시초(詩抄)(1)

정결한 왕국

유치환(柳致環)

바람 속에
장미의 붉은 마음이 깃들었듯이
창망한 바닷속
햇빛과 물결로 생겨진 정결한 왕국(王國).

그러기에 뱃길 오백 리 소식이
세상을 달리하듯 멀고 모연해.

어디를 간들 인간 삶이야
괴롬과 가난이 가시랴마는
둘러보아야 물과 하늘로 갇힌 외롬에
차라리 인간은 짐승처럼 늙어만 가고
나는 나래 나부끼는 잎새는
거룩한 말씀인양 빛나 복(福)되도다.

『조선일보』, 1956년 9월 1일, 4면(석간)

울릉도 시초(2)
당개나리꽃

유치환

나는 새도 무서워 못 앉는 자리!

깎아 걸린 절벽 낙락(落落) 끝에
한 발을 딛고 웃고 섰는
요염한 계집 같은 당개나리꽃.

궁창(穹蒼) 짙푸름에 살살 깁구름이 풀려가니
하마나 낭떠러지채로 거꾸로 쏟아질 듯
지어보는 내가 하늘이 돈짝만 하이!

도무지 닿을 길 없으매
아깝기만 아깝기만 한 그 교태.

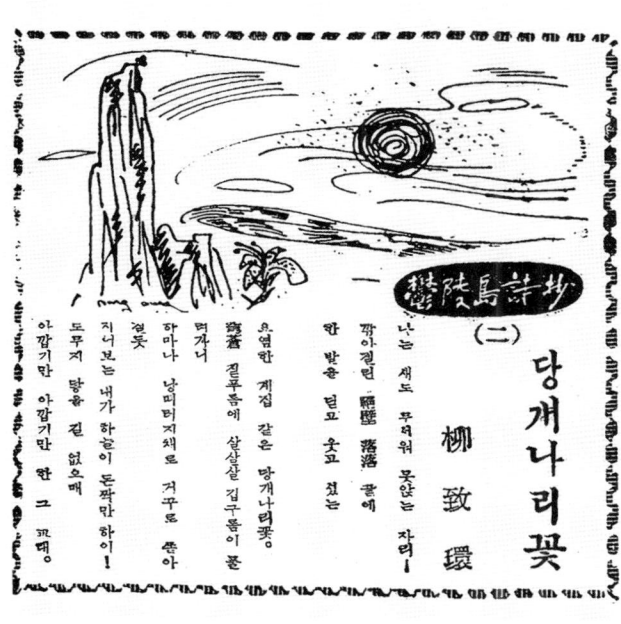

『조선일보』, 1956년 9월 3일, 4면

울릉도 시초(3)

월야(月夜) 도동(道洞)

유치환

싸늘한 야기(夜氣)에 문득 잠 깨어 문 열고 바라보니
망루산(望樓山) 다다른 부리 위로
반윤(半輪)은 고고(孤高)히 떠 있고
이슬 젖어 닦아 젖선 검은 암벽암벽(岩壁岩壁)들!

내가 완연 삼협(三峽)으로 가는 그 나그네인 듯
못 보고 떠나온 네 생각 다시금 새롭고나.

『조선일보』, 1956년 9월 4일, 4면(석간)

울릉도 시초(4)
한바다 복판에서

유치환

이제야 나는
우주(宇宙)의 중심!

천지도 빛도 한 점으로
응집(凝集)하여
뚜렷한 원광(圓光) 나를 에워 치다.

내가 가면
따라서 원광도 옮으고
이 위치야말로 승화의 초점!

어느새 나는 간 데 없어
원광만 거기
의상(衣裳)처럼 날다.

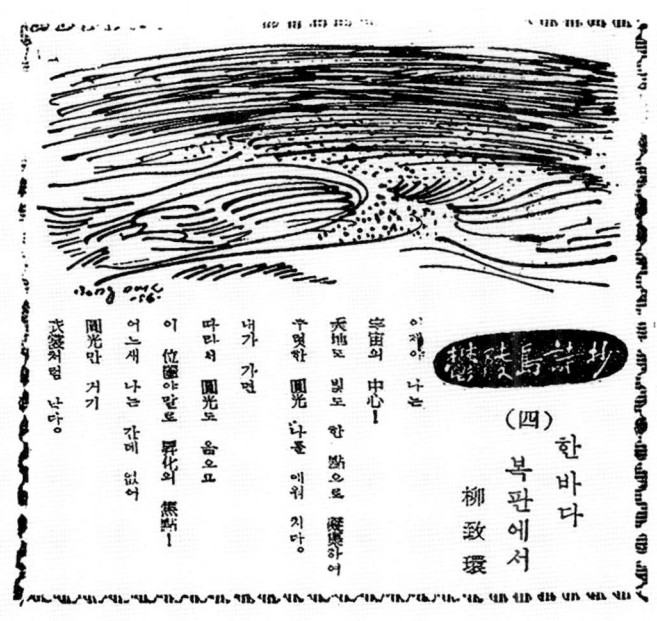

> 『조선일보』, 1956년 9월 5일, 4면(석간)

울릉도 시초(완)

독도여

유치환

무슨 저주가
이 같은 절해에 너를 있게 하였던가.

종시 청맹(靑盲) 같은 세월과
풍랑의 허망에 깎이고 찢기어
한 포기 푸새도 생명하기 힘겨운
독올(禿兀) 불모(不毛)한 암석만의 편토(片土).

다시 갈 곳 없으매
갈매기도 마침내 해골을 바래(曝)는 곳.

그러나 진정 너의 욕(辱)됨은
이 유당(流黨)의 고절(孤絶)에 있음이 아니거니
제 모국에서 분노가 오늘처럼 치밀 제는
차라리 너 되어 이 절해(絶海)에 이름 견디고저.

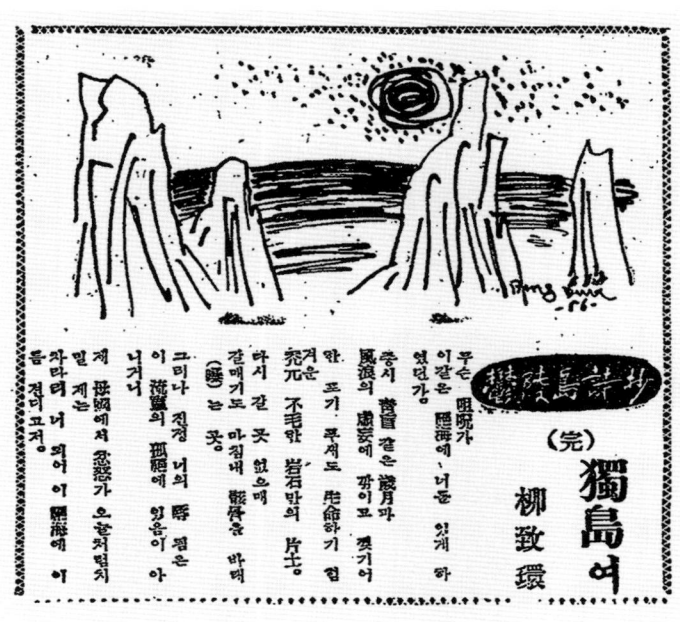

『조선일보』, 1956년 10월 24일, 3면(석간)

울릉도와 독도
학생 해양훈련 보고전에 제(際)하여

홍종인(洪鍾仁)

울릉도와 독도에 대하여 우리들은 더 깊은 이해를 가져야 할 것이다. 이 두 섬은 육지로부터 멀리 떨어져 있는 동해의 단 두 개의 절해의 고도(孤島)일 뿐 아니라 그중의 울릉도의 한 부속도서로서 옛날부터 우리나라의 영토로 인정되고 있는 독도를 일본 측에서 자기네 영토라고 주창하는 때문과, 또 해방 당시에 설정되었던 맥아더 라인과 1952년 우리 정부의 해양주권선언(海洋主權宣言)과 아울러 '리 라인'이 설정된 후로 일반 국민에게 그 이름이 널리 알려져 있다.

그러나 실상은 독도나 울릉도의 이름뿐이 알려져 있고 그 실정은 잘 알려져 있지않다. 그런데 독도를 알려면 울릉도에 대한 지식을 가져야 할 것이다. 즉 울릉도는 동해에서 사람이 사는 오직 하나밖에 없는 섬이라는 점에서 그 지리적 위치와 아울러 산업상, 국방상 특수한 존재라는 것만으로도 우리 국민들은 다른 곳과 따로 깊은 관심을 가져야 할 것이다. 그런 점에서도 지난 18일부터 23일까지 시내 동화백화점에서 열리고 있는 한국산악회 주최의 울릉도, 독도의 소개와 아울러 고등학교 학생 해양훈련 상황을 소개한 전시회는 한번 보아둘 만한 것이라고 하겠다.

983미터의 성인봉(聖人峰)을 주봉으로 한 불과 7천 수백 정보(町步)의 면적을 가진 험준한 산악의 섬 울릉도에는 1만 5천 4백여 명의 인구가 살고 있다. 근래에는 본토에서 오징어의 명산지로 널리 알려져 있었다. 작년만 해도 그 산액이 2백 7십여만 킬로그램에 6천 9백 4십여만 환에 달했다는 것이나, 실은 작년에도 연전같이 오징어가 많이 잡히지 않았고 다시 금년에 들어와서는 8월 초순까지 전혀 잡히지 않았다.

한국산악회의 해양훈련대가 다녀온 후인 8월 하순부터 다소 잡히기 시작했다고 하나 그때부터 아무리 잘 잡힌다고 해도 그 수입은 보잘 것 없는 것이 될 것이다. 그 때문에 지난 여름에 울릉도 사람들은 이대로 가다가는 겨울을 지낼 수 없을 것이라고 하며 부득불 본토로 떠나는 사람이 많이 생길 것이라고 걱정하고 있었다. 그 이유는 울릉도에서 생산되는 식량이라고는 전 도민의 식량의 2, 3개월분밖에 안 된다. 그래서 1년 중 여름 한철과 또 겨우내 추위와 싸우며 오징어를 잡아서 육지에서 식량을 사들이는 것인데 금년같이 오징어잡이가 흉년이 들고 보니 울릉도에서 그대로 먹고 살 도리가 없다는 것이다. 오징어가 왜 안 잡히느냐 하는 것은 해류(海流) 관계인듯 하다고는 하나 아직 정확한 조사가 없는 모양이다.

◇

그런데 울릉도로 말하면 앞으로 동해의 수산업을 위해서 극히 중요할 뿐 아니라 국방상 동해의 바다를 지키는 중심지가 되는 것이다. 그런 점을 생각해서도 울릉도는 건전하게 개발되어 울릉도민으로 하여금 비교적 안전하게 생계를 이어가게 하고 문화적으로도 상당히 국가의 혜택을 받게 하여야 할 것이다. 산업상으로는 오징어잡이뿐 아니라 고래나 상어잡이도 될 수 있는 곳이다. 그러나 어선도 어구(漁具)도 없다. 오징어잡이하는 조그만한 쪽배가 수백 척 있을 뿐이나 그것도 어민들이 자력으로 가진 것이 적고 빚을 얻든가 소작인같이 배를 빌려 쓰고 오징어를 서로 나눠가지는 형편이다. 축항시설은 지금 모시개란 곳에 하고 있으나 이것도 좀 더 규모를 갖추고 현재의 조그마한 발전(發電)시설도 확충하여 전복이며 소라 등의 통조림공장도 만들게 하여야 할 것이다.

그런데 현재 울릉도의 가장 큰 고통이 무엇이냐 하면 첫째 교통이다. 적어도 한 달에 두 번은 다녀가야 한다는 해운공사의 정기선이 한 달 한 번 폭밖에 안된다. 그러고 보니 본토에서 무슨 일이 생겼다고 해도 보통 두 주일이나 한 달이 지나지 않으면 알 수 없다. 곧 짤막한 소식을 알 수 있다면 무선전신을 통해서 경찰과 군청 등 간부를 중심으로 약간 소식이 전달될 뿐이다. 일반 도민은 본토의 소식을 들을 도리가 없다. 신문도 정기적으로 안 간다. 혹 한 달에 한두 번 본토에 다녀오는 사람이 가져오는 몇 장의 신문지를 불과 몇 사람만이 구경할 수 있을 지경이다.

◇

이러한 상태에서 무엇으로써 우리는 울릉도를 자랑할 수 있을 것인가. 국가는 좀 더 성의를 다하여 울릉도민으로 하여금 산업상 문화상 국가적 혜택을 입게 해주어야 할 것이다. 여름철에도 감자에 보리를 섞은 것을 보통 먹고 있다. 쌀밥 구경이란 극히 어렵다. 모르거니와 이번 겨울에는 울릉도에 큰 기근이 올 것이다. 미리부터 정부에서는 이 점을 생각해서 구호양식을 보내주어야 할 것이다. 겨울이면 풍랑이 심하여 왕래가 더 불편하고 또 눈이 깊이 쌓이기 때문에 도내의 교통도 어떤 곳에는 한 달 가까이 두절되기도 하는 것이다. 동해의 바다를 지키는 동포의 굶주린 얼굴이 눈에 보이는 듯싶다. (끝)

『경향신문』, 1956년 12월 5일, 1면

"구보타(久保田)의 망언 취소 용의"
시게미쓰(重光) 외상, 한일 재협상에 언명

【동경 3일발 AP 합동】일본 외상 시게미쓰 마모루(重光葵) 씨는 3일 일본 의회에서 대한민국과의 협상에 있어서 새로운 진전이 이루어진다면 소위 '구보타 망언'을 취소할 용의가 있다고 언명하였다.

시게미쓰 일본 외상은 또한 한국의 주일대표부 김용식(金溶植) 공사와 더불어 정식 협상을 재개하는 데 관하여 회담을 개최해왔다고 언명하였다. "우리가 아직까지 세부 문제에 관하여 합의에 도달하지 못하였다는 것은 개탄할 사실이다." 시게미쓰 외상은 이와 같이 말하였다. 일본 수상과 동 외상 시게미쓰는 공히 한국이 독도라고 부르고 일본이 죽도(竹島)라고 부르는 섬을 일본 영토의 일부라고 주장하였는데, 시게미쓰 외상은 특히 "이 문제는 이승만 대통령의 평화선에 관한 협상이 진행될 때 해결이 이루어져야 될 것이다"라고 말하였다.

하토야마(鳩山) 수상은 정부 반대당인 사회당 지도자 스즈키 모사부로(鈴木茂三郞)* 씨로부터 한국 문제에 관한 의견이 제시되면 그를 환영할 것이라고 말하였다. 일본 사회당은 정부가 한국과 더불어 분쟁을 해결하도록 요구하고 있는 것이다. 동 수상은 일본 하원의 사회당 의원들이 한국 문제에 대해서 제시한 질문에 답변하여 전기(前記)와 같이 말하였다.

---

* 원문에는 鈴木藏三郞로 되어 있는데, 鈴木茂三郞의 오기로 보인다.

3. 1957년의 독도
한국의 독도 영유권 논거

`『조선일보』, 1957년 1월 29일, 1면[조간]`

한일회담 재개에 암영(暗影)
일, 독도 영유권 주장
김 주일공사에 각서 전달*

【동경 28일발 UP=동양】『마이니치신문(每日新聞)』이 28일 제1면에서 보도한 바에 의하면 일본 정부는 독도에 대한 대한민국의 영유권 주장을 반박하는 강경한 각서를 제출하였다 한다.** 동 보도에 의하면 일본 외무성은 최근에 전기 각서를 주일한국대표부의 김용식(金溶植) 공사에게 수교하였는데 동 각서는 독도 영유권을 주장한 1953년의 한국의 일본 정부에 대한 각서를 반박하는 것이라 한다.

한국 측 각서에 대한 회답은 일본 정부가 특히 동원시킨 관리와 학자들이 동도(同島) 문제에 대한 면밀한 조사를 완료할 때까지 보류되고 있었다 한다. 『마이니치신문』의 전기(前記) 보도는 장시일에 걸친 한일회담의 정돈(停頓) 상태가 타개될 것이라는 희망에 커다란 타격을 주었다. 이시바시(石橋) 일본 수상은 앞서 한일회담의 조속 재개를 위한 노력을 할 수 있도록 그의 내각을 조직하고 있다고 말한 바 있다. 기시(岸) 외상(外相)도 한일 간의 정돈 상태를 타개하기 위한 계획을 가지고 있다고 말하였었다. 그러나 이날 각서는 일본이 양국 간의 제반 난제들에 관해서 온화한 태도를 가지고 한국에 접근하지는 않으려 하고 있음을 보여주고 있다.

『마이니치신문』 보도에 의하면 일본 측의 각서는 독도에 대한 한국의 주장은 역사적으로 국제적으로 또한 지리상으로 근거가 없는 것이라고 강조하고 있다 한다. 동 각서는 또한 독도가 언제나 일본 영토였으며 역사적 명칭을 인용하면서 동도에 대하여 한국이 영유권을 주장

---

* 『동아일보』, 1957년 1월 30일, 2면, "일(日) 독도 영유권 주장, 주일 김 공사에 강경한 각서".
** 『每日新聞』, 1958年 1月 28日, 1面, "竹島の日本の領土, 政府, 再び韓国に反論".

하고 있는 것은 독도가 아니라 다른 도서라고 주장하고 있다.

일본 측의 각서는 이어 샌프란시스코강화조약이 독도에 대한 행정권과 동시에 그 소유권까지도 포기한 연합국점령군사령부(聯合國占領軍司令部) 각서를 확인하고 있다는 한국 측 주장을 반박하고 있다. 일본의 각서는 또한 독도가 1946년 1월 29일에 설정한 소위 맥아더 라인 밖에 위치하고 있다고 지적하였다.

주로 어선들이 폭풍우가 심할 때 피난하는 장소로서 이용되고 있는 전기 독도는 1952년 한국 대통령이 평화선을 설치한 후부터 한일 양국 간에 분쟁의 대상이 되었다. 독도는 일본이 인정하지 않고 있는 평화선의 내부에 위치하고 있다.

> 『경향신문』, 1957년 1월 30일, 1면

정치적 복선(伏線) 검토
외무 당국, 독도 문제에 언급

29일 외무부 당국자는 일본 정부가 독도가 그들의 영토라고 주장한 데 대하여 매우 정관적(靜觀的)이면서도 냉담한 태도를 표시하고 있다.

동 당국자는 이와 같은 일본의 주장은 종래에도 누차에 걸쳐 표명된 것으로 이제 새삼스러운 일이 아니라고 전제한 다음 아직 이에 관하여 공식적인 보고를 접하지 못하였다고 말하면서 직접적인 언급을 회피하였다.

그러나 동 당국자는 금반 일본이 재차 독도가 그들의 영토라고 주장하는 그들의 조건과 정치적인 복선에 관하여는 검토해보아야 할 문제라고 언급하였다.

`「한국일보」, 1957년 1월 30일, 1면`

"일 측 주장은 억지"
외무 당국 담(談), 독도 영유 주장에

28일 외무 당국자들은 일본 정부가 독도에 대한 영유권을 주장하는 강경한 각서를 주일대표부에 전달하였다는 외신보도를 냉소해버렸다.

동 당국자들은 일본 정부의 전기 각서를 아직 정식 접수하지 않았다고 말하였으나 이러한 일본 측 주장은 "아무런 진실성을 지니지 않는 억지에 불과한 것"이라고 논평하고 있다.

울릉도 동방 동해상에 위치한 독도는 지난 수년간 일본 측이 동도에 대한 영유권을 주장해 옴으로써 양국 간에 오랜 논전의 대상이 되어왔으며 한국 측은 제반 역사적인 증거를 제시하고 일본 측의 부당한 주장을 논박해왔다.

외무 당국자들은 "일본 측이 다시 독도 영유권에 관한 부당한 주장을 고집한다면 이는 그들이 한일관계를 고의로 더욱 악화시키며 또한 그들이 인국(隣國) 영토에 대한 야욕을 아직도 버리지 않고 있다는 사실을 스스로 폭로하는 것"이라고 말하였다.

> 『한국일보』, 1957년 3월 21일, 1면

내월(來月)에 한일회담 재개*

【동경 19일발 INS=합동】 동경의 믿을만한 일(一) 외교 소식통은 19일 오랫동안 교착 상태에 빠져온 한일회담이 4월에 재개될 것이라고 예언하였다.

동 소식통은 양국 간에 개재되어 있는 많은 문제에 관하여 이미 합의를 보았으며 양측이 정식 발표의 최종적인 어구 수정을 하고 있다고 말하였다. 동 소식통은 발표가 4월 중에 있을 것으로 예상되며 일본 측의 양보 중에는 한국 재산 85%에 대한 청구권의 철수와 말썽 많던 구보타(久保田) 망언의 취소가 포함되어 있다고 말하였다.

한편 동 소식통은 한일 간의 독도 분쟁은 동 회담에서 토의되지 않을 것이라고 말하고 일본 정부가 한국에 친선 사절단을 파견할 것을 원하고 있다는 보도에 언급하여 양국 간의 제(諸) 문제가 해결될 때까지 한국이 친선 사절단을 받아들일 것 같지는 않다고 말하였다. 한일회담의 의제 중 일부가 현재 한국의 주일대표부와 일본 정부 간에 성(成)되고 있다고 동 소식통은 말하였는데 잠정적인 합의를 본 의제에는 다음과 같은 항목이 포함되어 있다.

(1) 재일 한국 교포의 대우 문제
(2) 양측이 나포한 선박의 반환 문제
(3) 한국의 대일 재산 청구권 문제
(4) 양국 간의 어업 관계

동 소식통은 말썽 많은 평화선에 언급하여 일본이 동(同) 선을 인정하고 존중할 것이라고 부언하였다.

---

* 『세계일보』, 1957년 3월 21일, 1면, "한일회담, 4월 중에 재개? 의제에 잠정적 합의, 일 측 평화선도 인정시, 동경 외교 소식통 담(談)".

일지(日紙), 독도 국제재판 제기 주장

【동경 29일발 동화(同和)】 조규천(曺圭天) 기(記) = 일본 『세이카이(政界)신문』은 28일 한일 국교 정상화를 위하여 서로 교환하고 미해결의 현안 문제를 하나씩 교섭 해결해 나갈 것을 제안하였다. 동 신문은 "한일회담 성공의 열쇠"라는 제목하의 장문의 사설을 게재하고 동 사설은 한국이 동경에는 공사를 두고 있으면서 서울에 일본 외교 공관 설치를 허가하지 않는 것을 비난하였다.

동 신문은 또한 독도 문제에 관하여 "국제법에 합치되고 세계 여론이 납득할 수 있는 해결"이 이루어지지 못할 때에는 이 문제를 국제사법재판소로 하여금 결정하도록 해야 한다고 주장하였다.

`한국일보』, 1957년 4월 30일, 1면

[사설]
평화선 거부, 독도, 류큐(琉球)
일본은 다시 무엇을 그리려 하는가?

25일 기시(岸) 일본 수상은 김(金) 주일공사와 만난 자리에서 한일 문제의 조속한 해결을 말하였고 26일에도 김 공사와 일 외무성 나카가와(中川) 아세아국장과 회담하고 평화선 해결책으로 한일 어업 문제에 관하여 장차 양국이 어업 조약을 체결할 것을 전제로 하고 '당분간은 평화선을 어느 정도 인정하리라'는 일본 측의 말에 대하여 토의하였으나 아무 진전을 보지 못하였다고 한다.

26일 회담 내용은 아직 알려진 바 없으나 22일에 김 공사가 나카가와 국장과의 회담에서는 한국 측의 요구로서 1. 일본 정부는 사실상 평화선을 승인할 것, 2. 일본은 대한(對韓) 재산 청구 주장을 일방적으로 철회할 것 등이었다 한다. 그 후 일본 측은 1. 평화선의 승인을 못하겠다, 2. 대한 재산 청구 철회를 일방적으로 할 수 없다 하여 회담은 다시 난항에 걸린 듯하더니 서상(敍上)과 같이 '어업조약을 체결할 것을 전제로 당분간 평화선을 어느 정도 인정한다' 운운의 설(說)이 나오게 된 것이다.

우리는 여러 번 본란(本欄)을 통하여 일본이 참으로 한일 국교 재개에 성의를 쓴다면 종래에 일본이 고집하여 온 것이 하나도 천연(遷延)의 재료가 되지 아니하였을 것을 지적한 바 있었다.

첫째 일본이 주장하는 대한 재산 청구도 샌프란시스코조약의 해석으로 보아서 근거 없는 일인데 이때까지 끌어온 것이요, 최근에는 '제3자인 미국의 해석에 맡긴다' 운운하는 것은 다른 문제와 연결하여 교환의 난제를 붙이거나 또는 미국의 해석을 빙자하여 의연히 분규를 장래에 남기려는 것이다.

둘째로 평화선 문제는 한국의 연해 수산을 보호하기 위하여 설정하는 동시에 공산군과 전투하고 있는 우리로는 해상경비를 위한 선이기도 하다. 또 이 선(線)의 당초의 발원(發源)은 UN군의 반공전(反共戰) 때에 된 것이다. 이것은 한국의 자위(自衛)를 의하여 만들어진 것이니 일본은 한일 친선에 참으로 성의가 있다면 무조건 존중하여야 할 것이다. 소련 근해의 어업협정 같은 데서는 일언반구도 못하고 상대편의 호의와 재량에 일임하지 않았던가. 어찌하여 한국 근해의 자위를 위한 평화선에만 이때까지 함부로 침어(侵漁)를 할 수 있는 듯이 생각하였던 것인가? 이번에 '전제(前提)'이니 '당분간 어느 정도 인정'이니 하는 말로 분규를 장래에 남기려 하는 것이다.

그뿐 아니라 동해의 고도인 독도에 대하여도 문헌으로나 거리로나 한국령이 명백함에도 불구하고 분규를 일으킬 뿐 아니라 장래에 국제재판소에 제소하리라는 말도 있다.

우리 한국과의 직접 관련은 아니나 이와 유사한 일은 류큐(琉球)에 대하여도 재점령을 위하여 샌프란시스코조약의 결정을 무시하면서까지 소위 '잠재주권(潛在主權)'을 운운하는 것이다. 생각건대 일본이 농(弄)하고 있는 이러한 소책(小策)들은 모두 외교상에 흔히 쓰는 '기브 앤 테이크'의 옹호(擁護)이거나 또는 '전쟁에서 잃은 바를 원탁(圓卓)에서 찾겠다'는 술책으로 밖에 보이지 않는다.

가사(假使) 백보를 양(讓)하여 한국에 무슨 재산이 있다 하여도 40년간 착취의 죄악 및 피해와 상살(相殺)하고 무엇이 남을 것인가? 석괴(石塊)밖에 없는 독도를 영유하여 무엇을 얻을 것인가? 평화선 침범으로 약간의 어획이 있다 하자, 이것을 양국의 국교 재개로 열리는 무역과 기타 교류에서 얻을 소득과 또는 한일 양국의 백년대계에 비하면 족히 수(數)에 들지 못할 것이다. 일본이 의연(依然) 이러한 소책(小策)을 농(弄)하고 있는 것은 한일 양국의 불행일 뿐 아니라 극동의 대세를 위하여도 불행인 것이다.

류큐 문제도 구식민(舊植民) 체제의 복구라는 안전소리(眼前小利)를 떠나서 미국과 협력하여 그 독립을 조성하고 반공전(反共戰)의 기지를 완수한다면 그것은 비교도 할 수 없을 만큼 일본에게 유리할 것이다. 우리는 일본의 정치가가 근시안에 얽매이어 대국을 보지 못하는 동안에는 한일 문제의 원만한 해결을 얻기 어렵다는 것을 다시 한번 지적하는 바이다.

『동아일보』, 1957년 9월 6일, 3면

국적 불명 괴함선
독도 앞에 나타났다 잠적

경찰 보고에 의하면 지난 3일 하오 2시 30분경 경북 독도 동방 4.3킬로 해상에 국적 불명의 괴함선(200톤급으로 추정)이 나타났다가 곧 동남방으로 항행, 자취를 감추었다고 하는데 동 괴함선이 나타난 지점이 원거리인 관계로 선박의 국적 및 표식을 식별할 수 없었다고 한다. 동 보고에 접한 중앙경찰 당국에서는 관할서에 독도 근방의 감시를 엄중히 할 것을 지시하는 한편 관계 당국에 그 함선의 정체를 알아보고 있다고 한다.

『세계일보』, 1957년 12월 11일, 1면

울릉도를 시찰
주한 외교사절 일행

10일 외무부에서 알려진 바에 의하면 주한외교사절인 헤르쓰 서독 공사, 뉘 귀 안 월남 대리공사, 휴 H. 단 언커크 호주 대표, 로빈 아쉬인 동(同) 부대표 및 밋□ 파이크 영국 대사관 3등서기관 등 일행은 10일 하오 2시 공로(空路) 부산으로 가서 울릉도 출신 민의원 최병권(崔秉權) 씨의 안내를 받아 11일 해군 함정편으로 울릉도와 독도를 시찰할 것이라 한다. 동(同) 일행은 12일 귀경 예정인데 독도 문제가 한일 간의 정상적인 외교 관계 수립에 있어 하나의 중요한 계정점(係爭點)을 이루고 있으니만치 주한외교사절단의 동 시찰은 크게 주목되고 있다.

『조선일보』, 1957년 12월 11일, 1면

독도·울릉도 시찰
영·서독·월남 외교사절*

독도를 시찰하기 위하여 주한외교사절 수 명이 10일 하오 2시 공군 특별기편으로 여의도를 출발하였다. 헬쓰 서독 대사 부처,** 뉴 겐퀴 안 월남 공사, 파이크 영 대사관 3등서기관, 유엔 한국통일부흥위원단의 호주 대표 던 씨(동 위원단 현 의장) 및 동 부대표 애쉬인 씨 등 일행 6명은 10일 하오 7시 해군 선편으로 부산을 출발하여 11일 울릉도와 독도를 시찰한 후 12일 포항을 경유하여 서울로 귀환할 예정이다.

---

* 『한국일보』, 1957년 12월 11일, 1면, "독도를 시찰차 어제 출발, 주한외교사절 일행".
** 위 『한국일보』 기사에는 서독 공사 부처로 되어 있다.

4. 독도와 평화선 문제

1958년의 독도

『경향신문』, 1958년 1월 19일, 1면(석간)

해양주권선언 불편
조(曺) 장관 언명, 원자(原子) 외교 추진할 터*

조 외무장관은 18일 해양주권선언 6주년을 맞이하여 "정부의 기본 태도에는 전연 변경되는 바가 없다"고 우리의 해양주권을 강조하였다.

이날 상오 외무부에서 개최된 기자회견 석상에서 이상과 같이 언명한 조 장관은 이어 오는 2월 중순부터 '제네바'에서 개최되는 해양국제법 회의의 전망에 대하여 우리의 주의 주장인 평화선의 확립은 별 영향이 없으리라고 보며 평화선은 어업선의 성격을 띤 것으로 어업에 대한 국가의 주권을 두는 것이라고 말하였다.

이어 조 장관은 신년도의 외교 정책 구상에 언급하여 전 세계의 전쟁 도구가 원자(原子) 기계화됨에 따라 외교도 새 현실에 근거를 두어서 원자 외교를 할 시기가 왔다고 말하였다.

◇ 주=해양주권선=북위 42도 15분, 동경 130도 45분의 회령(會寧) 연안으로부터 북위 38도선, 동경 132도 50분의 독도 외곽을 경유하여 북위 32도의 제주도 남안을 거쳐 동경 124도 내의 서해를 포함한 총 연장 1,366마일에 달하는 평화선은 대일평화조약 제9조 및 21조에 의해 양국 간에 어로협정을 체결하자는 한국 측의 1951년 10월 22일 제의에 대해 일본 측이 거부하여 왔기 때문에 한국은 연해(沿海)에 서식하는 주요 어족의 보존 조치를 위하여 주권선을 설정한 것이다.

---

* 『세계일보』, 1958년 1월 19일, 1면, "평화선 고수 방침 불변, 조(曺) 장관, 한일비밀협약 언급 회피" 참조.

『조선일보』, 1958년 3월 6일, 1면(조간)

독도 문제, 국재(國裁) 통해 해결
일 수상, 평화적 노력 계속 언명*

【동경 5일발 AFP=동화(同和)】 일본 수상 기시 노부스케(岸信介) 씨는 5일 일본 정부는 독도 문제를 위요(圍繞)한 한일 간의 분규를 평화적으로 해결하도록 계속 노력하겠다고 말하였다. 기시 수상은 대한민국의 독도 점유가 일본 주권의 침해가 아니겠는가, 그렇다면 자위권의 발동을 요청한다는 한 의회 의원의 질문에 답변하여 이같이 말하였다.

기시 수상은 "이러한 조치가 한일관계의 악화를 초래할 뿐이다"라고 말하고서 "우리는 헤이그의 국제사법재판소를 통하는 따위의 평화적 방법으로 동도(同島) 문제의 해결을 계속 모색하겠다"고 부언하였다.

---

* 『경향신문』, 1958년 3월 6일, 1면(조간), "독도 문제 해결 노력, 일(日) 기시(岸) 수상 언명"; 『마산일보』, 1958년 3월 7일, 1면, "실력행사 않겠다, 일(日) 수상 독도 문제에 언급".

『경향신문』, 1958년 3월 20일, 1면[조간]

어부 석방 후에 본회담 재개
일 외상, 회의서 한일관계 답변

【동경 19일 이상권(李相權) 특파원발 합동】일본 사회당 출신의 다나카 도시가쓰(田中利勝)* 씨는 19일 중의원 본회의에서의 대정부 질문에서 한국, 소련 및 중국에 대한 일본의 외교정책을 물었다.

그는 다음과 같은 문제에 대한 정부의 답변을 요구하였다.

1. 한일 본회담은 언제 열리는가?
2. 부산에 아직도 억압되어 있는 어부는 언제 송환될 것인가?
3. 정부는 평화선, 독도 문제를 UN에 제소할 의사가 없는가?
4. 한국 정부와 북한 정부를 어떻게 취급하는가, 장차 남북한이 자유 선거에 의해서 통일되면 통일정부와 외교 관계를 맺어야 할 것으로 보이는데 어떤가?

이상 질문에 대하여 기시(岸) 수상은 다음과 같이 답변하였다. "현재 남북한이 분할되어 있는 만큼 이에 대한 외교방침은 UN의 주장에 따라가는 것이 타당하다고 본다. 물론 일본도 인접국으로서 한국의 통일을 충심(衷心)으로 염원하고 있다"

한편 후지야마(藤山) 외상은 다음과 같이 답변하였다. "억류 어부의 석방을 끝내지 않은 채 본회담을 연다 해도 이는 우호관계 증진에 이바지하지 않을 것이다. 한국 측으로부터 이에 대해 어떠한 의사표시가 있을 것으로 기대하고 있다. 평화선은 맥아더 라인과 전연 다른 것이다. 그러므로 미국이 적극적으로 이에 대한 의사를 표시한 일은 없다."

---

* 일본 국회 회의록에는 다나카 도시오(田中稔男)가 질의한 것으로 되어 있다. 일본 국회 회의록(第28回国会 衆議院 本会議 第17号 昭和33年3月19日).

`『경향신문』, 1958년 11월 23일, 3면(석간)`

돈벌이하는 경비선
운임 받고 일반 화물 운반에 급급

【포항】 서해안에서 괴뢰 무장 간첩선이 출몰하여 경찰관을 납치해가고 있는 이때 동해안을 경비하고 있는 경찰 경비선은 운임을 받고 일반 화물 운반에만 급급하고 있어 당지 주민들을 격분케 하고 있다.

동해안과 울릉도·독도를 경비하고 있는 경찰 경비선(선장=孫今珍: 손금진)은 당지 항구에 정박하고 수시로 경비차 당지를 출항하고 있는데 최근에 와서 울릉도 방면으로 출항 시에는 양곡, 주류, 잡화 등 일반 화물을 싣고 출항하고 있으며 울릉도에서 돌아올 때에는 오징어, 염소 등을 싣고 입항하여 공공연히 부두에서 하륙시키고 있다.

그런데 적재한 화물 중에는 선원(경찰관)들의 물품도 많이 있으나 기타 일반인의 화물에는 꼬박꼬박 운임까지 받고 있어 당국의 조속한 단속이 요청되고 있다.

▲ 치안국 경비과 당무자(當務者) 담=그런 일은 있을 수 없으며 즉각 조사하도록 하겠다.

5. 1959년의 독도
한국의 독도 경비 강화

『경향신문』, 1959년 1월 29일, 3면(석간)

일 순찰선이 평화선 침범
독도 주위를 돌다가 도주

【포항】 28일 상오 7시 우리나라 동해안의 외딴섬 독도에 일본 순찰선이 평화선을 침범하고 출현하였다 한다. PM14 헤쿠라호로 밝혀진 이 일본 순찰선은 독도 동남쪽에서 나타나 독도 주위를 약 15분간 순회한 후 다시 동남쪽으로 도주하였다 한다.

독도는 살아 있다
조국의 전초(前哨) 수호에 철통
피눈물 나는 경비대원의 노고

【울릉도에서 본사 윤양중(尹亮重) 특파원 연발(延發)】 ○ 대한민국 경상북도 울릉군 남면 도동 1번지, 이것은 독도가 우리 판도임을 나타내는 지적(地籍)이다. 울릉도 동남쪽으로 48마일 떨어진 글자 그대로의 절해 위에 동그랗게 솟았다기보다 미처 가라앉지 못한 바윗덩이라고 부르는 편이 알맞을 것 같다. 너무도 외로워 섬은 동·서 둘로 나누어 서로 의지하고 있는 것일까?

○ 동도의 둘레가 7마장, 서도가 좀 커서 약 10리, 두 섬은 "어이" 하고 부르면 들릴 지호(指呼) 사이에 서로 이마를 맞대고 있다. 동해에 구름이 끼고 사나운 물결이 절벽을 물어뜯는 밤일수록 독도경비대원들은 두 눈에 쌍심지를 켜고 조국의 전초를 지키는 것이다.

○ 독도의 경비 임무를 받고 있는 울릉경찰서에서는 관하 경찰관 ○○명으로 경비대를 편성하여 ○○일씩 교대로 파견 근무케 하고 있는데 약 두 달에 한 번씩 차례가 온다는 것이며 대원들은 말할 수 없는 고독과 단조로움, 모든 결핍과 싸우며 피눈물 나는 고생을 하면서도 내 나라의 땅을 지킨다는 보람에 사기는 매우 좋다는 것이다. 경비 초사(哨舍)는 동도에 있고 바다에서 초사에 이르려면 근 백 미터나 되는 쇠사다리(鐵柵)와 바위 계단을 밟아야 하는데 아차 실수하면 그대로 고깃밥이 된다.

○ 독도가 널리 알려진 것은 단기 4281년 6월 8일의 어선 폭격사건 이후의 일이고 그때 미군 비행사의 무차별 폭격에 무참히 희생된 20여 명은 우리 어부들의 원혼을 위무(慰撫)하고자 세운 조난 어민의 위령비 옆엔 '대한민국 독도'란 영토 표지가 서 있다. 일본이 독도를 소위 다케시마(竹島)라고 부르면서 자기네 영토라고 생떼를 썼고 한때는 우리 독도 우표가 붙은 편지들을 모조리 돌려보냈던 사실들은 아직도 우리 기억에 새롭다. 요즈음 또다시 한일 두 나라의 문제가 긴장되어가고 있고 평화 라인 문제, 재일교포 북송 기도 등을 둘러싸고 악화일로에 있는 정세이고 보면 독도 수비의 의의는 그 어느 때보다도 중대한 시기라고 할 것이다.

○ 독도는 애당초 경찰이 경비대를 파견하기 이전, 86년 5월 18일부터 88년 10월경까지 2년간 이상을 울릉도의 청년 20여 명이 자진하여 경비했던 사실이 있었다 한다. 울릉도의 개척자로 불리는 홍[홍재현(洪在現)=재작년 94세 때 작고] 옹의 손자인 홍[홍순칠(洪淳七)=33] 군이 바로 그 당시 의용경비대를 조직, 지휘했던 청년인데 그는 지금이라도 당국이 독도 입주를 허락한다면 스스로 가족을 데리고 가서 정착, 영주할 생각이라고 말하고 있었다. 경비대는 지금 빗물을 받아 식수로 쓰고 있다지만 홍(洪) 씨 말로는 서도 모퉁이에 10명이 먹고 살 만한 물굴(水窟)이 있고 또 근해는 홍어, 우럭,* 문어, 소라가 흔하며 물개(海狗=일명 가제**) 떼도 와서 산다는 것이다.

○ 최근 독도 경비에서 돌아온 김[김유영(金裕永)=35] 순경은 가장 고통스러운 것은 역시 말 못할 외로움이라고 말하면서 여학생들로부터 위문 편지를 받아보는 것이 유일한 기쁨이라는 것이다. 독도경비대원들에 대한 급식이나 처우 개선, 그밖에 경비정 장비 강화 문제 등은 또 다른 각도에서 충분한 검토가 있어야 할 것 같다. 울릉도의 울릉도-독도는 참으로 우리나라 판도 중 가장 외로운 섬의 하나다. (사진은 동도에서 서도를 바라본 것)

---

* 　원문: 우룩이.
** 　원문: 가재.

『동아일보』, 1959년 8월 2일, 1면(조간)

'독도 침략' 운운
일 방위청 장관 망언*

【동경 1일 합동】 아카기(赤城) 방위청 장관은 1일 참의원에서 한국이 독도에 대표를 주재시키고 한국기(旗)를 달고 있는 것을 침략으로 간주한다고 중대 발언을 하였다.

【동경 1일 합동】 일본 참의원 내각위원회가 1일 개최되어 무소속의 쓰지 마사노부 의원과 정부 측 질의 응답은 다음과 같다.

[문] 평화선 해상에서 한국 측이 나포한 선박과 어부는?

[답] (운수성(運輸省) 정무차관) 어선 259척, 어부 대략 3천 2백 명.

[문] 한국 측 행위를 침략이라고 보아도 좋은가?

[답] (아카기 방위청 장관) 직접, 간접의 침략이라고 할 수 없으니 '침략'이라고 할 수 없다.

[문] 대마도를 한국이 공격한다면 침략이라고 할 수 있는가?

[답] (아카기) 물론 침략이 된다.

[문] 그렇다면 독도(竹島)에 한국이 국기를 달고 포(砲)를 설치하여도 침략이 아닌가?

[답] (아카기) 그러한 사실이 있다면 침략행위라고 생각하지만 국제사법재판에의 제안(提案)도 검토가 필요하다.

[문] 독도 현황은 여하?

[답] (하야시(林) 해상보안청 장관) 등대가 설치되고 무기를 가진 한국군 수 명이 경비 중이다.

[문] 대마도 무방비도 좋은가?

[답] (아카기) 근간 해륙사령부를 설치할 구상을 하고 있다.

---

* 『조선일보』, 1959년 8월 2일, 1면(조간), "한국서 독도 침략 운운, 일 방위청장 의회 답변"; 『한국일보』, 1959년 8월 2일, 1면(조간), "독도에 한국 군인, 일 방위청 장관, 침략이라 망언".

『동아일보』, 1959년 9월 19일, 1면(조간)

일본 순시선이 독도 근해 침입
대표부서 항의

【동경 18일 동양】한국 측은 18일 일본에 대하여 일본 순시선이 독도 주변의 한국 영해에 침입한 것을 항의하였다. 한국 주일대표부는 이날 상오 11시 일본 외무성에게 구두 항의를 전달하고 일본 순시선 헤쿠라호가 지난 9월 15일 독도에 따라 5백 미터의 거리를 도발적으로 항행하였다고 말하였다.

『동아일보』, 1959년 9월 19일, 3면(석간)

독도경비원들 고립
식량 유실되고 시설도 파괴

【대구발】 19일 도경에서 전하는 바에 의하면 17일의 폭풍우로 말미암아 동해의 고도 독도에서는 경비원들이 가졌던 화목, 식량은 모조리 유실되고 무전기 시설 일부도 파괴되는 한편 발전기도 침수되어 방금 경비원 ○○명은 울릉도경찰서장에게 급속 구호 조치를 요청하고 있다 한다. 울릉도경찰서에서는 18일 구호선을 급파, 이들의 구호작업에 착수하였다 한다.

『조선일보』, 1959년 9월 19일, 1면(석간)

일(日)서 영유권 주장
대표부의 독도 침범 항의에 강변*

【동경 19일발 지급전(至急電)=합동】 주일대표부의 진필식(陳弼植) 일등서기관은 18일 하오 일본 외무성의 나카가와(中川) 북동아세아국장을 방문하고 일본 해상보안청 순시선 헤쿠라 호가 최근 독도 주변 수역을 침범한 사실을 지적하였다. 이는 "한국의 주권을 무시한 영해 침범이다"라고 항의하는 구공서(口供書)를 전달하였다.

그런데 이에 대하여 일본 외무성은 독도가 원래 일본 영토이므로 한국 측의 항의는 '주객전도'라고 하면서 이에 대하여 문서로써 한국 측에 강력히 반박할 준비를 하고 있는 중이라고 한다. 그런데 독도 문제는 한일회담의 의제로 상정되지 않고 있으나 이번 사건으로 한일회담이 재개되는 대로 제기될 것으로 주목을 끌었다.

---

* 『마산일보』, 1959년 9월 20일, 1면, "일 순시선 독도 수역 침범, 한국 측 구공서(口供書)에 일 측서 반박".

『동아일보』, 1959년 9월 20일, 1면(조간)

독도 영유권 재주장
일, 국재(國裁)에도 제소 운운*

【동경 19일 로이터 세계】 정통한 소식통이 19일 예언한 바에 의하면 일본은 21일 한국에 대하여 독도의 '불법' 점유를 항의하는 동시에 즉시 반환을 요구할 것이라고 한다. 동(同) 소식통은 동경 주재 한국대표부에 전달될 항의 각서는 18일 동 대표부로부터 접수된 한국 측 항의에 대한 반박이라고 말하였다. 한국은 18일 동 항의에서 일본 해상보안청 경비정이 독도 해역을 침범하였다고 비난하였다. 동 소식통은 일본이 독도의 영토권을 거듭 주장하는 한편 한국이 동(同) 도서(島嶼)를 점유할 권리가 없음을 거듭 주장할 것이라고 말하였다. 일본은 사태 진전 여하에 따라서 이 문제를 국제사법재판소에 제의할 것도 불사할 것이라고 한다.

---

*   『마산일보』, 1959년 9월 21일, 1면, "독도 소속을 항의, 일본 외무성이 내주 초에".

『동아일보』, 1959년 9월 20일, 1면(석간)

일, 국재(國裁) 제소 불능
최 차관 담, 독도는 한국 영토

최 외무부 차관은 2일 상오 일본이 불원(不遠) 한국에 대하여 독도의 점유권을 항의할 것이라는 동경(東京) 보도에 언급하여 "주목할만한 새로운 사실이 아니다"라고 말한 다음 "독도는 엄연한 한국의 영토"라고 주장했다. 최 차관은 특히 일본이 독도의 영토권을 둘러싸고 국제재판소에 제소하겠다고 수차에 걸쳐 공언하고 있으나 "일본의 동 제소는 불가능한 것"이라고 단정했다. 한국은 독도를 지나간 역사적 사실에 비추어 당당히 우리의 영토임을 주장할 수 있으므로 동 영토권을 둘러싼 국제재판소에 대한 제소는 전혀 그 필요성이 없다고 최 차관은 이날 덧붙였다. 국제재판소에 대한 제소는 양국이 모두 동 재판소의 재결(裁決)에 복종하겠다는 각서가 첨부되어야만 가능한 것이다.

『한국일보』, 1959년 9월 20일, 1면(조간)

독도 문제 다시 말썽?
일, 한국 측 항의에 반론을 준비

【동경 19일발 동양】 김규환(金圭煥) 특파원 기(記)=18일 한국 측이 제시한 영해 침범 항의에 대하여 일본 외무성은 반격적 항의를 준비하고 있음에 따라 다시 말썽이 된 독도 문제는 한일회담 절차에 있어서의 새로운 논쟁점이 될 가능성이 농후하다.

일본 외무성은 지난 7월 12일 한국 측이 독도에 대한 주권을 정식으로 일본에 통고한 것으로 다시 제기된 독도 문제에 대한 배경을 기자들에게 설명하였다.

1954년도의 국제사법재판소 공소(控訴)가 성공을 거두지 못하였음에도 불구하고 일본은 독도가 일본 영토라고 주장하였다.

『동아일보』, 1959년 9월 23일, 1면(석간)

일 정부서 각서
독도 문제로 망발*

【동경 22일 동화】일본 정부는 22일 한국 주일대표부 유태하(柳泰夏) 대사에게 '한국의 불법적인 독도 점령'에 대하여 항의하는 각서를 전달하였다. 유 대사는 시마(島) 공사에게 아무런 논평도 가(加)하지 않은 채 이 각서를 본국 정부에 제출하겠다고 말하였다.

---

*   『조선일보』, 1959년 9월 23일, 1면(조간), "독도 영유 문제에 일 측서 항의 각서".

『조선일보』, 1959년 9월 23일, 1면(조간)

독도 문제 등 국재(國裁)에 제소
일 운수상(運輸相) 공언

【동경 22일발 AFP=동화】일본의 나라하시(楢橋) 운수상은 22일 '평화선과 독도' 문제를 헤이그에 있는 국제재판소에 제소할 것을 찬성한다고 말하였다. 일본 서부지방을 순방하는 도중 마쓰에(松江)시에 들러서 나라하시 씨는 기자들에게 이같이 말하였다.

『조선일보』, 1959년 9월 26일, 1면(조간)

독도 영유권, 일(日)서 또 주장
유(柳) 대사에 구상서*

【동경 25일발 AFP=동화】 일본은 25일 독도 영유권에 대한 한국의 항의에 응수하였다. 일본 외무차관의 특별보좌관인 시마(島) 공사는 유태하(柳泰夏) 대사를 외무성에 초청하고 독도에 관한 일본의 구상서를 수교하였다. 정통한 소식통들은 일본이 동 각서에서 일본 정부의 순시선 헤쿠라환(丸)**이 말썽 많은 이 섬 주변의 해역을 침범했다는 9월 16일부의 한국 측의 항의를 각하하였다고 말하였다. 일본은 한국의 독도 점유는 그 자체가 동도에 대한 일본의 영유권을 침범하는 것이라고 주장하는 맞항의를 제기하였다고 이들 소식통은 말하였다.

---

*　『동아일보』, 1959년 9월 26일, 1면, "독도 영유 주장, 일본서 구상서".
**　원문: 헤꾸다환.

『조선일보』, 1959년 9월 27일, 1면(조간)

독도 침범 부인
일, 유(柳) 대사에 각서*

【동경 26일발 UPI=동양】일본 정부는 26일 1척의 일본 초계정이 동해상에 있는 독도 근처에 한국 영해를 침범하였다는 한국 측의 비난을 부인하였다. 이와 같은 반박 성명은 시마(島) 일본 외무차관이 일본 외무성에서 주일한국대사 유태하(柳泰夏) 씨에게 전한 각서 가운데서 밝혀졌다. 동 각서는 일본의 해안경비정 헤쿠라환(丸)이 지난 9월 18일 침범했다는 한국 측 비난을 반박하였다.

---

* 『동아일보』, 1959년 9월 27일, 1면, "일 정부서 부인, 일 초계선 독도 침범".

『조선일보』, 1959년 9월 29일, 1면(석간)

일 우익단체서 독도 점령 계획
일 방송이 보도*

【동경 29일발=동양】일본 경찰청이 29일 아침 입수한 정보에 의하면 일본의 우익단체들은 10월 중순경 독도를 점령하려고 계획하고 있다 한다. '라디오 도쿄(JOKR)'는 이날 상오 9시 뉴스 방송에서 다음과 같은 중요 뉴스를 방송하였다. "규슈(九州) 지방의 우익단체들은 독도 주변 해상의 풍파가 평온해지는 10월 중순경 선박 3척과 기타 장비를 가지고 문제의 독도를 점령하려고 계획하고 있다."

이 우익 극렬분자들은 일본 정부가 이미 독도가 일본 영토라고 주장한 바 있으므로 이 점령 원정은 일본의 출입국관리법의 위반이 아니라고 말하고 있다. 라디오 도쿄에 의하면 일본 경찰청은 이 정보를 진실한 것으로 간주하고 이에 대한 대책을 강구하고 있다고 말하였다.

---

* 『동아일보』, 1959년 10월 1일, 1면(조간), "일경(日警)에서 확인, 우익파 독도 공격설".

『동아일보』, 1959년 10월 2일, 1면(조간)

"독도는 우리 영토"
최 차관, 일(日)의 인정 종용

최(崔) 외무차관은 1일 일본 국내에서 최근 우리 독도가 일본 영토의 일부라고 주장하는 견해가 다시 표면화되고 있는 것은 유감된 일이라고 말하였다.

최 차관은 우리 독도가 역사적, 지리적 그리고 국제법상으로 우리 영토와 불가분의 섬이라는 것을 과거 누차에 걸쳐 밝혔으며 작년 9월에도 장문의 각서를 일본 정부에 보냈는데 아직 회답이 없음을 밝히고 일본 정부는 독도가 한국 영토임을 조속히 인정하여야 한다고 종용하였다.

『조선일보』, 1959년 10월 2일, 3면(조간)

독도 수비를 강화
일 우익분자들의 강점 기도에*

경북 경찰국장 담

【대구】이정용(李正鎔) 경상북도 경찰국장은 1일 상오 일본의 일부 우익분자들이 우리의 영토인 독도를 습격할 것이라는 동경으로부터의 통신보도에 언급하여 "만일의 사태에 대비하기 위해 울릉경찰서장에게 어떠한 긴급사태에도 대비하기 위한 태세를 갖추도록 긴급 지시하였다"고 말하고 경우에 따라서는 현지에 경비정도 배치 강화할 것이라고 말하였다. 또한 이 국장은 일부 일본인들이 지닌 바 우리 영토를 강점하겠다는 흉계를 분쇄하기 위해 장비와 병력을 보다 보강토록 조치하고 만일의 사태에 대비하고 있다고 말하고 우리의 영토의 단 한 치만큼이라도 침범하려는 자에 대해서도 경찰은 목숨을 아끼지 않고 싸울 것이라고 말하였다.

---

* 『동아일보』, 1959년 10월 2일, 3면(석간), "독도 경비를 강화, 일 우익단체 탈환 운위(云謂)에 대비인 듯".

『조선일보』, 1959년 10월 30일, 3면(석간)

독도의 인광(燐鑛) 채굴권 청구
일인(日人)이 일본 정부 상대로 소송

한국의 독도의 인광(燐鑛) 채굴권을 갖고 있다는 올해 60세의 쓰지 도미조(辻富藏)라는 일본인은 29일 일본 정부와 시마네현(島根縣)을 상대로 1백만 원의 손해배상 청구소송을 도쿄(東京)지방재판소에 제기했다. 그는 1945년 12월 독도의 인광 시굴권을 획득한 후 수차에 걸쳐 현지를 조사했으며 1954년에는 히로시마현(廣島縣) 통상국으로부터 채굴권도 허가받았다고 한다. 1953년* 한국이 평화선을 선언한 후 1954년 쓰지는 채굴 기술자와 인부들을 데리고 독도로 갔으나 한국의 경비원 때문에 상륙하지 못했다고 한다.【동경발=합동】

---

*   1952년의 오기이다.

『동아일보』, 1959년 12월 2일, 1면(석간)

"독도는 일령(日領)"
기시(岸) 수상 또 주장*

【동경 1일 동양】기시 노부스케(岸信介) 일본 수상은 1일 독도에 대한 일본의 주권을 재차 주장하고 독도는 현재 '대한민국에 의한 불법적인 점령 상태'에 놓여 있다고 말하였다. 기시 수상은 참의원의 구두 질의응답 중 2차 대전 시의 일본 군략가 쓰지(辻)**(전 대령) 씨가 대(對)독도 통치 불능을 힐난하고 일련의 초(超)민족주의적 질문을 하였을 때 전기와 같이 말하였다. 동 석상에서 기시(岸) 수상은 과거의 역사적 사실로 미루어보아 독도는 일본령이라고 반복하고 '불법 점령'되고 있는 것은 불행한 일이라고 말하였다. 쓰지(辻) 씨는 '한국이 독도의 일인(日人) 주민들에게 과세'하였다는 보도를 설명하도록 기시 수상에게 요구하였을 때 기시 수상은 과세 사실은 아는 바 없다고 부인하였다.

---

* 『조선일보』, 1959년 12월 2일, 1면(조간), "독도는 일령(日領), 기시(岸) 수상 또 괴주장".
** 원문에는 우(迂)로 되어 있지만 쓰지(辻)의 오기로 보인다. 『마산일보』, 1959년 12월 3일, 1면, "독도는 일령(日領), 기시(岸) 일(日) 수상 주장".

독도는 금보다 값진 우리의 땅

○ 아늑한 바다 위에 기암절벽에 솟아 시운(詩韻)을 자아낸다. 이곳이 독도, 육지에서 350리 길이나 떨어진 울릉도를 거쳐서도 200리를 더 헤쳐가야만 되는 동해의 낙섬인 것이다. 물길이 너무 멀고 물세가 좋지 못한 탓을 하면서 뭇사람들이 좀체로는 들를 수도 없다.

○ 그렇기에 예부터 이름마저 '독도(獨島)'라는 외로움을 안고 있지만 선조 세대를 전후해서부터 면면한 연분(緣分)이 맺어지고 이어진 '우리의 섬'이라는 데서 금빛보다 값진 한국의 영토권이 이 고장에 빛나고 있다. 이 섬이 발견된 이래 울릉도나 제주도, 경남도 지방의 우리 선조들이 철을 따라 그 주변에서 화포(미역)와 전복을 따고 오징어를 잡았던 생업의 터전이기도 했다.

○ 외전(外電)에 의하면 기시(岸) 일본 수상은 1일 "독도가 일본 시마네현에 속한다"는 망언을 하였다는 것이다. 본래가 침략성을 지닌 사람들의 시비이지만 '뻔뻔스럽다'기보다 우리로선 분통이 앞서는 마음 가눌 길 없는 발언이다. "독도는 우리의 영토!", "우리 품 안에 들어 있다"는 사실을 다시금 절규해야 될 시기가 도래한 것 같다. ◇ 사진: 기암절벽이 수려한 독도 전경[윤(尹) 특파원 촬영]

『한국일보』, 1959년 12월 3일, 3면(조간)

사라 태풍에도 지킨 태극기
현지 경찰대장, 본사 기자와 무전 회견

독도의 겨우살이

◇ 사라호 태풍으로 부서진 영토비를 다시 세운 10월 17일의 기념사진

한 척뿐인 경비선
무인나도(無人裸島)에 호국의 사기 드높아

【울릉도에서 본사 윤종현(尹宗鉉)·조해□(趙海□) 기(記)】 동삼절에서 접어들면서부터 독도경비대원들에겐 더욱 많은 고난이 다가서는 한랭전선을 이기기 위해 구들을 덥히고 김장이나 약품 종류도 거센 동해의 물세와 도시 한 척밖에 없는 경비선의 미약한 힘이 몇 번이고 겨우

살이 준비를 가로막는다. 그럼에도 사람 없고 물도 없고 나무 없는 이 섬에는 땔나무 숯 한 포까지도 5백 리 물길을 헤치고 뭍(육지)에서 보급해야만 한다.

지난 여름 더위엔 음료수를 미쳐 못 대 "천수(天水)를 기다리며 살았다"는 것! 독도는 이렇듯 고독에 사는 고장이다. 울릉경찰서를 중심으로 현재 ○○명의 경비대원들이 이 섬을 지키고 있다. 본토(현지 사람들은 이렇게 부른다)에서 울릉도까지 78마일, 울릉도서 독도까지 48마일, 이처럼 물길이 멀고 아득한 암석나도(巖石裸島)에 불과하지만 금덩이보다도 빛나는 이 낙섬의 영토권을 수호키 위해 초막(哨幕)에서 24시간을 새면서 산다. 그들은 태풍 사라와 베라호에서도 태극기를 지켰고 10월 중순엔 바닷바람에 상처진 영토비를 다시 고쳐 세웠다.

기자는 초목 없는 낙도 경비 선상에 빛나는 그들의 사기와 노고를 듣기 위해 현지를 찾았으나 풍파 때문에 못 오른 채 전파만을 던져보았다. 이하 현지 경비대장 임(林昌圭: 임창규) 경위가 무전대 앞에서 즉시 회전해준 대담 내용이다. [무전 기술 담당자=울릉경찰서 김주□(金珠□) 순경]

문(問)=그곳 날씨와 일본 측 해상 상황을 좀 말해주십시오.
답(答)=어제 밤부터 북풍이 심하게 불어 지금 이 섬 북변(北邊)은 물세가 극심하고 남쪽 해변도 좋지 못합니다. 일인들이 이 섬에 상륙하리라곤 도저히 상상할 수 없는 입지적 조건이 있으나 그래도 일부 민간 극우단체서 강점을 꾀한다는 설이 있고 해마다 수차에 걸쳐 경비선을 타고 와 섬 사정과 경비 상황을 조사 탐지하고 하니 우리는 경계를 엄중히 할 뿐입니다.
문=옛날부터 우리 한국 사람들이 독도와 맺어진 연분에 관해 현지에서 알 수 있는 사실이 있습니까?
답=섬이 사화산(死火山)으로 되어 산모퉁이에 분화구도 있는데 우선 지질학적으로 보아 울릉도와 꼭 같습니다. 그리고 이 섬 주변을 넘나드는 어민들 말에 의하면 이조 때부터 미역(和布)을 따거나 기타 물개 등 고기잡이를 위해 해마다 울릉도, 경상도 사람들이 왕래했다는 것입니다. 그러나 당시 일인들이 이곳에 왔단 이야기는 없습니다.
문=태극기는 지금 어느 쪽에 게양되었을까요?
답=초사(哨舍) 모퉁이에 등대가 있는데 그 위에 게양돼 있고 북풍에 지금도 역력히 나부끼는 것이 잘 보입니다.
문=대원 여러분의 사기와 건강 상태는?

답＝국토를 방위한다는 신념에 살고 있어 우리가 있는 한 어떠한 침범이라도 막아낼 자신이 있습니다. 다만 무수(無水), 무목, 무인고도이기 때문에 곤란도 있지만 건강에 별로 지장은 없습니다. 환자가 생겼을 경우를 위해 의사가 파견됐으면 합니다.

문＝후방에 전하고 싶은 경비대의 소감을 들려주십시오.

답＝섬 사정이나 우리들의 뜻이 후방에 잘 알려지고 또한 연락이라도 자주 되었으면 합니다. 이곳에선 사람을 만나거나 후방서 전해오는 소식을 듣는 것처럼 반갑고 힘이 되는 것은 없습니다.

▲ 손(孫) 울릉서장 담＝현지 대원들의 노고는 잘 알고 있습니다. 보급품이나 위문품 같은 것을 자주 보내주었으면 하나 그 주선과 뱃편이 이곳선 여의치 못합니다. 5마력짜리 통통선이라도 한 척 더 있으면 좋겠고 …. 지난번 지사님이 보낸 라디오 한 대도 물세 때문에 아직 전달 못한 채로 있습니다.

『한국일보』, 1959년 12월 12일, 3면(석간)

울릉도의 우울(憂鬱)(7)*

백발이 간직한 고사(故事)
처절했던 일로(日露)전쟁도

◇ 옛일을 회상하는 경로정의 노인들

섬 동리 한 여염집에 경로정(景老亭)이란 간판이 붙어 있다. 몇몇 해를 붙어온 것인지 흠씬 삭은 글자 획과 나무 바탕에서 회상(回想)이 절로 솟아나는 간판이었다. 정 내(亭內)는 돗자리를 편 온돌방, 그 벽에 걸린 퇴계(退溪) 선생 유시(遺詩) 몇 수와 장고(長鼓) 하나가 풍류의 상완(賞玩)을 비치는 중 칠순 노옹(老翁) 몇 분이 고사(故事)를 더듬어 정담(情談)하고 있었다.

---

* 『한국일보』에서는 "울릉도의 우울"이라는 제목으로 1959년 12월 5일과 6일, 7일, 8일, 10일, 11일, 12일까지 모두 7회 연재되었다.

○ 그중 하나 고로(古老)들이 산에 숨어 엿본 일로해전(日露海戰)의 종막(終幕)을 들어본다.
"55년 전 그러니까 을사(乙巳)년 음력 4월 25일 낮 두 시경 수평선 동쪽에 먹장 구름을 일구며 군함 다섯 척이 나타나더니 서로 불 뿜는 포격을 시작했다. 넓은 바다엔 물이 튀어 부서지고 두 척의 노국(露國) 군함을 삼킬 듯 일본 함정 3척이 몹시도 달려들어 처절한 해상 공방전이 시작되었다. 천지가 변할 듯 심한 포성과 파도가 섬을 치고 울리고 하는 중 함포 사격전은 섬을 중심한 해상에서 이틀간 계속되었다. 3일째의 아침결 이윽고 승패는 결정되어 마스트가 깨어진 노국 군함 1척이 백기를 늘어뜨리고 당황한 표정으로 섬에 다가와 수병들을 풀어놓았다. 패한 수병들은 물초가 되어 섬에 기어올랐지만 군함만은 그래도 투묘하질 않고 섬 남쪽 앞바다에 가서 폭음, 광파(狂波)와 함께 비장하게 자침(自沈)하고 말았다. 함장 이하 수 명이 군함과 운명을 같이 했고, 섬에 오른 패잔병 약 2백 명은 상처진 옷과 몸을 끌면서 일군의 포로가 되었다. 그 당시 노국병들의 처참한 모습과 패전의 몰락상은 지금도 기억에 선하다"는 것이다.

○ 이런 섬의 얼룩은 푸른 바다와 고로들만이 알고 있을 게다. 옷갓을 하고 옛일을 박수(博搜)하는 백발들의 회상은 절로 이어져 아득한 섬 역사가 녹음되는 것 같기도 했다. 비용 관계로 아직 도지(島誌) 하나 못 엮는다니 노옹들과 더불어 사라질 이 고장의 기억을 허허하게 잃고 말 것 같은 데서 애석한 느낌이 들었다. [윤종현(尹宗鉉) 기자]

`『조선일보』, 1959년 12월 13일, 1면(석간)`

일(日) 조건부 수락? 국재(國裁) 제소
독도·평화선 문제의 동시 취급*

【동경에서 13일 본사 유건호(柳建浩) 특파원발】 12일 한국 정부에서 북송 문제를 국제재판소에 제소하기로 한 결정에 대해서 13일까지 일본 외무성이나 주일대표부에서는 별반의 반응을 보이지 않고 있다. 기시(岸) 일본 수상은 야마다(山田) 외무차관으로부터 동 결정에 대한 보고를 받고 신중히 검토 중에 있으나 일 외무성 측으로서는 이에 불응할 것으로 보인다. 그 이유로 일 외무성은 한국이 국제사법재판소 규정의 조인국이 아니라는 것을 들고나올 것이라고 한다. 그러나 일본의 여론은 아직 확실치 않다.

그러나 일부에서는 동 문제에 대하여 당분간 회답을 보류하고 다음과 같은 제점(諸點)을 고려하여 정치적인 입장에서 결정할 것을 바라고 있다. ① 보류 중인 일 어부의 송환 전망이 결정됨을 기다리고, ② 1953년 일본이 독도 문제를 제소했을 때 한국 측이 이를 거부한 사실이 있는데 이에 대해서 일본 측이 동시 제소하는데 한국이 동의할 것을 조건으로 하며, ③ 평화선 문제도 동시 제소하고, ④ 상호 송환 한일회담 전망 등을 고려하여 한국 측 태도 여하에 따라 일본은 수락 의무는 없으나 그러한 필요성을 신중히 검토할 것 등이다.

한편 유(柳) 대사는 13일 아침 일본 경찰이 북송 반대 투쟁을 전개하고 있는 도쿄(東京), 니가타(新潟) 등지에서 민단원(民團員)을 다수 체포한 데 대하여 항의하였다. 유 대사는 동 항의에서 "만일 이러한 부당한 행동을 계속하고 또한 체포된 애국 한교(韓僑)들을 석방치 않는다면 현재 진행 중인 한일회담에 불응할는지도 모른다"고 말하였다.

그는 이어 "일본 측이 끝까지 반성하지 못한다면 그들과 이야기해도 무슨 효과가 있겠는가?

---

* 『동아일보』, 1959년 12월 14일, 1면, "일 정부서 신중 검토, 송북(送北) 문제의 국재(國裁) 제소 제안"; 『한국일보』, 1959년 12월 13일, 1면(석간), "독도 등 포함 조건? 일, 국재(國裁) 제소 제의를 신중 검토".

일본 측이 조속한 조치를 하지 않는다면 끝까지 일본 측과 투쟁하겠다"고 말하였다.

유 대사는 이어 애국 동포를 다수 체포한 데 대하여 큰 관심을 갖고 있으며 이러한 모든 사태의 근본 요인이 어디 있는 것인지 일본은 먼저 알아야 한다. 그들은 과거나 현재의 과실을 아직껏 모르고 있다.

평화선 문제 제기, 국제 변협리(辯協理)에
일 변협(辯協)서 발표[**]

【동경 12일발=동양】일본 변호사협회는 12일 동 협회는 내년 1월 코펜하겐에서 개최될 국제변호사협회 이사회의에 평화선 문제와 한국의 일본 어부 나포 문제를 제기하고 이에 대한 국제조사를 제기하겠다고 발표하였다. 동 변호사협회는 국제변호사협회 이사회가 이 건 조사를 위한 특별위원회를 설치할 것을 제안할 것이라고 말하였다. 일본은 또한 국제재판소에 한국에 억류되어 있는 일본 어부들의 곤경을 선전할 것이라 한다.

[**] 『한국일보』, 1959년 12월 13일, 1면(석간), "평화선 문제 등 국제 변협 제기, 일 변협서 발표".

6. 1960년의 독도
한일회담 재개와 독도

『동아일보』, 1960년 1월 7일, 1면(석간)

독도 파병 주장
일(日)의 일(一) 국수주의자

【동경 6일 UPI 동양】당년 33세의 극단적인 일(日) 민족주의자인 히고 도루*는 미국과 일본이 한국과 전쟁 상태에 들어가기를 원하고 있다. 그는 자신의 주장을 관철시킬 목적으로 법원에 소송을 제기하였다.

자기는 일본에서 한국과 일본 사이에 있는 동해 속에 자리 잡은 독도로 이사하기를 원하고 있다고 말하고 있다. '동도(同島)의 영토권을 둘러싸고 수 년 동안 숙적인 한일 양국 간에는 분쟁이 있어 왔다.' '얼마 전에 한국 정부는 그의 영토권을 강화하기 위하여 무장 부대를 그곳에 상륙시켰다.'

히고는 이것이 일본 자위군은 일본 영토에 대한 직접, 간접의 공격에 대하여 일본을 방위하지 않으면 안 된다고 규정하고 일본 자위군은 동 침략자들을 추방하기 위하여 파견되지 않으면 안 된다는 것이다. 한 걸음 더 나아가 미국은 미일안보조약의 조항에 따라 동 작전에 합세할 의무가 있다고 그는 주장하고 있다.

---

*　원문: 히고 두루.

『동아일보』, 1960년 1월 9일, 1면(석간)

독도 상륙작전 운운
일본 국수주의자가 망언

【동경 8일 AFP 동화】일본의 일(一) 초국수주의 지도자는 8일 밤 동경에서 배포된 특별회보에서 일본과 한국 사이에 위치하고 있는 한국 점령하의 독도에 대하여 "상륙작전을 전개하기로 결정하였다"고 발표하였다. 그 자신을 일본 반미(反美) 유격단장이며 동경 101비밀결사 두목이라고 자칭하는 전기한 그는 히고 도루 대령이다. 독도는 일본 측이 그의 영토의 일부라고 주장하고 있는 도서(島嶼)로서 한국 해안경비대의 분견대가 수비하고 있다.

초국수주의자들은 이미 지난 9월에 동도를 일본 측에게로 탈환하겠다는 그들의 의향을 선언한 바 있었는데 경찰은 이를 한낱 선전술책으로 일소에 부쳤던* 것이다. 전기 히고의 발표에 의하면 그의 특공부대 제1분견대가 동경에서 훈련을 마치고 독도에 대한 상륙작전에 앞서 남부 일본을 향발하기 위해 열차에 올라탔다고 한다. 히고는 그의 정치회보 가운데서 그들이 '독도개발단'이라는 명칭으로 가장될 것이라고 말하였다. 상륙은 9일 아침에 시도될 것이라고 한다. 그는 끝으로 제2차 분견대가 추후에 동경으로부터 파견될 것이라고 발표하였다.

---

* 원문: 붙였던.

『동아일보』, 1960년 1월 10일, 1면(석간)

오키섬*에서 지체
일 '독도 공격대'**

【동경 9일 AFP 동화】 일본 극우세력이 발표한 한국 점령하의 독도 공격 계획은 아직 실현되지 못하고 있다. 8일 자의 히고(肥後) 대령의 '공보(公報)'에 의하면 그의 '군대'의 독도 상륙 일자는 9일로 되어 있는 것이다. 일본 경찰에서는 히고의 부하 5명이 8일 본토를 떠나 시마네현(島根縣)과 독도 사이에 있는 오키섬으로 갔다고 발표하였다. 일행은 오키섬에서 신문기자와 현지 어부들을 상대로 맹렬한 선전활동을 전개하고 있다. 경찰에서는 일행이 오키섬 이원(以遠)으로 갈 것은 금지될 것이며 또 그들의 행동으로 보아 그들이 정작 독도로 가겠다는 의도를 가지고 있다고는 보기 어렵다고 말하였다.

---

* 원문에는 '沖島'로 표기하고 있으나, '오키섬'(隱岐島)으로 표기한다.
** 『조선일보』, 1960년 1월 10일, 1면(조간), "독도 점령이란 선전, 일 극우파 5명, 오키섬서 지체".

『조선일보』, 1960년 1월 10일, 1면(석간)

상대할 가치 없다
일 국수주의자의 독도 상륙 공언

최 외무차관* 언급**

최 외무차관은 10일 독도를 침범하겠다는 일부 일본 국수주의자들의 공언에 언급하여 만약 그들이 설사 평화적으로 독도에 상륙한다손 치더라도 이는 한국 영토에 대한 불법 입국일 것이며 약탈행위를 감행한다면 이는 해적행위가 된다고 말하였다. 최 차관은 그들의 공언은 본 시민들의 이야기이기 때문에 상대할 가치조차 없는 것이지만 일본 정부가 국제분쟁이 발생하지 않도록 사전에 적절한 조치를 취해야 할 것이라고 말했다.

---

*　최규하(崔圭夏) 외무부 차관을 말한다.
**　『마산일보』, 1960년 1월 11일, 1면, "독도 상륙은 해적행위, 최 차관, 일 국수주의자들을 반박".

『마산일보』, 1960년 1월 12일, 1면

대한반공청년단 출동 호(乎)
일 청년단체, 독도 침입에 대비

【서울발=동양】 일본의 일(一) 민간 청년단체가 독도에 침입하기 위하여 현재 가고시마(鹿兒島)에 집결 중이라는 정보에 접하자 대한반공청년단(大韓反共靑年團)에서는 민간단체에 대하여는 민간단체들이 대항해야 한다는 원칙하에 만일 일본 청년단체들이 침입해올 경우에는 이를 단호히 분쇄할 수 있도록 만반의 대기 태세를 갖추라고 11일 동단 부산특별해상단부와 경남 제주도단부에 긴급 지시하였다. 신도환(辛道煥) 단장은 이 사실을 국회 기자실에서 정식 발표하고 그들이 만일 출동할 경우에는 기관의 협조도 받게 될 것이라고 시사하였다.

『동아일보』, 1960년 1월 16일, 1면(석간)

독도 경비 질의
3장관 출석 제안

국회 조일환(曺逸煥) (민)의원 외 12인은 15일 하오 국무위원 출석에 관한 긴급동의안을 제출하였다. 이 동의안의 내용은 외무·내무·상공 3부 장관을 출석시켜 독도 경비 및 울릉도 정기여객선 취항에 관한 문제를 질의하자는 것이다.

참고자료 | 국회 회의록*

제4대 국회 제33회 제35차 국회 본회의(1960년 1월 20일)**
독도 경비 및 울릉도 연락선 취항 실태 상황 조사에 관한 건

(상오 11시 38분)

○ **조일환 의원** 실은 내무부·상공·외무부장관으로 하여금 질의를 해서 이것을 처결할 예정이었읍니다마는 오늘이 폐기(閉期)고 해서 각 분과로 하여금 조사보고해 달라는 요청을 한 것이올시다. 거기에 대해서 잠깐 설명을 제가 제안설명을 하겠읍니다.

지금 현재에 독도 경비는 위급한 상태에 놓여 있다고 저는 보는 것이올시다. 왜 그러냐 할 것 같으면 지금 현재 독도 경비가 소홀히 되어 있기 때문에 일본 애련단체에서는 대한민국을 홀홀히 봤는지 모르겠읍니다마는 가고시마에 집결하여 독도를 상륙한다는 설이 유포되어 가지고 있는데 여기에 대해서 우리 반공청년단은 맨주먹으로 상륙시키겠다고 호언장담하고 있는 것이올시다.

상대방은 독도를 상륙하는 데 있어서 훈련도 받았겠고 여러모로 봐서 상륙할 가능성이 있기 때문에 이런 것을 말하는 것이라고 나는 보는 것입니다.

우리는 과거에도 이런 일이 있었읍니다마는 너무나 일본의 하는 말을 망언이라고 그냥 들어 넘어가기는 너무나 억울한 것이올시다. 우리가 최근에도 … 이러한 상대방의 망언이라고 여기고 그냥 넘겼기 때문에 얼마나 국제적으로 위신이 땅에 떨어진 일이 한두 번이 아니올시다. 북송반대만 하더라도 3000명이라는 재일교포를 생지옥으로 보내는 이러한 사건이 일어났을 때에 우리는 이것을 우리 눈으로써 뻔히 보면서 이것을 제어하지 못한 사건이 있지 않았읍니까? 이런 일이 있는데 이 독도 경비도 일시

---

* 이하 국회 속기록 내용은 지금의 맞춤법대로 교정하지 않고 '국회 회의록'에 있는 내용 그대로 옮겼다(국회 회의록 사이트: likms.assembly.go.kr/record).
** 제33회 국회 정기회의 속기록 제35호(단기 4293년 1월 20일(화) 상오 10시), 9~10쪽.

적인 일본의 망언이라고 받아넘기지 마시고 철저히 여기서 대책을 해야만 되리라고 나는 믿는 바이올시다.

그러면 이 독도의 경비가 … 경비정이 어떻게 소홀하게 해 가지고 있는가 제가 간단히 설명을 해야 하겠습니다.

경비정에 동해호라는 경비정이 지금 경비를 하고 있는데 이 경비정은 울릉도와 포항에 다니는 정기연락선과 동일하게 영업행위를 하고 있고 독도에는 전연 경비를 하고 있지 않는 것입니다.

그렇기 때문에 그런 약점을 보고 일본이 아예 자기네들은 무장이 없이 맨주먹이라도 독도에 상륙하면 대한민국은 옴짝달싹 못 할 것이 아닌가 이렇게 추측해 가지고 자기네들이 망언을 하지 않는가 나는 생각하는 바입니다.

그러면 동해호는 경상북도 경찰국 감독하에서 경비를 하고 있는데 일선(一船) … 포항과 울릉도에 다니는 여객선은 1년에 쭉 해 봤댔자 몇 번밖에 못 다니고 있는 것이올시다. 그런데 경찰국의 동해호 경비정은 4291년에는 스무 번이나 영업행위를 했고 4292년 작년에는 열여덟 번이라는 다수한 영업행위를 한 것이올시다. 포항에서 울릉도까지 가는 한 사람의 운임은 1350환이고 화물에 있어서는 3900환을 받고 있는 것이올시다. 한때에 취항하는 데 최소한도 30만 환의 이득을 보고 있는 것이올시다. 그러니까 38회나 … 1000만 환이 넘도록 이득행위를 경찰국에서, 더구나 공무원이 영업행위를 공공연히 해 가지고 … 독도의 경비를 소홀하게 해 가지고 있다고 해서는 우리나라의 위신이 이만저만이 아니올시다.

그런데 이 이득금은 어떻게 했는지 현재 독도에 가 있는 경비원들은 대우가 불량하다고 해서 작년 12월 25일에 경상북도 도의회에서 이 경비원의 대우 개선을 해야 된다는 건의안을 내놓고 있는데도 불구하고 여기에 대한 대우는 하나도 하고 있지 않다는 말이 들리고 있는 것입니다.

그다음에는 이러한 경비정으로 하여금 영업행위를 한 것은 현재 울릉도의 교통이 불편하다고 1년에 자기 고향에 간다 그래 봤댔자 아무리 급한 일이 있다 하더라도 한 번밖에 못 가는 이러한 불편을 느끼기 때문에 그 틈을 타서 동해호가 영업행위를 한다고 하는 사실이올시다.

그런데 어째서 상공부에서 금파호라는 여객선에 1000만 환의 국고보조금을 주어

가지고 한 달에 적어도 세 번은 취항해야 되겠다 그리고 그 항로에 있어서는 1000만 환의 보조를 해 주고 있는 것입니다. 그런데도 불구하고 금파호는 여객을 신지 않고 재목을 신는다든가 혹은 그렇지 않으면 수산업자와 같이 고기잡이를 하고 있다 하니 한심한 노릇이 아니고 무엇이겠습니까?

그리고 그 금파호에는 무전을 장치해라 상공부에서 1년 반 지시를 했는데도 불구하고 이 금파호는 무전을 장치 안 하고 있다는 것입니다. 만약에 포항에서 울릉도 간 도중에서 사고가 일어났을 때에 그 위험신호를 못 할 것 같으면 인명과 화물은 수중에 수장이 되고 말 것이 아니겠습니까?

이런데도 불구하고 상공부에서는 무전장치를 하지 않은 이러한 금파호에 대해서 1000만 환의 보조를 어째서 주고 있는지 그 흑막이 추측되는 것이올시다.

그러니까 여기에 대해서 내무위원회와 상공위원회로 하여금 철저히 조사 보고하게끔 제가 제출했으니 여러분께서 많이 찬성해 주시면 감사하겠습니다.

(「이의 없소」 하는 이 있음)

○ **부의장 임철호** 동의안 설명을 들었습니다마는 여기에 오늘 회기의 폐회도 되는 날이니 이러한 적절한 것을 조사하자고 하니 … 아마 이것이 조사된다면 폐회 중에 조사가 되는 것 같습니다.

별 이의 없으세요? (「이의 없소」 하는 이 있음)

이의 없으시면 이 긴급동의안, 내무위원회하고 상공위원회입니다. 조사해서 본회의에 보고하도록 승인합니다.

`동아일보』, 1960년 1월 31일, 1면(조간)

한일회담 30일 재개
일 극우파, 독도 반환 요구코 난동

【동경 30일 UPI 동양】 3명의 극우파가 30일 상오 11시에 재개된 한일 정식회담의 개최를 방해하기 위하여 외무성 건물에 난입하려 하였다. 이들 3명은 독도의 반환을 요구하고 성과 없는 협상의 즉시 종결을 주장하였다. 그들은 외무성 경비원에 의하여 제지당하였다. 작년 말 임시적으로 휴회되었던 한일회담은 30일 일본 측 수석대표 택(澤), 전(田), 염(廉) 3씨의 사무실에서 간단한 의식으로 재개되었다. 한국대표단은 유태하(柳泰夏) 주일대사가 영도하였다. 그 밖에 청구권위원회 한국대표 이호 씨와 평화선 대표위원인 장경근(張暻根) 위원이 참석하였다. 30일의 회담에서는 정식 토의는 없을 것이며 대표들은 의제와 기타 절차적인 제(諸) 문제를 결정할 것인데 내주 초에 본격적인 회담을 가지게 될 것이라고 시사하였다.

『동아일보』, 1960년 2월 3일, 2면(조간)

독도 공격 계획 연기
일인(日人) 히고(肥後) 언명, 방한 사증(査證)을 대기

【동경 1일 AFP 동화】 동해에 있는 대한민국 영토인 독도에 대한 계획적인 공격이 이승만(李承晩) 대통령과 협의를 가질 때까지 연기되고 있다고 자칭 대령인 히고(肥後)란 자가 1일 AFP 기자에게 말하였다. 동경에 있는 히고 탐정소(探偵所) 소장인 히고는 독도를 한국으로부터 탈취하기 위하여 이 섬을 침공할 만반의 준비를 갖춘 약 30명의 지원자들로 된 선봉대를 가지고 있다고 말하였다. 그는 이 독도 탈취 원정을 위하여 디젤 엔진을 동력으로 하는 약 50톤급의 보트 2척이 사용될 것이라고 말하였다. 한편 이승만 대통령과 담판을 짓기 위하여 3명 구성의 한 대표단의 단장으로서 서울로 가기 위하여 그는 일본 외무성으로부터 여권을, 그리고 주일한국대표부로부터 입국사증이 나오기를 기다리고 있다고 설명하였다.

그는 이어 지난 1월 27일 그의 정보책 지가마 쓰도무 중령에게 한국 독도 사령관에게 항복할 것을 권하는 각서를 휴대시켜 동경의 한국 주일대표부로 보냈으며 같은 날 주일대표부 상공에서 독도의 평화적인 이양을 건의하는 전단 2만 매를 투하하였다고 말하였다.

히고는 결국 이 대통령이 대한민국 군의 총수이기 때문에 대통령을 만나보기 위하여 오는 10일경 서울을 방문토록 입국사증을 얻게 될 것으로 기대하고 있다. 그는 이어 만일 협상이 결렬되면 "우리는 공격을 명하는 외에 다른 도리가 없을 것이라"고 말하였다.

`『동아일보』, 1960년 2월 6일, 3면(석간)`

독도수비대 편성
경북 반공청년단서 6백 군경 출신으로

【대구발】일본의 독도 점령 위협을 분쇄하기 위여 대한반공청년단 경북도단에서는 중앙 본부의 지시에 따라 5일 도단 내에 독도수호경비사령부를 설치하는 한편 부산, 포항을 중심으로 하는 동해 연안 각 시 군단에서 선출된 군경 출신 단원 600명으로써 독도수비대를 편성하였다. 또한 동 경비사령부에서는 일본 극우분자에게 독도 침범의 망상을 버리도록 촉구하는 경고문을 보낼 작정이다.

`『동아일보』, 1960년 2월 9일, 1면(석간)`

"독도 점령은 침략"
일 수상 중의원 답변*

【동경 8일 AFP 동화】기시 노부스케(岸信介) 일본 수상은 8일 만일 대한민국이 미일안전보장조약이 발효한 이후에도 독도를 계속 점령한다면 이는 무력 침략으로 간주될 것이라고 말하였다. 그러나 기시 수상은 이 문제를 해결하는 데 있어서 서울 당국과 외교협상이나 당해(當該) 국제기관에 대한 호소 등의 '평화적 협상'을 가지려 한다고 덧붙였다. 기시 수상은 한 사회당 소속 의원의 질문에 답변하여 중의원 예산위원회에서 연설하였다.

---

*   『조선일보』, 1960년 2월 9일, 1면(조간), "한국의 독도 영유를 무력 침략 간주 운운, 기시(岸) 일 수상".

『동아일보』, 1960년 2월 20일, 1면(석간)

독도 문제 국재(國裁) 제소는 불고려
후지야마(藤山) 외상 언명

【동경 19일 AFP 동화】 후지야마(藤山) 일본 외상은 19일 중의원 예산위원회에서 정부는 독도 소유권 문제를 둘러싼 한일 양국 간의 분규를 헤이그의 국제사법재판소에 제기할 의사는 없다고 말하였다. 그는 이러한 절차를 밟기 전에 한국 측의 제소 동의가 선행되어야 한다고 말하였다.

「동아일보」, 1960년 3월 10일, 1면(석간)

독도 문제 평화 해결
일 정부 방침 재확인

【동경 9일 동양】일본 정부는 9일 독도 문제의 평화적 해결 방침을 재확인하고 일본이 한일 간의 분규에 대하여 미국의 조정을 요청할 것을 고려하고 있음을 시사하였다. 이날 일본 중의원 예산위원회에서 질의를 전개한 사회당 소속 의원들은 독도를 '자위상 무력으로' 탈환할 것을 요구하였다. 기시(岸) 수상과 후지야마(藤山) 외상은 그러한 안을 거부하고 동 문제는 평화적 방법으로 해결되어야 할 것이라고 말하였다. 한편 미(美) 측의 조정을 요청할 것인지의 여부에 대하여 질문을 받은 후지야마 외상은 한일회담의 앞으로의 진전 여하에 따라서 그것을 고려할 것이라고 말하였다.

`한국일보』, 1960년 3월 10일, 1면

독도 문제 평화적으로 해결
일 외상, 미(美)에 중재 요청도 고려

【동경 9일발 AFP=동화】일본 정부는 9일 독도 문제를 한국과 속히 해결할 것을 요청하는 야당 의원들의 질문 공세로 곤란을 겪었다.

참의원 예산위원회의 질의응답에서 후지야마(藤山) 외상은 이 문제를 평화적으로 해결하려는 일본 정부의 굳은 결의를 되풀이 표명하였다. 동(同) 외상은 말썽이 되고 있는 이 섬을 일본의 신 헌법하에서조차 허용되고 있는 바와 같이 '자기 방위상' 무력으로 재점령하여야 한다는 의원들의 제의를 일축하고 "일본 정부는 이 섬에 대한 일본의 주권을 승인받도록 한국측과 참을성 있게 협상할 것"이라고 주장하였다.

일본이 이 문제의 평화적 해결을 위하여 미국의 중재를 모색할 것인가라는 질문에 동 외상은 "앞으로 사태 발전에 따라서는 있을 수도 있는 일"임을 시인하였다. 한 의원은 일본이 주일미군에 신안보조약에 의거하여 독도 점령을 위한 공동 작전을 하도록 요청할 수 있을 것임을 시사한 데 대해 동 외상은 이것은 "생각조차 할 수 없는" 억설(臆說)이라고 일축하였다.

『세계일보』, 1960년 3월 11일, 1면(조간)

독도 점유 위해
미일 안보 발동 불가

기시(岸) 수상 언명

【동경 10일발 UPI=동양(東洋)】 일본의 기시 노부스케(岸信介) 수상은 9일 신미일안보조약이 독도를 점령 중인 한국인들을 축출하기 위하여 발동될 수는 없다고 언명하였다.

`조선일보』, 1960년 3월 11일, 1면(석간)

독도 문제 등 질의
일 참의원, 안보조약 적용 논의

【동경 11일발=합동】 일본 참의원은 10일에도 미일안보조약 제5조의 해석과 독도 문제에 관한 토의를 계속하였다. 하오부터 밤까지 계속된 이날 의회에서 정부 측은 사회당 의원들의 질문에 답변하면서 "독도 문제는 미일안보조약 개정 전의 문제이므로 제5조를 적용할 수 없으며 앞으로 그러한 일이 발생하면 제5조를 적용시키겠다"고 말하였다.

일본 정부는 독도 문제가 8년 전부터 계속되어 현재 외교 교섭 중이며 일본이 이 문제에 대해 미일안보조약을 적용한다면 한국 측도 한미협정을 적용할 우려가 있다는 고려하에 그와 같이 답변한 것이다.

『마산일보』, 1960년 3월 12일, 1면

일본 중의원 외무위(外務委)서 논의된 한일 문제
평화선, 독도 문제 등 질의에
후지야마(藤山) 외상, 평화적 방침을 언명

【동경 10일발 AP=합동】일본 중의원 외무위원회는 10일 상오 한일 문제에 관한 회의를 열었는데 그 내용은 다음과 같다.

문(問)(나카무라(中村) 의원·사회당): 평화선이 성립된 이래 일본 측의 피해 상황은 여하?

답(答)(미사와(三澤) 외무성 심의관): 한국 측에 나포된 선박이 170척, 그중 반환된 것이 19척, 침몰된 것이 2척이며 억류된 선원 수는 2,209명인데 그중 1,990명이 송환되었으나 병사자 수는 52명, 환자 수는 214명이다.

문(나카무라 의원): 한일 교섭의 전망은 어떤가?

답(후지야마 외상): 약간 교섭이 지연되어도 송환은 실현토록 노력하겠다. 만일 그것이 곤란하다면 새로운 구상으로 대처하면 될 것이다.

문(나카무라 의원): 송환이 실현되지 않은 경우에 한국만을 상대로 한 방법을 재검토해야 할 필요성이 있지 않을까?

답(후지야마 외상): 오무라(大村)수용소에 있는 한국인은 불법 입국자인 고로 어부 송환과 그 성격이 다르다. 작년 2월에 내가 적십자위원회에 교섭토록 요청하였으며 금후도 이러한 노력을 계속할 방침을 검토하고 있다.

문(나카무라 의원): 한국에 대한 세론(世論)을 어떻게 보는가?

답(후지야마 외상): 어부 문제가 한일회담의 전제이며 세론은 장차 이것이 해결 안 되면 동 회담이 진행되지 않을 것이다. 그러나 금반의 문제가 평화선 문제이므로 고려한다면 한일 양국 이외의 장소에서 평화선 문제를 해결할 것이 필요하다고도 생각된다.

문(나카무라 의원): 해양법 회의에서 평화선 문제를 제기 않겠는가?

답(후지야마 외상): 각국 전문가가 실정을 알아두는 것도 필요하나 동 회의의 의제는 되지 않는다.

문(나카무라 의원): 미국에 한일 문제의 조정을 의뢰하지 않겠는가?

답(후지야마 외상): 한일 간에서 해결하고 싶다.

문(나카무라 의원), (다케야(竹谷) 민사당(民社黨)): 한국인의 입국 수속은 여하?

답(미사와 심의관): 한국 정부 관리들의 지위 여하를 막론하고 발급하고 있다. 일본인의 한국 입국을 거부하고 있으므로 일본은 일방적으로 은혜적으로 일본 입국을 허가하고 있다.

문(우케다 의원·민사당): 외국 사절단의 생활 문제를 안전하게 하지 못하는 나라를 법치국가라 할 수 있는가?

답(후지야마 외상): 법치국가가 아니라고 단정하지 않으나 유감이다. 한국에 일본대표부를 설치하게끔 금후에 한국에 요구하겠다.

문(우케다 의원): 독도의 한국인은 공무원인가? 그리고 그것은 무력 공격에 의한 침략인가?

답(미사와 심의관): 그들은 경찰관으로서 무기를 가지고 있다. 무력에 의한 침략이라고 생각한다.

문(우케다 의원): 신안보조약 제5조를 적용하지 않겠는가?

답(후지야마 외상): 동 조약의 발효 후에 그러한 사태가 발생하면 적용할 수 있으나 실로는 평화적인 외교 교섭에 의해서 해결할 방침이다.

　(다카하시(高橋) 보충 답변): 독도는 평화적인 교섭으로 해결할 방침이며 신조약 제5조의 적용은 최초부터 생각하지 아니하였다.

문(혼바라(本原) 의원·사회당): UN에 어부 송환 문제를 제소하라.

답(후지야마 외상): 실현을 위하여 최선의 방법을 취하고 있다. UN 제소도 검토 중이다.

`『조선일보』, 1960년 3월 12일, 1면(조간)`

독도의 외교적 해결 모색
한국서 수비군 강화면 무력행사*

기시(岸) 일 수상 의회 답변

【동경 11일발 AP=합동】일본 정부 지도자들은 11일 일본은 대한민국이 일본해**상의 도서(島嶼) 독도를 점령할 때 무력을 사용했듯이 일본 영해를 침범하는 침입자들을 몰아내기 위해서 무력을 행사할지도 모른다고 언명하였다. 그러나 그들은 새로운 미일안보조약에 입각해서 미국의 원조를 반드시 요청하지는 않을 것이라고 말하였다. 그러나 대한민국이 독도상의 수비군을 강화하는 때에만 무력행사가 고려될 것이고 일본은 계속해서 독도 문제를 외교협상을 통해서 해결하도록 노력할 것이라고 말하였다.

일본 수상 기시 노부스케(岸信介), 동 외상 후지야마 아이이치로(藤山愛一郎) 및 방위청 장관 아카기 무네노리(赤城宗德) 씨는 참의원 예산위원회에서 사회당 의원들의 질문에 대해서 답변하는 가운데서 이상과 같이 언명하였다.

---

*   『세계일보』, 1960년 3월 12일, 1면(조간), "무력행사도 고려, 독도 문제 협상 통해 해결".
** 기사 원문에 동해의 일본식 명칭으로 표기되어 있다.

『마산일보』, 1960년 3월 14일, 1면

독도는 한국 영토
유(柳) 대사, 일 기자회견 담

【동경 13일발=동양】 유태하(柳泰夏) 대사는 『동경신문(東京新聞)』과의 단독회견에서 억류자 상호 석방은 3월 말까지에는 실현될 것이며 상호 석방을 위한 협상이 정돈 상태에 빠지게 되는 경우에는 중재 방편의 이용도 고려할만한 가치가 있다고 말하였다. 유 대사 또한 평화선 문제에 대한 한국 측 주장은 국방 및 경제상 이유에서 무변동 상태로 견지될 것이지만 동 문제에 관해서는 한일 양국이 토의할 여지가 있다고 말하였다. 유 대사는 같은 인터뷰에서 다음과 같은 점도 지적하였다.

1. 특별한 사정이 없는 한 상호 석방은 실현을 보게 될 것이다.
2. 한국 정부는 오무라(大村)수용소 내 한국인 억류자에 대한 보상은 고려하고 있지 않다.
3. 독도는 한국 영토이다.

『조선일보』, 1960년 3월 23일, 1면(조간)

독도 문제 논란
일 의회서 쓰지(辻) 씨 발언

【동경 22일발 UPI=동양】 전 일본군의 일(一) 대령(大領)은 21일 중의원에서 후지야마(藤山) 외상에 대하여 까다로운 질문을 하였다. 당 총재와 기시(岸) 수상을 맹렬하게 비난한 이유로 일본 여당인 자민당(自民黨)으로부터 제명 처분을 받은 쓰지 마사노부(辻政信)* 씨는 후지야마 외상에게 다음과 같이 질문하였다. "현재 독도를 점령하고 있는 한국군이 만약 북한 공산도당으로부터 공격을 받는다면 그것을 일본에 대한 공격으로 간주한다는 견지에서 한국에 원조를 제공할 것인가?"

미국 정부까지도 독도를 일본 관할권하에 두어야 한다는 데 이해를 갖고 있다는 것을 앞서 말한 바 있는 후지야마 씨는 이 질문에 대하여 독도 문제는 지금 한일 양국 정부에서 심의 중에 있다고 답변하였다.

---

* 원문에는 什政信으로 되어 있다.

『동아일보』, 1960년 3월 28일, 1면

"독도 문제 41회나 항의했다"
일 외상, 유엔 제소도 고려

【동경 26일 합동】일본 참의원 예산분과위원회는 26일 하오 개최되었는데 동 회의에서는 또다시 독도 문제가 제기되었다. 이에 대하여 후지야마(藤山) 외상은 "한국이 독도를 불법 점거한 데 대하여 지금까지 41회나 항의하였다. 일본은 독도 문제를 한·일 양국 교섭으로 해결하길 희망하지만 아무리 하여도 이 문제가 해결되지 않을 때는 유엔 제소 등의 방법도 고려된다"고 말하였다.

『동아일보』, 1960년 4월 9일, 1면(조간)

독도 영유 주장
후지야마 일본 외상

【동경 7일 UPI 동양】후지야마 일본 외상은 6일 문제의 독도는 일본 영토이며 따라서 동도(同島)는 새로 조인된 미일안보협정의 협정 지역에 포함된다고 말하였다. 후지야마 외상은 안보협정에 관한 중의원 특별위원회에서 사회당(야당) 의원 오무기 다이하치(大貫大八) 씨의 질문에 대하여 독도는 한미협정 지역에 포함되어 있지 않다고 말하고 "이것은 미국이 독도를 일본 영토의 일부라고 인정하기 때문이다"라고 부언하였다.

『조선일보』, 1960년 12월 8일, 1면(석간)

'독도 소송' 비용 지불 명령
정부 상대로 한 5억 원 손해보상재판
동경지법(東京地法)서 민간인에 유리한 판결*

【동경 7일발 AFP＝합동】 한국의 평화선 내에 위치한 독도에 인산염광(燐酸鹽鑛) 채굴권을 소유하고 있는 일본의 쓰지 미네조(辻實造)(음역)는 7일 동경지방법원으로부터 동 권리에 관한 손해보상재판의 소송비용을 지불받는 판결을 받았다. 동 판결은 일본 정부를 상대로 5억 원의 손해보상을 요구하고 있는 그가 앞으로 상고심에서 승소할지도 모른다는 인상을 주었다. 쓰지 씨는 그가 동도(同島)의 인산염광 채굴권을 얻었으나 독도가 한국군 점령하에 있어 일본 당국이 이 문제를 해결할 수 없기 때문에 그 책임을 일본 정부가 마땅히 져야 한다고 주장하고 있다. 그는 독도 관할권을 맡고 있는 시마네현청이 1958년도에 자기에게 3만 5천여 원을 과세하였다고 말하였다.

---

*   『마산일보』, 1960년 12월 9일, 2면, "독도 채굴권 소유 일인(日人)이 제소".

『경향신문』, 1960년 12월 21일, 1면(조간)

"현 한국 정부는 친일 정권"
일 고사카(小坂) 외상, 의회 예산위서 증언*

【동경 20일발 AFP 합동】일본 참의원 예산위원회는 20일 일본의 대한(對韓) 정책에 관해서 장기간 토의하고 정부 측에 대해 당면한 중요 문제에 관하여 질의하였는데 이에 대한 고사카 외상의 답변 요지는 다음과 같다.

(중략)

▲ 독도 문제=한일회담에서도 이 문제가 토의되고 있다. 그리고 한국의 현 정권은 이성적인 친일정권이므로 우호적인 기초에서 이 문제가 해결될 것으로 생각한다.

---

*　『경향신문』, 1960년 12월 22일, 1면(석간), "여적(餘滴)".

『조선일보』, 1960년 12월 22일, 1면(석간)

독도 영토권 주장
고사카(小坂) 일 외상 발언

【동경 21일발 JP=세계】고사카 일본 외상은 21일 독도를 둘러싼 한일 간의 분쟁은 양국 간에 우호적인 분위기를 한층 더 증대함으로써 합리적으로 해결되어야 한다고 희망하였다.
이날 참의원 외교위원회에서 모리 모토지로 사회당 의원의 질의에 응답하여 현재 한국군이 점령하고 있는 동해상의 자그마한 바위섬 독도의 일본 영토권을 주장하였다.

『민국일보』, 1960년 12월 23일, 1면(조간)

"독도는 일(日) 영토"
일 외상, 참원(參院)서도 답변

【동경 22일발=합동】고사카 일본 외상은 22일 참의원에서 사회당 모리 모토(森本) 의원의 질문에 대하여 "국교 정상화는 일본 안(案)의 해결을 보류하고도 우선할 수 있다"고 다음과 같이 말하였다.* "한일회담의 최종 목표는 국교 정상화다. 물론 이것은 양국 간 현안 전부를 해결한 후에 하고 싶다. 그러나 양국 간 현안에는 해결이 지극히 곤란한 문제도 있으므로 현안 중 일부를 해결한 후 우선 국교를 회복하고 그 후에 나머지 현안을 해결해나갈 수도 있다는 것을 부정하지 않았다."

고사카 외상은 또한 독도 문제에 관한 질문에도 다음과 같이 답변하였다. "독도는 한국에 점거 당하고 있으나 이 귀속 문제는 한일회담과 별도로 취급될 것이다. 일본은 지금까지 한국에 대하여 독도 귀속 문제를 국제사법재판소에 제소하려고 했으나 한국이 불응했다. 독도가 일본 영토라는 주장은 불변이다. 정부로서는 독도 귀속에 대하여 합리적 해결을 기대하고 있으므로 금후 한일 양국의 호흡이 일치될 때 국제재판소 제소를 제시하려고 생각한다."

---

* 이 기사는 1960년 12월 21일 참의원 외무위원회에서 모리 모토지로(森元治郎) 의원의 질의에 대한 고사카 젠타로(小坂善太郎) 외상의 답변 관련 기사로 보인다. 일본 국회 회의록 검색 시스템(kokkai.ndl.go.jp)(第37回国会 参議院 外務委員会 第3号 昭和35年12月21日) 참조.

『민국일보』, 1960년 12월 23일, 1면(석간)

독도는 우리 것
정부, 일 주장 일축

정부는 23일 상오 독도가 일본의 영토라는 일본 고사카 외상의 참의원에서의 증언은 "전혀 근거 없는 주장이다"고 반박하고 독도는 엄연히 우리의 영토이므로 한일회담의 의제가 될 수 없으며, 또한 국제사법재판소에의 제소에도 응할 수 없다는 태도를 밝혔다.

『한국일보』, 1960년 12월 23일, 1면

독도는 우리 영토
정부, 일 외상 주장 반박*

고사카(小坂) 일본 외상이 최근 참의원에서 독도 영유를 주장하였다는 보도에 정부는 23일 이를 반박하고 "독도는 역사상 지리상으로 엄연한 대한민국의 영토의 일부"라고 강조하였다. 이날 외무부에서 발표된 반박문에는 "정부는 이미 권위 있는 문헌과 역사적 사실을 들어 1956년 9월 20일 자로 독도 문제에 관한 일본 정부의 주장을 반박하였다"고 지적하고 "이 문제는 한일회담에 토의 사항이나 국제사법재판소 제소에 응할 수는 없다"고 주장하였다.

---

* 『경향신문』, 1960년 12월 23일, 1면(석간), "독도는 한국 영토, 김 차관, 일 외상 발언 반박"; 『조선일보』, 1960년 12월 23일, 1면(석간), "독도는 한국 땅, 고사카(小坂) 일 외상 주장, 김 외무차관 반박".

7. 한국의 독도 시설과 경비대
1961년의 독도

『민국일보』, 1961년 2월 18일, 1면(조간)

평화적으로 해결
일 외상, 독도 문제에 언급*

【동경 17일발 AFP 합동】 고사카 일본 외상은 17일 자기는 독도 문제가 외교 협상을 통하여 평화적으로 해결될 수 있을 것으로 확신한다고 언명하였다. 고사카 외상은 상원 예산위원회에서 사회당 의원들의 질문에 답변하는 가운데 일본 정부는 독도 문제를 헤이그 국제사법재판소에 제소했으나 한국 측이 법적 투쟁에 참가하기를 거부함으로써 이 문제가 아직도 해결을 보지 못하고 있다고 말하였다.

---

* 『경향신문』, 1961년 2월 18일, 1면(조간), "외교상 해결 확신, 일 고사카(小坂) 외상, 독도 문제에 언급".

『민국일보』, 1961년 2월 28일, 3면(조간)

독도의 호소
걱정이 태산인 카스트로 수염들
단 하나의 나룻배마저 부서지고

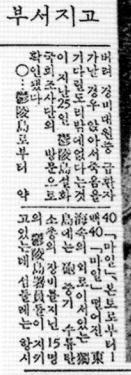

(상) 독도의 전경과 초소(…선 부분의 확대)
(하) 암벽에 새겨진 한국령의 표지[본사 박종산(朴鍾山) 특파원 촬영]

○ 【독도에서 홍돈섭(洪敦燮) 본사 특파원 27일발】 동해 우리 해역의 최첨단인 독도에는 하나밖에 없던 나룻배마저 파도에 부서져버려 경비대원 중 급환자가 날 경우 앉아서 죽음을 기다릴 도리밖에 없다는 것이 지난 25일 울릉도 설화 국회조사단의 방문으로 확인됐다.

○ 울릉도로부터 약 40마일, 본토로부터 140마일 떨어진 동해 속의 외로이 서 있는 독도에는 포(砲), 중기, 수류탄, 소총의 장비를 지닌 15명의 울릉도 서원(鬱陵島署員)들이 지키고 있는데 섬 둘레는 항시 풍랑이 심해 배 대기가 힘든데 갈매기의 떼 울음만 들려오는 외로운 섬이다.

○ 큰 배에서 똑딱선으로 갈아타고 1킬로, 동도와 서도로 나뉜 두 개의 돌산 중 동쪽 섬 마루턱에 배를 대고 섬에 오르면 국방색 작업복에 전투모를 쓴 카스트로 수염의 경비대원들이 두 손을 잡아쥐며 반가워한다. 그곳으로부터는 쇠줄 손잡이를 의지해 험한 바위틈을 기어 136미터를 올라가면 나무 한 그루 없는 돌산 위에 등대가 있고 초소에 초병이 망원경으로 바다를 뒤져보고 있다.

『조선일보』, 1961년 2월 28일, 3면(석간)

물개·갈매기의 안식처
여기는 독도, 조국 땅의 보루

○ 독도는 울릉도에서 동쪽으로 48마일, 부산에서는 2백 마일 되는 파도 험악한 동해에 외로이 솟은 고도! 육지로부터 가장 먼 곳이며 또한 가장 동쪽에 자리 잡은 섬!
○ 해발 138미터의 동도(東島)와 서도(西島)의 두 섬과 가제섬이라고 불리는 10여 개의 암석이 주변에 널려 있는데 물개들이 새끼를 치고 파도만이 넘실거리는 이 섬에는 이 땅을 지키고 있는 15명의 경비대원들이 인적 없는 바다를 향해서 총을 겨누며 일선 장병 못지않게 고생을 하고 있다.
○ 갈매기의 안식처로 이름난 이 섬에는 철 따라 찾아오는 물개(海狗: 해구)들의 무리와 갈매기들의 알을 달걀처럼 귀중히 여기는 사람들이 외로움에 젖고 수평선 멀리 이따금 지나가는 어선만 보아도 반가워 어쩔 줄을 모른다.
○ 바람만 불면 파도가 섬을 삼킬 듯이 덮치고 병이 나면 약 한 첩 먹을 수 없고 빗물만 마르면 먹을 물 한 모금 없이 격리된 생활 속에서 우리 경비대원들은 봉우리 위에 나부끼는 태극기를 우러르며 오늘도 내일도 조국의 영토를 지킨다. [울릉도에서 본사 조규(趙圭) 기자]

`『마산일보』, 1961년 10월 22일, 2면`

8억 불 청구설, 들은 일 없다
독도 문제, 협상 통해 해결
일 외상 참원(參院)서 대한(對韓) 정책 천명*

【동경 20일발 AP 합동】일본 외상 고사카(小坂) 씨는 20일 참의원 대정부 질의에서 한일 문제에 관한 정부 정책을 다음과 같이 해명하였다.

▲ 독도 문제=일본은 계속 독도에 대한 주권을 주장할 것이다. 그러나 문제를 무력이 아닌 협상을 통해 해결하기를 바란다.

▲ 한국 측 청구권 문제=일본은 한국 측 청구권 주장에 대해서 일본 측에 액수를 제시하면 응하겠다고 정식으로 언질을 준 일이 없다. 풍문에 떠돌고 있는 8억 불 배상 요구설에 관해서 전혀 들은 바 없다.

▲ 평화선 문제=평화선은 국제법에 의해서 허용할 수 없다. 우리 한일 양국은 우호관계를 가지고 있으므로 양국 간에 방위선을 그을 필요가 없으며 공동으로 어로자원을 보호하기 위한 양해에 도달할 수 있다는 전제에 입각하여 이 문제를 한국 측과 토의하고 싶다.

---

* 『민국일보』, 1961년 10월 21일, 1면(조간), "평화선 부인 등, 고사카(小坂) 외상, 대한(對韓) 정책 재천명(闡明)"; 『조선일보』, 1961년 10월 21일, 1면(조간), "독도 주권 문제 협상, 일 외상 의회서 언명"; 『한국일보』, 1961년 10월 21일, 1면, "8억 불 청구받은 일 없다, 평화선은 국제법상 불용, 일 외상, 참원(參院)서 대한(對韓) 정책 답변".

`조선일보』, 1961년 10월 22일, 1면(조간)

"독도는 한국 영토"
외무부 대변인, 일 외상의 발언을 논박*

외무부 대변인은 21일 하오 독도 및 평화선 문제에 대한 고사카(小坂) 일 외상의 발언을 논박하고 독도가 역사적으로 한국 영토의 일부라는 것은 엄연한 사실로서 현재도 실제로 독도에 대하여 주권을 행사하고 있으며 또한 평화선에 관해서도 충분한 존재 이유가 있으며 국제법상으로나 또는 관례에도 부합되는 것임은 이미 널리 알려져 있는 사실이라고 말했다. 또 동 대변인은 외신보도와 같은 고사카 외상 발언의 사실 여부를 주일대표부를 통해 조회 중이라고 말했다.

한편 고사카 외상은 2일 일본 참의원 회의에서 대한(對韓) 정책에 언급하여 일본은 독도에 대한 주권을 주장할 것이며 평화선은 국제법에 의거해서 허용할 수 없는 것이라고 증언했다고 보도된 것이다.

---

* 『경향신문』, 1961년 10월 22일, 1면(조간), "독도는 우리 영토, 외무 당국, 일 외상 증언을 논박"; 『한국일보』, 1961년 10월 22일, 1면, "독도는 엄연한 우리 영토, 평화선, 국제법에 부합, 외무부 대변인 담, 일 외상 발언 진부(眞否)를 조회".

『조선일보』, 1961년 11월 10일, 1면(조간)

일 광업회사 패소
정부를 상대로 한 독도 광업권 소송*

【동경 9일발 AFP＝합동】동경의 한 재판소는 9일 독도(일명 죽도)에 대한 일본인의 광업권이 한국에 의한 동도(同島)의 '불법 점거'로 소멸된 것이 아니라고 판정하였다. 동 재판소에 일본 정부를 상대로 소송을 제기한 '쓰지'** 인광회사(燐鑛會社)는 독도에 대한 동사(同社)의 광업권을 행사할 수 없는 상태를 계속케 하고 있는 데는 정부에 책임이 있다고 주장하고 5억 원의 손해배상과 3만 5천 원의 세금 반환을 요구하였다. 그러나 법원은 개인이 국가에 대해서 그러한 요구를 제기할 수 없다고 판결하고 2천 6백만 원***의 소송비용 지불을 명하였다.

---

* 『경향신문』, 1961년 11월 10일, 2면(조간), "독도 광권(鑛權) 소송, 일 광업사(鑛業社) 패소"; 『동아일보』, 1961년 11월 11일, 1면(조간), "'독도 광산권 인정', 일 지법(地法) 판결".
** 원문에는 '쯔지'로 되어 있으나, '쓰지 도미조'의 '쓰지'로 통일한다. 『동아일보』, 1961년 11월 11일, 1면(조간), "'독도 광산권 인정', 일 지법(地法) 판결".
*** 원문: 2백 6천만 원.

『한국일보』, 1961년 11월 10일, 1면

[시시비비]
무슨 생각인가, '독도 판결'

(중략)

동경(東京)지방재판소는 9일 하오 한 판결문을 통하여 "죽도(竹島)의 일본인 광업권은 한국 측의 불법 점거에 의해 소멸하지 않는다"는 견해를 표명했다. 내용인즉 "7년 전에 일본 광업자 쓰지 모(某)라는 사람이 일본 정부에서 죽도에 대한 채굴권을 얻고 작업에 착수하려 했으나, 동도(同島)에 주둔하는 한국 경비대의 방해로 부당한 세금만 3만여 원 물어왔으니 동 세금을 면제하고 손해배상을 청구한다는 행정소송을 걸었던 것"이라고 한다.

우리의 독도를 자기 영토라고 우겨대는 일본 정부의 주장에 사법부가 장단을 맞춘 셈인데 10년간에 걸친 한일 간의 제반 문제가 해결되어가려는 요즘에 와서 일본 측이 무슨 생각으로 이런 판결을 내렸는지 … 【차항(此項) 동경지국발】

(이하 생략)

『동아일보』, 1961년 11월 19일, 1면(조간)

독도 시찰
손(孫) 문사위원장*

최고의(最高議) 손창규(孫昌奎) 문사위원장(文社委員長)은 지난 16일 5명의 전문위원과 자문위원과 함께 울릉도와 독도를 시찰하였는데 일행은 18일 하오 5시 귀경한다. 군사혁명 정부가 독도를 시찰하기는 처음이다.

---

* 『경향신문』, 1961년 11월 18일, 1면(석간), "독도 등 시찰, 손(孫) 문교사회위장(文敎社會委長)".

『경향신문』, 1961년 11월 20일, 1면

'독도' 중요성 재확인
손(孫) 문교사회위원장 시찰 담*

최고회의 손창규 문교사회원장은 20일 상오 독도가 차지하는 정치적, 경제적 그리고 군사적 가치와 의의가 매우 크다는 것을 재확인했다고 말했다.

지난 16일부터 울릉도와 독도를 시찰한 바 있는 손 위원장은 수산자원의 확보를 위한 독도의 위치가 극히 요긴한 것임을 혁명정부로서 다시 한번 확인하게 된 것이라고 말했다.

그러나 혁명정부가 이 두 섬에 대한 새로운 시책을 세워야 한다는 구체적인 내용에는 언급하지 않았다.

---

*　『한국일보』, 1961년 11월 20일, 1면(석간), "독도의 중요성 재확인, 손 문교사회위원장 시찰 소감".

『한국일보』, 1961년 12월 5일, 1면

독도 영유는 기정 사실
일 외상 담, 국재(國裁)서 해결 가능*

【동경 4일발 UPI＝동양】 고사카(小坂) 일본 외상은 4일 한국과 일본 사이에 위치한 독도[일본은 죽도(竹島)라고 호칭]에 대해 또다시 일본의 영유권을 되풀이하였다. 고사카 외상은 이것이 기정사실이라고 주장하고 독도에 대한 한국의 영토권 주장을 가리켜 '온당치 않은 일'이라고 말하였다. 고사카 외상은 '한일 양국 관계가 개선되면' 독도 영유권 문제가 국제사법재판소를 통해 해결될 가능성이 있다고 말하였다. 그는 또 국제사법재판소에 대한 제소 결정이 한일 양국 간의 협상에서 이루어질 수도 있다고 말하였다.

고사카 외상은 한국 군사혁명에 대한 일(一) 질문을 받고 "일본 외상이 대답하지 않는 편이 더 낫다"고 말하였다.

---

* 『경향신문』, 1961년 12월 5일, 1면(조간), "독도 영유권은 기정 사실, 고사카(小坂) 외상 주장"; 『조선일보』, 1961년 12월 5일, 1면(조간), "독도 영유 주장, 고사카(小坂) 일 외상".

`경향신문`, 1961년 12월 27일, 1면(조간)

한일관계 다시 악화?
독도는 엄연한 우리 땅
정부, 국기(國旗) 철수 등 일(日) 요구에 항의*

26일 하오 2시 50분 일본 외무성은 한국의 합법적인 영토인 독도를 일본의 영토(죽도)라고 주장하는 내용의 구상서를 외무부에 보내옴으로써 한일 양국 간의 관계는 점차 미묘해지기 시작하였다.** 26일 하오 엄영달(嚴永達) 외무부 아주과장은 일본 외무성이 독도로부터 대한민국의 국기와 대한민국 정부가 해놓은 제반 시설 등을 철거할 것을 요구한 일본 외무성의 구상서를 우리 정부가 받았다고 말하면서 일본의 부당한 동 요구에 대해 "한국 정부는 주일대표부를 통해 엄중한 항의를 하겠다"고 말하였다.

엄 아주과장은 지난 12월 3일에도 일본 정부로부터 독도에 관한 유사한 요구를 받았다고 밝히면서 "독도는 역사적으로 또는 국제법상으로 한국의 영토라는 사실이 엄연히 증명되었으며 우리 정부는 이러한 우리의 태도를 누차에 걸쳐 일본 측에 표명한 바 있다"라고 말하였다. 또한 엄 과장은 "일본 정부가 독도 내의 시설을 철거하라고 요구하는 것은 한국의 국내 사항에 대한 간섭으로 묵과할 수 없다"라고 일본 측을 통렬히 비난하였다.

한편 정통한 외교 소식통들은 한일회담이 휴회에 들어간 때를 택하여 일본 정부가 엉뚱한 독도 문제를 들고나온 이유를 일본 국내의 사회당 세력의 한일회담 방해공세에 대한 일본 정부의 제스처로 보는 한편 또 명춘(明春)에 있을 예정인 한일 고위정치회담에서 일본 측이 재산 청구권에 대한 한국 측의 양보를 노리는 데 있다고 관측하고 있다.

---

* 『민국일보』, 1961년 12월 27일, 1면(조간), "일, 독도 영유권을 주장, 인원·시설 철구 요구, 외무부 구술서, 엄연한 한국의 영토, 정부, 대표부 통해 엄중 항의키로"; 『한국일보』, 1961년 12월 27일(4판), 1면, "독도의 한국 시설 철구 요구, 일(日), 돌연 구상서를 전달, 우리 정부서 엄중 항의, 사실(史實)·국제법상의 증거 들어".
** 1961년 12월 25일 자 일 측 구술서(No. 375/ASN)(외무부, 1977, 앞의 책, 228~229쪽) 참조.

【동경 26일발 AFP 합동】 일본은 26일 돌연 한일 간에 영유권 문제로 분쟁을 일으키고 있는 다케시마(竹島=한국에선 독도라고 부른다)에서 한국인과 그곳에 설치한 모든 한국 시설을 제거하라고 요구하였다.[***]

26일 상오 일본 외무성 아세아과장 마에다(前田) 씨가 주일한국대표부 이동환(李東煥) 공사에게 전달한 구두각서는 독도의 한국 측 점유가 불법이라고 말하고 독도에 대한 일본 영유권을 주장하였다. 한국은 독도에 경비원을 주재시키고 있다.

[***] 『조선일보』, 1961년 12월 27일, 1면(조간), "한인과 시설 철거, 독도, 일 정부서 대표부에 구두로 요구".

`경향신문』, 1961년 12월 27일, 1면(조간)`

[귀거래(歸去來)]
동상이몽의 경협(經協)과 상의(商議)
독도에 생떼, '일본은 역시 일본'

(중략)

◇ 얼음장같이 찬 한일 간의 관계가 어쩌면 명춘(明春)쯤 따뜻해져 녹을지도 모른다는 외교가의 '관측'은 독도의 영토권을 주장하는 일본 측의 억지 때문에 된서리를 맞았다.
26일 하오 "독도는 우리 것"이라고 주장하고 나온 일본의 뻔뻔스러운 구상서가 우리 외무부에 전해지자 고위층들은 별로 놀라는 표정도 없이 "일본은 역시 일본"이라는 짤막한 평(評)으로 그 구상서를 대했다. 개꼬리 3년 두어도 노루꼬리 되지 않는다는 속담처럼 좀처럼 정신을 못 차리는 일본과는 아무리 회담을 해보아도 소용이 적은 모양.

(이하 생략)

『동아일보』, 1961년 12월 27일, 1면(석간)

일(日), 돌연 독도 영유권을 주장
시설 제거·경비원 철수 요구

일본 외무성은 26일 하오 2시 50분 우리나라 외무부에 구술서를 전달하고 "독도는 일본의 영토이므로 독도에 거주하는 한국인 및 시설을 철거할 것"을 요구하였다. 이에 대하여 외무부 당국은 "독도가 우리나라 영토임은 역사적으로나 국제법상으로 이미 증명된 바"라고 반박하고 "일본의 이러한 태도는 우리나라 국내사항에 관한 간섭으로서 주일대표부를 통하여 즉각 일본 정부에 항의하겠다"고 말하였다.

"엄연한 우리 영토"
외무 당국 반박, 청구권 줄이려는 외교술책

외무국 당국은 독도 문제의 재발이 현재 진행 중인 한일회담에 악영향을 미칠 것을 고려하여 '조용한 항의'에 그치고 있으나 외교 옵서버는 한일 국교의 조기 타개를 부르짖고 있는 일본이 소위 고위정치회담을 앞두고 이러한 태도를 취한다는 것은 "한국의 대일청구권의 금액을 줄이려는 외교적인 복선이 숨어 있는 것"이라고 비난하였다.

외무부의 엄영달(嚴永達) 아주(亞洲)과장은 이날 일본의 구술서를 접수한 직후 우리 정부가 누차에 걸쳐 일본 정부에 전달한 구술서에서 독도가 우리나라의 영토임을 역사적 및 국제법상으로 증명해왔음을 밝히고 "만약 일본이 독도에 있는 한국인 및 시설의 철거를 요구한다면 이것은 국내사항에 관한 간섭으로서 주일대표부를 통하여 엄중 항의할 생각이라"고 말했다.

그런데 일본 정부의 이러한 태도에는 두 가지의 관측이 일어났다. 그 하나는 일본 정부가 매년 그러한 구술서를 전달해왔다는 사실을 들어 특히 이번에 전달된 구술서만을 한일회담에 심각하게 결부시킬 필요가 없다는 온건한 반향이며 다른 하나는 "대한(對韓) 청구권을 줄이려는 외교적 술책이라"는 비난이다. 일부에서도 일본 정부가 사회당의 한일회담 반대 공세에 대응하는 불가피한 조치일 것이라고도 관측하고 있으나 전반적으로 한일 국교 조기 타개에 불리한 영향을 일본 정부 스스로가 취했다는 데 공통된 견해를 보이고 있다.

『민국일보』, 1961년 12월 27일, 1면(조간)

[로타리]
속이 들여다보이는 얕은 수

○ 독도 영유권을 주장하는 일본 외무성의 구술서가 26일 하오 외무부에 접수되었다. 이 구술서에서 일본 측은 "지난 12월 3일 우리 경비정이 죽도(독도)에 가보았더니 한국인과 한국 깃발이 나부끼고 있더라"고 지적하고는, 왈 "역사적으로나 국제법상으로 일 영토에 틀림없는 죽도에서 한국인과 한국 시설은 곧 철거하라"고 ….

독도에 대한 일본 측 영유권 주장은 주기적으로 일어나는 발작 증상인지라 새로울 것은 없으나 하필이면 한일회담이 성과적으로 진행되고 있는 도중에 불쑥 튀어나오는 것이 얄밉다.

아무리 외교 제스처라고는 하지만 일본 자신이 해군 수로지나 국정 교과서에서 한국의 땅임을 인정하고 있는 독도 문제를 끄집어낸다는 건 너무나 속이 들여다보이는 얕은 수라는 게 외교의 정평(定評) ….

(이하 생략)

『조선일보』, 1961년 12월 27일, 1면(조간)

정부, 일(日)에 엄중 항의 준비
"우리 국내사항에 간섭, 독도 영유권 주장은 천만부당"

외무부 당국자 담

외무부 당국자는 26일 독도 문제에 관한 일본 정부의 항의는 '한국의 국내사항에 대한 간섭'이라고 지적하고 정부로서는 금명간 엄중한 항의를 제기할 것이라고 말하였다. 외무부의 엄(嚴) 아주과장은 이날 독도가 일본의 영토이며 독도에 거주하고 있는 한인과 시설을 철거하라고 주장한 일본 정부의 항의를 주일대표부를 통해서 접수하였음을 시인하면서 이와 같은 주장은 부당한 것이며 독도가 한국의 영토라는 것은 이미 역사적으로나 또는 국제법상으로 증명되어 있는 사실이라고 지적하였다.

엄 과장은 일본 측의 이러한 주장에 대해서 정부는 '국내사항에 대한 간섭'으로 간주하고 주일대표부를 통해 곧 엄중 항의하는 구술서를 일본 정부에 전달할 것이라고 말했다. 또한 정부는 독도 문제에 대하여 수차에 걸쳐 한국 영토라는 사실을 명시한 바 있는 것이다.

『조선일보』, 1961년 12월 27일, 1면[석간]

[사설]
독도 문제를 돌연 재(再) 제기한 일본 측의 진의

1

일본 외무성은 또다시 독도의 영유권을 주장하는 각서전(覺書戰)을 전개하였다. 26일 우리 외무부에 구술서를 전달하고 "독도는 일본의 영토이므로 독도에 거주하는 한국인 및 시설을 철거할 것"을 요구한 일본 측의 진의에 대하여는 여러 가지 관측이 행해질 수 있으나 어쨌든 한일회담의 원숙한 진행에 물을 끼얹는 상서롭지 못한 일석(一石)임에는 틀림없다.

지금 새삼스럽게 독도 문제를 가지고 외교상의 응수를 재개해야만 할 일본의 어떤 특별한 국내 사정이 있을 것 같은 징후는 엿보이지 않는데 무슨 까닭으로 돌연 이러한 거조(擧措)를 취하게 되었는지 우리는 독도 영유권 문제 자체보다도 그 배후의 동기를 좀 더 깊이 분석해 보아야 할 필요가 있을 것 같다.

왜냐하면 독도 문제는 이미 1946년 6월 22일 자 연합군최고사령부 각서 제800, 217호, 스캐핀 제1033호의 '일본인의 포어급 포경, 어업조업에 관하여 승인된 구역'에 대한 해석으로 당연히 한국의 영유가 확인되어 있고 소위 '상항(桑港) 조약'에 의하여 일본의 영토가 '혼슈(本州), 시코쿠(四國), 규슈(九州), 홋카이도 및 그 부속도서'로 국한됨에 따라 울릉도의 부속도서인 독도는 재론의 여지도 없이 한국의 영유임이 명명백백한 기정사실이며 다만 1952년 1월 18일 자의 우리 '인접해양의 주권에 관한 대통령 선언'에 대항하기 위하여 일본은 동년 1월 18일* 자로 독도 영유권을 주장하는 항의 각서를 우리 측에 발송하고 그 후 수차에 걸쳐 상호 각서전을 전개한 일이 있기는 하나 이것은 어디까지나 평화선 문제에 관련된 보복적 반발외교라는 것을 우리가 잘 알고 있기 때문에 하필이면 제6차 한일회담이 어느

---

* 28일의 오기로 보인다.

정도 성공적인 진전을 보이고 곧 정치회담이 개시될 듯한 우호적 분위기가 감돌고 있는 이때 왜 난데없이 그러한 책략 외교의 일석을 던지지 않으면 안되는가 하는 데에 우리의 신경이 자연 날카로워지지 않을 수 없는 것이다.

2

일본의 이번 각서전을 분석할 때 세 가지로 추측할 수 있다. 첫째는 선의로 해석하여 일본이 한일회담과는 관련없이 참으로 독도 영유권을 주장하고 그것으로써 자국 내의 외교기록을 다시 한번 재확인하겠다는 진의라고 볼 수가 있다. 그러나 권모술수에 능란한 일본 외무성이 단지 기록의 재확인만을 위해서 한일회담의 성패에 초월하여 문서 정리하듯 불쑥 내미는 졸렬한 외교방식은 취하지 않을 것이므로 이것은 도저히 믿기 어려운 일이다.

둘째, 일부 외교관 측 통에서는 재산 청구권에 대한 외교 술수의 하나로 금후 정치회담이 개최될 경우를 상상하여 청구 액수를 줄이려는 저의로 간주하는 측도 없지 않다. 그러나 이것 역시 좀체 수긍되지 않는 견해라 하겠다. 왜냐하면 그러한 낡은 외교술책이 통용될 리도 없거니와 설사 정치회담의 '기브 앤드 테이크'에 의하여 외교상의 한 미끼가 된다손 치더라도 문헌과 유래가 빤한 독도 문제를 가지고 우리 측이 조금이라도 양보한다는 것을 기대할 만큼 일본 외교관이 유치하지는 않을 것이기 때문이다.

셋째로 평화선 문제의 절충에 선공(先攻)을 취하자는 일본 측의 능동적 표현이 아닌가 하는 우리의 관측이다. 사실 지금까지의 제6차 한일회담에서 두드러지게 논의된 것은 주로 재산 청구권에 관한 것이 대부분이요, 평화선 문제는 어느 정도 타결이 가능한듯이 전해왔다. 그러나 이것은 재산 청구권을 표면에 내세우고 이면에서 평화선 문제의 실리를 노리는 일본 측의 술책이 주효(奏效)한 것뿐이며 결코 평화선 문제에 우리 측이 확실한 언질을 준 것은 없다. 이러고 볼 때 한일회담이 최종 코스로 돌입한 시기를 택하여 평화선 문제와 독도 문제를 결연시켜 유리한 외교상 위치를 확보하겠다는 일본 측의 저의가 아니겠는가 함이 가장 상식적인 판단이 될 듯도 하다. 그러나 외교 문제는 그렇게 단순하지 않다.

한일회담을 진심으로 성공시키겠다는 전제하의 우리의 해석과 복잡다기한 일본의 대(對) 국제감각이 반드시 우리의 희망이나 성의에 일치될 것을 보증할 아무런 근거도 없다. 우리가 일본의 돌연한 각서전의 재개를 몹시 경계하는 것도 과거의 쓰라린 경험을 회상하기 때문이며 한일회담의 전정(前程)에 대하여도 낙관할 수 없는 힘난이 가로놓여 있지나 않을까 두려워하는 바다.

『한국일보』, 1961년 12월 27일, 1면(석간)

[사설]
독도를 걸고 드는 일본의 저의는 무엇인가?

한일 양국의 10년 협상이 이제 막 정치적 해결을 재촉받고 있는 이때에 일본은 엉뚱하게도 독도 문제를 끄집어내어 생트집을 잡음으로써 대한(對韓) 정책의 숨은 저의를 드러냈다.

26일에 전달된 일본 측의 이른바 '독도 철거 요구 구상서'에 의하면 "지난 12월 3일 일본 순시선이 독도에서 한국기(韓國旗)와 무전기를 발견하였는데 이 섬은 역사적으로 일본 영토이니 즉시 철거하기를 바란다"는 표현을 쓰고 있다는데 이는 그들이 독도를 멋대로 자기 영유라고 전제해놓고서 시비를 걸어오는 수작이라고밖에는 해석되지 않는다.

우리 정부는 바로 엄중 항의를 통하여 독도가 우리나라 영토라는 역사적 및 국제법상 증명된 사실을 강조하였거니와 이 문제에 대처함에 있어서 먼저 분명히 해두고 나가야 할 것은 자명한 한국의 독도 영유에 새삼스레 논의를 전개할 이유도 의미도 없다는 기본점이다. 일본 측이 전통적인 잔꾀 전술을 농(弄)하더라도 우리는 함께 논의 아닌 논의에 끌려들어갈 필요조차 없음을 다짐해둔다.

일본 측이 왜 하필이면 한일회담 휴회기간에 갑자기 이 문제를 들고나왔을까. 그것은 대한 경제협력으로 한일 양국 간의 현안을 모개 흥정하려던 그들의 일방적 기도가 좌절되고 대일 재산 청구권과 경제협조를 준별(峻別)해온 한국 정부의 입장이 대세를 이루었기 때문에 이를 시인하는 기반 위에서 한일 양국 정부 간에 정치적 해결로써 타결을 지을 수밖에 딴 길이 없이 되어감을 인식한 나머지 독도라는 허구의 마지막 한 패까지를 내놓아 또다시 자기 측에 유리한 일괄 해결을 노리려는 것이라고 보지 않을 수 없다.

우리는 여기서 독도에 관한 사적 고찰, 8·15 해방 전후에 있어서의 독도의 지위 및 대일강화조약 후 독도를 에워싼 분규의 경위 등 기록상 소상한 사실들을 재론코자 하지 않는다.

다만 일본 측이 제6차 한일회담 개막을 전후하여도 국제사법재판소 제소 운위(云謂)로 독도 문제를 산견(散見)시킴으로써 회담 전도에 복선을 설정해놓았던 일을 상기하면 그들의 한없이 탐욕스러운 저의를 간파하기에 넉넉하다.

일본은 과연 한일 국교 정상화에 의욕과 성의가 있느냐고 다시 한번 묻지 않을 수 없다. 한일회담의 새 국면을 앞두고 견제 포석으로 취해보려는 의도인지는 모르겠지만, 일본 정부는 속이 들여다보이는 그와 같은 상투적 술책을 농(弄)하기에 앞서 자민당 내부 및 여야 정계의 이론(異論) 분분한 내정을 수습하고 신념과 정견 있는 대한 정책의 정석(定石) 구상에 먼저 힘써야 할 일이다.

우리는 이번 기회에 다시 한번 일본 정부가 대국(大局)과 소절(小節)과를 판별하는 선린의 양식을 보여줄 것을 바라면서 해괴한 생트집을 깨끗이 철회하라고 요구하는 바이다.

> 『한국일보』, 1961년 12월 27일, 2면(석간)

독도, 역사와 현실

동·서 두 개로 된 돌섬
일본은 노일전쟁 후 날치기로 저희 것이라 우겨
산물은 미역, 전복 등, 한때는 물개도

◇ 사진: 독도의 전경

깊고 푸른 동해에 홀로 떠 있는 돌(石) 섬, 독도는 한반도의 동방 전초지이다. 울릉도에서 동남쪽으로 200리(里), 좀 거친 파도를 헤치고 통통배로 약 다섯 시간 가노라면 망망한 푸른 바다 위에 푸른 바위를 물속에 꽂아놓은 듯한 기암이 두 개 나타난다. 일본이 끈덕지게 제 땅이라고 우겨대는 이른바 다케시마(竹島) 즉 독도이다.

경상북도 사투리로 돌(石)을 독이라고 하는데 독도의 독은 즉 돌이며 따라서 돌섬이란 뜻으로 이름 지어졌다 한다. 이 독도는 울릉도와 마찬가지로 해중(海中)에서 화산이 터져 용암이 흘러나와 엉겨 생긴 화산도로서 동·서의 큰 두 섬과 여러 개의 작은 돌섬으로 이루어졌다. 바위가 험하고 섬이 크지 못하여 사람은 살지 못하고 주위에 미역, 전복 따위의 해산물이 나

와 여름철 울릉도에서 해녀들이 더러 일하러 오는 정도이며 요새도 가끔 물개가 나타난다고 한다. 원래 독도는 동해의 물개의 집합소로 유명해서 노일전쟁 때 이것을 탐내고 있던 일본 사람이 '본토(本土) 편입 및 대하원'을 일본 정부에 내어 시마네현(島根縣)의 소속도(所屬島)로 슬쩍 집어삼킨 일이 있었다.

독도의 동·서 두 섬 사이는 백 미터가량 떨어졌고 그 옆엔 천연 개선문(凱旋門) 같은 바위가 우뚝 서 있다. 서쪽의 반도(半島)는 밑둥이가 큰 동굴처럼 되고 푸른 물이 들어차 있어 그 물 밑이 연푸르게 드러나 보일 만큼 맑으며 마치 동화 속에 나오는 보물섬의 동굴처럼 신기하고 아름답다. 독도에 닿는 배는 다 이 굴 속에 배를 댄다. 여기서 소리를 지르면 메아리가 굴 속을 맴돌다가 섬 끝으로 빠진다. 섬의 끝과 돌굴이 마주 뚫어져 있기 때문이다. 이 섬에는 짠 바닷물 외에 마실 물이 없다. 양식과 함께 본토(울릉도 사람들은 울릉도를 이렇게 부른다)에서 가져와야 한다. 바위를 휩싼 이끼와 잡초 말고는 나무도 없다.

그러나 이 무인무수(無人無水)의 바위섬 꼭대기엔 등대가 있고 태극기가 있다. 이 태극기 밑에서 우리 경비대원들이 섬 꼭대기에 작은 막사를 치고 독도의 영토비를 지키고 있는 것이다.

처음 일본은 울릉도도 제 땅이라고 우겨댄 일이 있다. 울릉도가 너무 멀리 떨어지고 재해(災害)가 자심하여 도민을 육지로 철거시킨 것을 기화로 일본은 정식으로 한국 영토라고 인정했던(이조 숙종 23년) 이 섬에 대거 출어하고 목재를 남벌하면서 마쓰시마(松島)라고 이름을 붙였다가 울릉도검찰사 이규원에게 쫓겨났었다.

이처럼 뱃심 좋은 일본인만큼 독도를 제 섬이라고 고집하는 것은 오히려 그네들로서 당연하다고나 할지, 노일전쟁 때 자기네 지배하에 놓이게 된 한국에서 독도를 날치기로 빼앗은 일본은 2차 대전 후 한반도에서 물러간 뒤에도 계속해서 제 것이라고 요구해왔다. 더구나 해양주권선이 선포되자 일본은 자기네 주권이 침해되었다고 항의했다. 그러나 대일강화조약에서 "한국 영토에는 제주도, 거문도, 울릉도를 포함한다"(동조 제2조 제1항)고 규정하였고 일본을 점령한 연합국사령부의 훈령 스캐핀 제677호에는 "일본은 4대도(四大島) 홋카이도(北海島), 혼슈(本州), 규슈(九州) 및 시코쿠(四國)와 대마도(對馬島)를 포함한 약 1천의 인접 제도에 한정하고 A 울릉도, 독도 및 제주도, B 류큐제도 등을 제외한다"고 하여 독도가 성격상 울릉도의 속도임을 표시, 독도가 한국의 영토에 속하는 것임을 분명히 한 바 있다.

그렇데 허울 좋게도 일본 정부는 지금까지도 독도가 죽도(竹島)이며 시마네현(島根縣) 오키도(隱岐島) 고카촌(五個村) 소속의 섬이라고 멋대로 편입시켜 지도는 물론 교과서 기타 각종 지지에 적어놓고 있다.

그뿐인가. 일본 정부는 해방 전 독도의 인광 채굴권을 가지고 있는 쓰지(辻)라는 한 일본인으로부터 꼬박꼬박 광구세를 받아오면서 "인광 채굴을 다시 시작 않으면 권리를 취소한다"고 하다가 59년 10월 29일 당사자로부터 일화 5억 원의 손해배상과 광구세 반환을 청구하는 행정소송을 당했고 소송이 제기된 동경지방재판소는 "독도가 일본의 영토이므로 정부는 동도 소재 광업권을 합법적으로 가지고 있다"고 판결하여 쓰지 씨의 제소를 기각했다. "일본은 한국이 동도를 점령하고 있으므로 일시적으로 주권을 행사하지 못하고 있을 따름"이라는 것이다.

그러나 오키도에선 85해리나 떨어지고 울릉도로부터는 49해리밖에 안 되는 독도가 그들이 아무리 우겨도 일본 영토일 수는 없다.

창해만리 먼바다에 큰 외로운 등불만 반짝인다.

에야루 야노야

에야루 야노

오늘도 독도엔 흥겨운 울릉도 사공의 뱃노래가 감돌고 우뚝 솟은 등대는 이 땅의 영토와 보원(寶源)을 지키고 있다.

`경향신문』, 1961년 12월 28일, 1면(조간)

[사설]
독도 영유를 주장하는 일본의 저의를 경계하라

일본은 26일 "독도에서 한국인과 그곳에 설치한 모든 한국 시설을 제거하라"고 요구해 왔다. 이것은 일본 외무성이 주일한국대표부에 구두각서의 형식으로 전달되었다. 일본은 1952년 1월 28일 자로 '독도 영유권'을 주장하는 항의 각서를 제기한 후 번번이 그 주장을 되풀이하였고 제6차 한일회담이 열리던 무렵에는 이것을 국제사법재판소에 제소하겠다고 주장한 일도 있었다.

영토욕(領土慾)에 대하여 일본만큼 인색한 나라는 없다. 영토욕 때문에 외국을 침략하다가 자기 자신도 망한 쓰라린 체험을 맛본 것이 한두 번이 아니다. 독도를 영유하여 재건한 해군의 기지로 삼겠다는 것인지, 대륙에 침공할 교두보로 삼겠다는 것인지 그 저의를 좀처럼 알 수 없다. 맨 처음 독도 영유권을 주장하는 항의를 제기한 것이 바로 한국이 인접해양주권선언을 한 뒤였기 때문에 유래로 본다면 평화선에 대한 반발로 시작한 일이다.

그러므로 오늘날 한일회담이 실무적인 절충에 있어서 거의 대체적인 합의를 보고 남는 것은 고위정치회담에 맡기게 되는 단계에 있어서 다시 이 문제를 내세운다는 것은, 역시 한일회담에 대한 방해를 꾀하려는 간접적인 잔꾀가 아니라면 이 회담에 있어서 끝내 유리한 성과를 거두어보겠다는 도국인(島國人)적인 근성에서 발악을 하는 것이라 짐작된다.

독도 영유권의 주장을 제기한 것이 일본의 국내문제 때문이라 짐작되기도 한다. 일본의 사회당을 중심으로 하는 정치세력은 한국과의 국교 정상화를 방해하고 있다. 그래서 일본 정부가 사회당 세력에 대한 한 개의 제스처로 이런 주장을 한 것이라 볼 수도 있다. 국내문제의 타개를 위해 국외문제에 엉뚱한 술책을 쓰는 버릇이 일본의 전통적인 태도의 하나이다.

그러나 자기 나라의 난문제(難問題)를 타개하는 수단으로 남의 나라에 대하여 국제법상 허용되지 못할 주장을 거듭한다는 것은 자기 자신의 국제법상의 체면을 더럽히는 것이 될 뿐이다. 이런 부당한 주장을 함으로써 일본은 얻는 것은 전혀 없고 오히려 잃는 것이 많을 것이다. 따라서 금후 이런 터무니없는 영토욕을 다시 되풀이하지 말도록 경고하는 바이다.

일본의 독도 영유권 주장이 역사상으로 국제법상으로 부당하다는 것은 이미 온 세계에서 잘 아는 일이다. 다만 일본이 그것을 주장하는 이유는 평화선 문제를 유리하게 해결하려는 데 있다 하겠다. 지난 제6차 한일회담에서 평화선 문제에 관하여서도 어로협정을 통하여 간접적으로 해결할 수 있는데 관하여 대체적인 합의에 도달했다 하는데 인제 와서 독도 영유권을 들고나온다는 것은, 결국 한일회담의 성공을 방해하는 결과가 되고 만다. 따라서 한일회담을 또다시 지연시킬 책동을 꾀한다는 것은 너무 지나친 일이다. 또 재산 청구권에 대한 대책으로 주장한다는 것은 더욱 부당하다. 일본의 조야(朝野)의 반성을 촉구하는 바이다.

일본이 독도 문제를 들고나온 이상, 첫째, 정부로서는 이에 관하여 엄중히 항의하여 독도가 엄연히 우리의 영토라는 것을 다시 한번 명확히 통고해주어야 한다. 둘째는 한일회담을 진행시키는 데 있어서 뜻하지 않았던 난관이 없으리라고 예측하기 어려운 상태에 있다는 것을 계산에 넣고 금후 일본과의 정치적 및 사무적 절충에 있어서 만전의 대비책을 세워야 할 것이다.

『경향신문』, 1961년 12월 28일, 1면(석간)

"내정간섭이다"
일의 독도 주장에 항의, 주일대표부서*

【동경 28일발 합동】한국 정부는 27일 하오 주일대표부를 통하여 일 외무성에 항의서를 전달하고 일본 외무성이 26일 독도가 일본 영토라 주장하고 인원과 시설의 철거를 요구한 데 반박하여 "독도가 한국 영토임은 역사적, 국제법적 사실로서 논의의 여지가 없으며 일본 정부가 독도의 인원과 시설 철거를 요구한 것은 내정간섭이다"라고 강경히 항의하였다.**

---

* 『한국일보』, 1961년 12월 28일, 1면(석간), "일(日)에 항의서 전달, 독도 문제로".
** 1961년 12월 27일 자 아 측 구술서(No. PKM-80)(외무부, 1977, 앞의 책, 230~231쪽) 참조.

『동아일보』, 1961년 12월 28일, 2면(석간)

"독도는 엄연한 한국 영토"
맥아더 장군에 보낸 최남선(崔南善) 씨의 유고(遺稿)

'독도는 우리 영토다'라는 일본 정부의 터무니없는 주장은 저물어가는 1961년의 세모(歲暮)를 어지럽게 하였다. 이와 같은 돌연한 일본의 주장과 심지어 '동도(同島)에 거주하는 한국인 및 시설을 철거하라'는 구술서가 정식으로 전달되었다는 사실은 우호리에 결실을 모색하고 있는 한일 간 국교 정상화 문제에 있어 일본 정부의 어떤 복선을 느끼게까지 하고 있다. 일찍이 8·15 해방 직후 '독도는 우리의 영토'임을 고증하는 논고를 당시 극동군총사령관이었던 맥아더 장군에게 보내려던 고 육당(六堂) 최남선 씨의 유고가 발견되어 이제 그 내용을 소개하기로 한다. (사진=고 최남선 씨)

노일전쟁 때 일본이 암취

울릉도 근해의 어채(漁採)상 이익 노려
1693년에 재침 않기로 서약

국제의 신질서 포시(布施)에 있어서 국토 호상 간의 합리적 조정이 어떻게 끽긴(喫緊)한 일임은 저 베르사유 체제에서 구라파 동부의 회랑(corridor*) 지대 설정이 여러 가지 억지를 무릅쓰고 기어이 실행된 사실에서도 이를 징험(徵驗)할 바이다. 대저 국토의 합리적 조정에는 소극적의 경우―이를테면 실지(失地)의 회복이 들어 있고, 적극적인 경우―어느 국민의 안전을 보장하기 위해서나 또 정당한 발전을 조장하기 위해서 필요한 영토의 분합을 행함 같음이 있을 것이다. 이제 한국과 일본과의 영토 관계에 있어서는 이 소극·적극 양면에 해당하는 사실이 다 있는바 이것을 하에 조열(條列)하기로 한다.

한국 동해상의 울릉도와 및 그 부속 도서가 한국의 소속임은 역사상, 실제상으로 호말(毫末)만한 의단이 없거늘 일본이 이곳의 어채(漁採) 급(及) 임산(林産)의 이익을 탐하여 항상 예욕(叡慾)을 품고 한국에서 국내 치안상의 이유로부터 가끔 현지 공광책(空曠策), 곧 인민의 도중(島中) 입거를 금제하는 일이 있음을 기화(奇貨)로 하여 일본 서해안의 도어자(盜漁者)가 늘

---

* 원문: KORRIDOR.

무장적 폭력으로써 침탈을 사행(肆行)하여 양국 간의 분규가 쉬지 않고 심지어 턱없는 억설로서 도(島)가 일본의 영토임을 주장하기에 이르렀더니 1693년에 한국이 단호한 방침으로써 강경한 담변(談辨)을 개시하여 드디어 일본으로 하여금 전비(前非)를 해사(海謝)하고 해민의 출어를 금전하는 서약을 맺게 하였다.

그러나 해상 방비의 허소(虛疎)한 틈을 타서 일본인의 침릉(侵陵)이 여전함으로써 1881년 이래로 양국 간의 분의(紛議)가 재연(再燃)하였다가 1885년에 이르러 우리 전권 서상우(徐相雨)와 고문 Gvoumollendorb의** 동경 직담에 의하여 겨우 일본의 굴복을 보고 이로부터 한국 정부가 울릉도의 적극 경영에 착수하여 다시 문제 발생의 휴극(虧隙)을 주지 아니하고 일변 노서아의 태평양 정책에 말미암는 국제 균형관계가 있어서 아주 일본이 병식(屛息)하게 되었다.

그러면서도 울릉도 근해의 어채상 이익은 종시 단념할 수 없어서 어떻게 해서라도 그 일각을 점유하기에 쇄심하다가 울릉도에서 좀 떨어져 있는 일(一) 속서(屬嶼)에 한국인이 '독섬'(옹형 소서(甕形小嶼)의 의(義))이라고 부르는 데가 해려(海驢)의 밀집지임을 알게 되자 1904년에 일본의 돗토리현(鳥取縣) 어민 나카이 요자부로(中井養三郎)라는 자가 선두에 나서서 독섬 암취(暗取)의 흉계를 꾸며가지고 저의 해군 수로부, 내무성, 외무성, 농상무성 등 관계 각 방면으로 독섬 편입의 원서를 들고 광분하였다.

당시 일본의 각 관서(官署)에서는 오히려 국제관계를 고려하여 표면상의 결행을 저주하더니 및 노일전쟁이 일고 노국의 패세(敗勢)가 명백해지매 1905년(명치 38년) 2월 22일의 시마네현 고시 제40호로서 넌지시 "오키도(隱岐島) 서북 85리에 있는 도서를 '다케시마(竹島)'라고 칭하여 본현 소속으로 함"을 발표하여 어름어름 이를 늑점해버렸다. 일이 원체 은밀하매 당시의 한국 정부는 물론이오, 제(諸) 외국이 다 이를 깨닫지 못하였으며 한국 정부로서는 설사 주의하였을지라도 하등의 수단을 취할 수 없었음이 당시의 실정이매 일본인의 간계는 교묘하게 성공한 셈이 되었다.

이 일본인의 다케시마(Takeshima)란 것은 한국인의 소위 독섬이오, 세계 해도상에 보통 리앙쿠르 록스(Liancourt Rocks)로 기재되어 있는 것에 불외(不外)한 것이다. 리앙쿠르(Liancourt)

** 원문에는 Gvoumollendorb로 되어 있으나 묄렌도르프(Paul Georg von Möellendorff)로 보인다.

는 이 섬의 최초 발견자라 하는 불국 포경선의 이름을 쓴 것이오, 그 뒤 1854년에 노국 군함 팔라다(Pallada), 1855년에 영국 군함 호넷(Hornet)*** 등이 거푸 재발견하여 각각 저의 함명(艦名)으로서 도명(島名)을 삼았지마는 이것이 울릉도의 속서(屬嶼)임에 의의(疑義)를 붙인 일이 없으며 가까운 1899년 일본 해군 수로부 발행『조선수로지(朝鮮水路誌)』제2판에도 리앙쿠르 록스(Liancourt Rocks)와 울릉도를 일렬 연기(連記)하여 있는 터이거늘 교활한 일본이 한 지방 관청의 처사로서 세(世)의 이목을 만착하고 이 흉계를 수행한 것이었다. 이러한 무법한 실지가 차제에 원주(原主)에게로 회복되어야 할 것은 재언을 요치 아니할 바이다.

***   원문에는 HARNET로 되어 있으나 HORNET의 오기이다.

『마산일보』, 1961년 12월 28일, 1면

독도는 우리 영토
외무부 대일각서 준비

【서울 26일발 합동】 외무부 아주과장 엄영달(嚴永達) 씨는 26일 독도에 대한 영유권을 주장하는 일본 정부의 각서에 대해 즉각 이를 비난하면서 독도가 우리나라 영토임이 엄연히 증명되고 있으며 정부는 곧 일본 정부에 항의 각서를 주일대표부를 통해 보내겠다고 말하였다. 엄 과장은 이날 하오 2시 50분 일본 정부로부터 독도에 있는 한국인들과 시설의 철거를 요구하는 구술서를 정식으로 접수했다고 말하고 이 문제에 대해 다음과 같이 논평하였다.
"독도가 우리나라 영토임은 역사상 국제법상으로 증명되고 있는 사실이며 우리 정부는 일본에 누차 전달한 구술서에서 이를 명시한 바 있다. 만일 일본 정부가 독도에 있는 한국인과 시설의 철거를 주장한다면 이는 우리 국내문제에의 간섭이며 일본에 엄중 항의하겠다."

『민국일보』, 1961년 12월 28일, 2면(조간)

[사설]
일본은 무엇을 위하여 그러는가?
독도에 대한 각서(覺書)에 대하여

일본 정부는 26일 상오에 돌연히 마에다(前田) 외무성 아세아과장을 우리나라 주일대표부로 보내어 이동환(李東煥) 공사에게 '독도 철구 요구'의 구술서를 전달하였는데, 듣건대 이 각서에는 지난 12월 3일에 일본 순시선이 피(彼) 소위 '다케시마'(竹島=곧 우리의 독도)에서 한국 국기와 무전기를 발견하였는데 이 섬은 역사적으로 일본 영토인 까닭에 즉시 철구를 바란다는 지(旨)가 쓰여 있다 한다.

독도에 한국기가 날리고 있는 것을 무어 이제 새삼스럽게 발견이나 한듯이 그 철거를 요구하는 각서를 하필이면 요때 내는지 그 저의가 여러 가지로 추측이 된다.

우선 우리에게 느껴지는 것은 일본 측의 태도가 거의 교활에 가까운 기교를 농(弄)한다는 점이다. 이런 것이 외교의 기교라면 그것은 찬탄할 수 없는 졸기(拙技)와 발라맞춤과 잔꾀로 남을 대(對)한다는 것은 당장에는 다소 이득이 있을는지 모르나 길게 놓고 보면 결국, 그 무성의와 경망과 불가신(不可信)의 저의 따위가 역력히 드러나 보여서 제 나라에도 참으로 유익치는 못할 것이라는 점을 일본이 과연 몰라서 이러는 것일까? 아직도 그 고전적인 "정직은 최상의 정책이라"는 격언이 빛나고 있다는 것을 다시 한번 느낀다.

일본 측의 독도 영유권 주장은 이제 새삼스러운 것이 아니다. 그 섬의 영유권에 대하여 일본 측이 무리한 주장을 하던 것과, 그 섬이 대한민국의 영토라는 역사적 및 국제법상 증명의 엄연한 바 등은 여기서 재론할 여지조차 없다. 다만, 우리가 의아히 생각하는 것은 대대체 일본은 무엇을 노리고 이런 때, 이런 돌연한 짓을 감행하는가 하는 점이다.

현재 한일 간의 신중한 회담이 진행 중인데 이런 곳에 졸렬(拙劣)한 잔재주로 자국을 이롭게 해보겠다는 책략가가 일본 측에 있어서 그런 사람들 때문에 이런 시원치 않은 각서 술책을 농하였다면 우리는 오히려 인방(隣邦)을 위하여 슬퍼한다. 혹여, 일본 정부와 여당의 국회 대책이라든지 대(對)야당 정책의 일조(一助)를 이에서 얻고자 하였다면 이는 일본이 지금까지 회담을 진행하여 오던 우리나라에 대한 태도를 성실하게 가지지 못하는 것이라고 비난하지 않을 수 없다.

혹여 일본 정부가 한일회담에 대한 일본 사회당의 공격을 막기 어려워 이런 방법으로라도 피난처를 구하는 것이라면, 그 방법은 너무도 졸(拙)하며 시의(時宜)를 얻지 못한 책략이라고 말하지 않을 수 없다. 그러나 만일 이따위 연래(年來)의 반복되는 잔재주 같은 책략으로 한일회담의 퇴세(退勢)를 조금이라도 만회(挽回)해보고자, 즉 경제원조와 대일 재산 청구권의 '바터'의 여지가 궁색(窮塞)하여진 현실을 이렇게라도 해서 타개해보고자 이른바 복선을 치는 일이라면, 그것이 복선으로서 너무도 표면(表面)에 노출되어 있어 누구나 다 알아볼 수 있는 복선이니 그게 얼마나 효력을 발생할는지 일본 측 자신부터 먼저 크게 기대치 않을 듯하고 더구나 그게 한국 측에 불쾌와 자극을 준다는 손실을 자초하는 일이 되고 보면 일본 측의 이번 돌연한 각서는 아무에게도 이익을 주지 않는 짓이라고 하지 않을 수 없다.

이런 억지 주장을 일본 측은 그동안 해를 거듭하여 계속하여 왔다. 이제 이런 일이 새삼스럽지 않다고 하면 그렇게 말할 수가 없는 것은 아니지만, 그러나 그만큼 일본의 성의나 내심의 진상(眞相)이 드러나는 바를 가릴 길이 없고 그것은 한일 국교 재개를 향하여 쌍방이 피차 신뢰의 터 위에서 노력을 하는 이즈음에는 오히려 큰 해를 끼치는 것이라고 아니할 수 없다. 일본 측의 반성을 촉구하지 않을 수 없는 소이(所以)이다.

『민국일보』, 1961년 12월 28일, 2면(조간)

논쟁의 초점과 역사적 사실
말썽이 된 독도·백두산 영유권 문제

지난 북평(北平) 정권의 월간지 '중국 화보(中國畫報)'는 동지(同誌) 11월호의 화보 특집을 통해서 우리의 백두산이 자기네가 영유하는 것이라고 보도(16일 자 UPI통신)하여 가소로움을 금치 못하게 했는데, 26일엔 또 일본 외무성이 독도의 영유권을 주장하고 독도에 있는 한국

시설을 철거시킬 것을 요구하여 또 한번 우리들을 아연하게 하였다. 후자의 경우에 대하여 우리 외무부에서는 즉각 이를 반박하는 한편 강경한 항의를 하기로 했거니와 이것은 아닌 밤 중에 홍두깨 격인 엉뚱한 주장이 아닐 수 없다. 우리는 이 기회에 독도와 백두산이 엄연한 우리의 영토임을 번거로운 대로 다시 한번 확인하는 의미에서 두 사학자의 붓을 빌려 역사적 사실을 제시해보고자 한다.

독도 영속(領屬) 문제

신라 때부터 속령
일본 에도(江戶) 시대엔 불침략 각서 받은 일도
임진란 후 일선(日船) 자주 침범

장도빈(張道斌)

독도는 자래(自來)에 우리나라 영토인 것이 정확하여 틀림없다. 그 대개를 다음에 기록한다.

1. 삼국시대

삼국시대에 있어 독도 지방의 역사가 처음 보이기는 신라 지증왕 시대 곧 서기 512년의 일이다. 삼국사기 신라사에 의하면 지증왕 13년(서기 512년)에 장군 이사부를 보내 우산국을 쳐서 그 나라를 없애고 신라 영토를 삼은 것이다. 우산국은 곧 울릉도(蔚陵島) 및 독도로서 이때 신라의 영토가 된 것이다. 곧 고대(古代)에 우리 민족의 대륙 및 반도에 충만하고 또 해상 도서에 진출할 때에 우리 민족의 일 부대가 울릉도 및 독도를 점령하여 정착 거주하며 우산국이라는 부족 소국(小國)을 세웠다가 몇천백 년을 지난 이때 서기 512년에 신라의 영토로 된 것이다. 이리하여 울릉도 및 독도는 신라의 속령으로 우리 민족이 거주하여 신라의 관리를 받고 있었다.

그런즉 고대의 우산국은 울릉도를 중심으로 하고 독도를 속도로 하여 있어 왔는데, 신라의 영토가 된 후에도 또한 그 상태대로 되어 있었다. 후세에 와서 蔚陵島(울릉도)는 鬱陵島(울릉도)라고 부르고 독도를 우산도(于山島)라고 불렀으며 독도가 곧 고대에 우산국(于山國)에 속하였던 땅임을 그러므로 명백히 알게 되었다.

이상과 같이 삼국시대에 있어 독도가 일본에 영유된 사실(史實)과 기록은 전혀 없다.

2. 고려시대

우리 신라 왕조가 쇠망하고 고려 왕조가 건설된 것은 서기 918년부터이다. 이 시대의 독도 역사는 다음과 같았다. 고려사에 의하건대 고려 태조가 창업한 후에 울릉도(蔚陵島)의 도주(島主)가 사자(使者)를 보내와 속령(屬領)된 충성을 표시하고 계속하여 고려령(高麗領)으로 되어 있었다. 이때 역시 독도는 물론 울릉도에 포괄되어 있었다. 고려시대에 있어서도 또한 독도가 일본의 영유된 사실(事實)과 기록은 전혀 없다.

3. 조선시대

서기 1392년에 고려 왕조가 망하고 조선 왕조가 건설되매 독도는 울릉도와 함께 조선의 영토로 되었다. 국사에 의하건대 조선 초기에 있어 울릉도는 거의 황폐하여 주민이 희소해지고 독도와 함께 가끔 해적의 침략을 받으므로 정부에서 혹은 사람을 보내 울릉도에 거주하기를 장려하고 혹은 거민(居民)을 명령하여 적환(賊患)을 방지케 하였다. 또 그곳에 가서 살던 사람이 도로 내륙으로 왔다가 다시 울릉도로 가는 때도 있었다.

그리하여 울릉도와 독도가 조선의 토지로 있으면서 그 주민은 항상 희소하였는데 임진 왜란에 도민(島民)이 왜구의 범탕(梵蕩)을 만나 더욱 고잔(涸殘)하였다. 그 후 숙종대 서기 1693년(숙종 19년)에 안용복의 위훈(偉動)이 있었다.

문헌비고에 의하면 안용복은 동래 해군으로 일본어에 능통한 사람이었다.

이때 안용복이 숙종 19년 여름에 울릉도(蔚陵島) 곧 울릉도(鬱陵島)에 표착하니 일본선(日本船) 7척이 들어와 용복이 일본 선인(日本船人)을 힐책(詰責)하였다. 일본 선인이 용복을 붙들어 배에 싣고 오랑도(五浪島)에 가서 구수(拘囚)했다. 용복이 도주(島主)에게 항변하여 말하기를 "울릉도와 우산도가 조선의 속지인 것은 자고로 그런 것이라, 지형으로 말하여도 조선은 독도까지 1일정(日程)이오, 일본은 독도까지 5일정이니 그런 고로 고래로 울릉도와 독도가 조선에 속한지라, 내가 우리나라 땅에 다니는데 일본인이 어찌하여 나를 잡아왔느냐" 한즉 도주가 할 수 없이 백기주(伯耆州)로 보냈다.

백기주 태수(太守)가 이걸 보고 빈례(賓禮)로써 대우하며 자량(資糧)을 주어 환국(還國)시키려 하였다. 용복이 자량을 사양하며 이르되 "바라건대 일본이 다시 울릉도와 독도로 문제를 일으키지 말고 인교(隣交)를 여전히 교수함이 가하다" 하니 백기주 태수가 에도(江戶) 정부에 보고하여 서류를 만들어주며 다시 분우(紛優)가 없게 하기로 하였다.

용복이 돌아오며 나가사키(長崎)에 이른즉, 나가사키 도주가 대마도주와 공모하여 용복의 가졌던 서류를 빼앗고 대마도주가 용복을 구수하고 에도 정부에 보고한즉 에도 정부에서 다시 서류를 써서 보내기를 다시는 울릉도 독도를 침범하지 아니한다 하였는데 대마도주가 용복을 구수하고 에도 정부가 보내준 서류를 다시 빼앗고 50일만에야 동래 왜관으로 압송하니 왜관에서 또 40일을 구수하였다가 동래부사에게로 보냈다.

동래부에서 용복을 석방하니 때는 서기 1695년이라. 용복이 분개하여 울산 해변에 간즉 고승(高僧) 뇌헌(雷憲) 등 5인과 사공(沙工) 4인이 있었다. 용복이 그들을 보고 말하기를 울릉도에는 해녀 채(海女采)가 많으니 그곳을 가려면 내가 인도하마 한즉 뇌헌 등이 기뻐 응종(應從)하여 배에 올라 3주야로 가서 울릉도에 다다랐다. 마침 일본선 3척이 들어오거늘 용복이 여러 사람을 시켜 일인을 포박하려 하되 제인(諸人)이 주저하였다.

용복이 곧 일인(日人)들을 대하여 질책하기를 "어찌하여 우리 국경에 침입하였는가?" 일인이 말하기를 "우리는 송도(松島)(독도를 일인이 송도라고 한 것이다)로 어채(漁採)하러 가다가 잘못되어 이곳에 왔노라" 하였다. 용복이 말하기를 "송도는 곧 우산도(독도를 우산도라고 하였다)라 너희가 우산도도 우리 땅인 줄을 모른단 말이냐?" 하고 몽둥이로 그들의 부정(釜鼎)을 때려 부수었다. 그러자 일선이 다 도주하였다.

용복이 배를 타고 그들을 따라 일기도(壹岐島)*에 갔다가 다시 백기주에 가니 태수가 환영하였다. 용복이 울릉도 수세관(收稅官)이라 가칭하고 일인이 독도와 울릉도에 침입한 것을 항의하며 백기주 태수더러 에도 정부에 보고하라 하니 마침 대마도주의 부(父)가 그곳에 있다가 그 일을 들어 알고 백기주 태수에게 애걸하기를 에도에 보고하면 자기의 아들은 중형을

---

* 은기도(隱岐島)의 오기로 보인다.

받을 것이니 보고는 하지 말라고 하였다. 그러므로 백기주 태수가 용복에게 말하기를 자기가 진력(盡力)하여 다시는 일인(日人)이 독도와 울릉도를 침입치 못하게 할 터이니 그만 귀국하라 하므로 용복이 부득이 귀국하였는데 이후부터는 다시 일인이 독도와 울릉도에 오지 못하였다.

이상을 보면 독도는 자래(自來)로부터 우리 국토요 결코 일본의 영유가 아닌 것이 명백한 사실(事實)이다. (사학자)

(사진) 독도의 전경과 영토의 표지(標識)(○ 표가 표지가 서 있는 곳)

한(韓)·만(滿) 경계와 백두산

한말(韓末) 정계비엔 간도도 한국령
청조(淸朝) 땐 임경업(林慶業) 장군에 만주 일대 물려준 사적(史蹟) 있고 단군의 유적 있는 길림성

한찬석(韓贊奭)

최근 중공(中共)에서는 우리나라 백두산을 중국 땅이라고 보도한 기괴한 사실이 있다. 이것은 너무 터무니없는 수작이기 때문에 그의 가부를 논할 여지조차 없다. 백두산은 우리나라 조국(肇國)의 성봉(聖峯)이요, 배달민족이 발상한 영역(靈域)임은 다시 더 말할 나위가 없다. 백두산이 엄연한 우리나라 영토임을 말한다는 것은 너무 새삼스러운 일이므로 여기에 언급한다는 우(愚)를 피하려 하는 바이다. 다만 중공 화보에 엉뚱한 특집으로 나타난 문면(文面)에 백두(白頭)(바이터우)라는 말이 있다.

동 화보는 "장백산맥이 길림성(吉林省)에 위치하고 장백산맥의 주요 봉인 백두산(중국어 발음, 바이터우)은 해발 2천 7백 미터로써 중국 동북지방의 고봉"이라고 보도한 데서부터 필자는 새로운 사실(史實) 하나를 소개하는 기회를 얻고자 한다.

만주인들은 누구나 백두산을 가리켜 항용(恒用) 장백산(長白山)(창바이산)이라 부르는 동시에 삼척동자라도 '창바이산'이라면 얼른 그것이 백두산인 줄은 알아들어도 우리 백두산을 가리켜 '바이터우'산이라 지칭하는 사람은 없었다.

그러나 길림성 오상현(五常縣)에 가면 백두(白頭)외라 부르는 명산 하나가 솟아 있다. 이 산을 가리켜 만주인들은 '바이터우이'라 부른다. 이것은 옥편에도 없는 글자이지만 만주인에게 그 뜻을 물어보니 외는 가장 숭엄(崇嚴)한 영산(靈山)을 의미한다는 것이다.

그런데 나는 거금(距今) 23년 전에 백두외로 올라가본 일이 있다.

이 산은 삼각형으로 되어 있는 고산(高山)이며 중간에 5층으로 쌓여 있는 성대(城帶)가 있다. 이 성은 인공이 아니라 자연적으로 된 성인데 꼭 띠(帶)를 띤 것처럼 둘러싼 편마암질(片麻岩質)의 성이 거의 동일한 거리로 간격을 두고 5층으로 나누어져 있다.

그래서 지방인들은 여기를 오층성(五層城) 또는 오성(五城)이라 부른다. 오성은 만주 말로 '우청'이라 부른다. 그러기 때문이 이 성의 서남방 약 35킬로의 거리에 위치한 현공서(縣公署) 소재지를 오상(五常)이라 부른다.

만주어로 오성은 우청이요, 오상은 우창이라 부른다. 따라서 우청, 우창 이렇게 두 가지 비슷한 음상사(音相似)를 연유하여 오상현명(五常縣名)이 생겼다는 오상현지(五常顯誌)의 연혁을 나는 조사해본 일도 있다. 그래서 그때 나는 여름 7월경에 큰 마음 먹고 등산하여 2일간을 노숙하면서 산상(山上) 고원(高原) 지대를 답사하였다.

고원 지대는 약 20일 경(耕) 정도의 넓이를 가진 지대로서 여러 가지 분간할 수 없는 관목(灌木)과 잡초가 무성하나 산수가 맑고 경개(景槪) 또한 명미(明媚)한데다 주위를 아담한 산봉(山峯)으로 포옹(抱擁)되어 그 안에 들어앉으면 어머니 젖가슴처럼 아늑하고 부드러운 경지에 서서 다른 데서 감히 찾아볼 수 없는 가장 영(靈)스러운 느낌을 가질 수 있었다.

동서는 병풍처럼 둘러친 봉만(峯巒)이 아름답고 북은 우리 서울 인왕산에서 볼 수 있는 정도의 경사로 되어 있는 암벽이 깔려 있다. 그런데 나는 이러한 암벽의 벽면을 쳐다보다가 기상천외의 경이(驚異) 하나를 발견했다. 그 암면(岩面)에는 어느 때 누가 실지로 글을 써서 다시 그 글자를 새겼는지 알 길이 없으나 거기에는 '왕검성(王儉城)' 이렇게 글자 3자가 뚜렷이 눈에 띄었다. 글자 크기는 금강산 구룡연(九龍淵) 옆에 새긴 '미륵불(彌勒佛)'만은 못하나 글자 하나가 사람 앉은키보다는 크고 선키보다는 작은 정도임을 보자, 나는 악연(愕然)히 서서 한참 동안 아무 말을 못할만큼 놀랐고 또 감격했다. 왕검성은 우리 국조(國祖) 단군(檀君)과 직접 관계되는 성(城)이기 때문이다.

그러면 어찌하여 왕검성이라는 글자 석 자가 하필 백두의 산속에 쓰여 있으며 이것은 어느 때 누가 무슨 연유로 이렇게 놀라운 역사적 흔적을 남기었는가에 깊은 관심이 아니 갈 수 없었다.

물론 이것은 고구려나 발해 때의 인물로서 나라와 역사를 사랑하는 거사로 이루어진 유물일는지 모르나 아무리 깊이 새긴 글자라 하더라도 2, 3백 년만 흘러가고 보면 장세월(長歲月)의 즐풍목우(櫛風沐雨)에 마멸되어 글자가 아주 없어질 것임에도 불구하고 그 글자가 뚜렷이 보이는 사실에 대하여서는 깊은 연구를 요한다 할 것이다.

나는 하산하자 길림(吉林) 시내에서 그때 숨은 사가(史家) 한 사람을 찾아가서 이 사실을 고(告)하는 동시에 그 연유를 물었다. 그의 이름은 마해초(馬海樵)였으며 그때 나이가 근 60이었는데 우리들의 질문에 그 노인은 답 왈(答曰), "옛날 태고에 한국의 국조 단군께서 여기 친히 오셔서 오래 살고 계셨던 그곳이 바로 백두(白頭)외라는 것이며 그 뒤에 다시 남하하여 태백산(太白山)(현 백두산)까지 가신 단군께서 백두산 중 천평(天坪)에서 '배달' 나라를 세운 것이 분명하다고 설명해주었다.

마해초는 그때 길림지방의 일(一) 학자에 불과하며 저명한 사가는 아니므로 그가 말하는 이상(以上) 사화(史話) 전부를 신빙(信憑)할 수는 없는지 모르나, 우리나라 민족의 조상은 일찍부터 중국 지방에서 살다가 동으로 이동하여 만주 일대와 한반도에 걸쳐 널리 분포하였으며 그의 남하(南下) 역사는 1만 년 내지 5천 년 전부터 행하여졌다는 상고(上古) 발달사(發達史)로 미루어보아 전적으로 수긍하더라도 좋을상 싶다. 단군 시대, 부여 시대, 고구려 시대를 합하여 근 3천 년 동안이나 만주 대륙은 우리 판도였으니 이제 그것을 언급하는 것은 역시 새삼스러운 일에 속하므로 생략(省略)하지만 필자는 그 대신에 별표(別表)와 같은 희귀한

문헌 하나를 발굴하여 세상에 널리 전하고 싶다(일부 생략).

별표 문서는 임경업 장군의 10대손 임장식(林莊植) 가(家)에 보관되어 있으며 이 문서의 역사적 출처를 적어보면 그의 개요(槪要)는 다음과 같다. 천덕(天德) 11년이라면 청나라 세조(世祖) 때(서기 1657년)이니까 거금(距今) 305년 전의 일이며 그때 세조는 유소(幼少)하므로 태종(太宗)의 제(弟) 예친왕(睿親王)이 섭정을 집(執)하였다. 그러니까 구폐하산적화(旧陛下散赤花)는 즉 태종(太宗)이며 그의 추자(推子)(조카)가 바로 전기(前記) 예친왕(睿親王)이다. 그리고 소위 천덕 대폐하(天德大陛下)가 즉 세조(世祖)이다.

이상 문서 사실(史實)이 이루어지기 직전에 처한 청나라는 비록 신흥 대세(大勢)가 팽창하여 만주 천하를 호령하였으나 명나라의 이자성(李自成)을 따를 수는 없었다.

명나라는 이미 대하(大厦)가 개경(皆傾)하여 재기 불능의 애운(哀運)에 빠졌으나 명나라 대세를 일수(一手)에 장악한 청태종(淸太宗)은 이자성을 토멸(討滅)해야만 천하를 통일할 수 있었지만 워낙 이자성의 세력이 충천(衝天)하여 감당할 수 없었다.

그래서 청제(淸帝)는 이때 납치되어가 있는 임경업 장군의 힘을 빌려 불과 1개월에 17전(戰) 완승의 전과(戰果)를 이루는 동시에 드디어 이자성을 격멸해버리는 대성공을 거두었다.

그리하여 청나라는 연경(燕京)으로 입성하여 천하를 통일하는 대업을 성취하였으나 그 이면에 임경업 장군의 큰 은혜를 갚을 길이 없어서 군신회의(群臣會議)를 연 결과 임 장군을 산서후(山西候)로 봉(封)하기로 하였다. 그러나 "산서성(山西城)은 나에게 하등 연고 없는 땅이니 필요 없다. 기왕 주려거든 우리 조선의 조토(祖土) 만주를 다구! 그래야만 나의 조국에 대한 대의명분이 선다"고 강력히 주장하는 임 장군의 청에 못이기어 청제(淸帝)는 다시 군신회의를 열어 무장군(無將軍)이면 악득천하(惡得天下)(어찌 천하를 얻었겠느냐)라고까지 말하면서 기어이 만주 전역을 임 장군에게 베어주기로 결정짓고 말았다.

단 봉천 북륙(奉天北陸)과 유하 장군(柳下將軍) 묘지 주위 일대만은 제외하고 나머지 동서 3,600리와 남북 4,600리에 걸치는 대륙(조선의 3배)을 아낌없이 임 장군에게 분양(分讓)하여 주면서 전기(前記)와 같은 문서(受籍)까지를 작성하여 주었다.

천하 명장 임경업이 이렇게 만주 조토(祖土)를 도로 찾아가지고 금의환국할 때에 압록강을 건너 서자 "어명이요!" 하고 체포하여 함거(檻車)에 실어다가 경복궁정(景福宮庭)에서 아주 박살해버렸으니 이 어찌 역사상 최고의 슬픔이 아닐 수 있으랴! 그때 수행으로 따라나오던 중진(中鎭) 최함일(崔咸一)이 임 장군의 붙들려감을 보고 갖고 나오던 전기(前記) 문서를 넣은 석함(石函)을 땅속에 파묻고 다시 만주로 고비원주(高飛遠走)하였다.

이렇게 땅속에 파묻힌 석함이 왜정(倭政) 때에 어느 농부의 보습 끝에 걸려서 발견되는 동시에 평북 경찰부에 압수되었다가 사본은 후손이 가져가고 본문은 지금 일본 정부에 은닉(隱匿)되어 있음이 분명할 뿐 아니라 일본은 옛날 임경업의 '수적(受籍)'을 증거로 하고 그것을 구실 삼아 만주사변을 일으키는 것은 정당한 것이라고 주장한 사실도 있었다 하니 참으로 가소로운 일이라 하겠다.

전술한 바와 같이 임경업 장군의 힘으로 만주 대륙은 얻었건만 역신(逆臣) 김자점(金自點)과 인조(仁祖)의 둔(鈍)한 소치(所致)로 의외에도 굴러든 복을 쫓아버리고 말았지만 이번에 중공이 백두산을 자기네 영토라고 입을 벌리었으니 만일 그러한 논거로 엉뚱한 수작을 할 바에야 전기(前記)한바 임경업의 '수적(受籍)'을 내세우면서 우리는 만주 전역이 우리 한국의 영토라고 주장해도 좋단 말인가?

한말에 이르러 백두산 정계비(白頭山定界碑) 문제만 하더라도 그러하다. '서위압록 동위토문(西爲鴨綠 東爲土門)'으로 정계비에 쓰여 있는 토문강 그것은 어디까지나 송화강(松花江) 상류 토문(土門)이지 결코 도문강(圖們江)이 아니다. 청나라는 그때 도문강(圖們江) 즉 두만강(豆滿江)을 경계라 주장하면서 간도(間島)의 소속 문제를 청국(淸國)으로 돌리려는 의견을 강하게 내세웠다. 그러나 문자 그대로 송화강 상류 토문강(土門江)이 비문의 토문(土門)과 일치되는 것이므로 간도는 응당 우리 영토로 귀속해야 한다는 결론이 나온다. [그럼에도 불구하고 그 후 2, 3년 동안이나 감계담판(勘界談判)이 거듭되었으나 종내 그의 결말을 보지 못하였다.] 이것은 지금 중공이 백두산을 저의 영토라고 주장하는 천인공노의 수작과는 다르다. 그러므로 우리가 하루 속히 남북통일 대업이 완수되는 날 대중국 교섭으로 내세워야 할 제1 문제를 간도로 삼아야 한다. [육군 본부 군사관(軍史官)]

(사진) 백운(白雲)이 뒤덮힌 백두산봉(白頭山峰)과 천지(天池)

『조선일보』, 1961년 12월 28일, 1면(석간)

일 측의 주장 반박
독도 영유 논의의 여지없다
정부서 일에 강경한 항의서 전달*

【동경 28일발=합동】한국 정부는 27일 하오 주일대표부를 통하여 일 외무성에 항의서를 전달하고 일 외무성에 26일 독도가 일본 영토라고 주장하고 인원과 시설의 철거를 요구한 데 반박하여 "독도가 한국 영토임은 역사적, 국제법적 사실로서 논의의 여지가 없으며 일본 정부가 독도의 인원과 시설의 철거를 요구한 것은 한국의 내정간섭이다"라고 강경히 항의하였다.

---

* 『동아일보』, 1961년 12월 29일, 1면(조간), "'독도는 우리 영토', 정부, 일 주장에 항의서 전달".

『경향신문』, 1961년 12월 29일, 2면

독도의 역사적 배경
엄연한 우리 영토
일의 소위 '선점권' 주장은 부당

〈사진=동해상의 보루인 우리의 영토 독도〉

최근 일본은 또다시 독도의 영유권 문제를 들고나옴으로써 새로운 한일 간의 위기를 조성하려고 시도하고 있다. 한일 정상회담을 비롯하여 한일회담 등 활발한 국교 정상화 및 현안 문제 해결을 위해 노력이 경주되고 있는 이때 일본이 독도 문제를 들고나오는 저의는 한일문제가 일본 국내에서 복잡해짐에 따라 이를 국내에서의 안전판(安全瓣)*으로 이용하려는 의도가 아닌가 관측되고 있다. 독도의 선점권(先占權)을 둘러싼 역사적 및 국제법상의 논점과 일본의 저의를 여기에 살펴보기로 한다.

역사적으로 본 독도의 영유권

독도는 동해 해상의 울릉도 동남방 약 49리, 일본의 오키도(隱岐島)[**] 서북방 약 86리에 위치하고 있는 소(小) 무인도인데 이 섬을 일본에서는 죽도(竹島)라고 부르고 외국인들은 '리앙쿠르' 암(岩)이라고 호칭하고 있다.

근대에 와서는 무인도가 되었지만 신라시대에는 울릉주(鬱陵州)와 더불어 우산국이라는 나라가 형성되어 있었고 서기 512년에 신라가 정복하여 이후 이조(李朝)에 이르기까지 한국의 영토로서 내려왔던 것이다.

그러나 이조 시대에 두 섬의 주민을 불러들여 공도(空島)로 남기자 그때부터 일본 어부와 한국 어부의 경쟁장이 되었으며 1693년 동래 어민 안용복 일행과 일본 어민 간에 벌어진 충돌사건을 계기로 하여 이 섬들은 1697년에 일본 정부에서도 명백한 한국 영토로서 "일본 어민의 출어를 금지하겠다"고 한국에 통고함으로써 확정을 본 것이다.

이렇게 해서 한국 영토로 다시 돌아온 독도는 그 후에도 계속된 이조 당국의 울릉도 및 독도에 대한 공도정책으로 비어 있게 되고 반면에 일본은 메이지유신(明治維新)으로 근대 국가를 형성하여 국민들의 해외 진출을 장려하게 되자 일본 어민들은 또다시 울릉도와 독도 근방에 대거 진출하였다.

이에 놀란 이조 당국에서는 1881년(고종 18년)에 일본 정부에 엄중한 항의를 제출하는 한편 공도정책을 포기하고 주민들을 울릉도에 이주시켰으나 독도만은 이주하는 사람이 없어서 그대로 방치되어왔던 것이다.

이러한 공허(空虛)를 노린 일본 어민들은 계속하여 이 섬에 출어하고 1905년 2월 일본은 마침내 독도를 일본국 시마네현 오키군(隱岐郡)[***] 고카촌(五個村)에 정식으로 편입시키고 말았다.

물론 당시의 국제 정세는 일본에 유리하여 한국은 일본의 강력한 영향하에 있었고 1910년에는 일본에 합병되었기 때문에 이론을 제기할 아무런 힘도 없었던 것이다.

이상과 같은 경위로 일본이 주장하는 소위 선점권의 논곽(論郭)이 드러나듯이 일본의 독도

---

[*]   원문: '安全辨'(안전변).
[**] 원문은 穩岐島이나, 隱岐島의 오기로 보인다.
[***] 원문은 穩岐郡이나, 隱岐郡의 오기로 보인다.

에 대한 점유는 1905년에 시작되었으며 한국이 독도를 점유한 것은 멀리 신라시대부터의 일로서 우산국으로부터 신라가 이 섬을 정복한 때만 해도 서기 512년 시대의 일이니 도시(都是) 문제가 될만한 것이 못되는 것이다.

국제법으로 본 독도의 점유권

또한 일본이 주장하는 바 "1905년 2월 22일에 시마네현 고시 제40호에 의해 독도가 시마네현에 편입되었다"는 것은 과연 국제법상에서 영역취득에 요구되는 선점의 요건으로 충분한 것인지? 일본은 독도에 대한 영역취득의 국가의사표시를 1905년 1월 28일의 각의 결정을 들고 있는데 그 공표의 방법이 전기한 '시마네현 고시 제40호'에 의했다는 것은 도저히 승인될 수 없는 것이다. 왜냐하면 그것은 국내적인 일(一) 지방자치단체의 의사표시는 될망정 결코 대외적 국가의사표시가 될 수가 없기 때문인 것이다.

더욱이 이러한 일본의 점유 또는 영역취득의 의사표시조차도 메이지유신 시대 한국이 일본의 속국으로 있던 시대라는 점과 그 직후인 1910년 한국이 일본에 병합되었다는 역사적 배경은 일본이 이 작은 섬을 강탈하였다는 사실을 입증하고도 남음이 있는 것이다.

요(要)는 어느 국가의 영역취득이 국제법상으로 인정되려면 적어도 (1) 그 지역이 주인이 없을 것과 (2) 영역취득의 국가의사를 대외적으로 공표해야 하며 (3) 그 지역의 실효적인 점유가 있어야만 하는데 현재 일본이 주장하는 소위 '선점권(先占權)'에 있어서는 전기(前記) 조건의 한 가지에도 합당한 것이 없는 것이다.

이론에 궁해진 일본이 클리퍼튼도(島) 사건과 팔마스도 사건 등을 들고 있으나 이들은 어차피 전기(前記)한 이론에 비추어 선례로서 예증(例證)할 수도 없는 현격한 거리가 있는 것들이다.

특히 제2차 대전 당시 연합국 수뇌들이 결정한 포츠담, 카이로 양 선언에서 "전후의 일본 영토는 혼슈, 홋카이도, 규슈, 시코쿠만은 일본에 남게 되나 부속 제 도서는 앞으로 연합국이 결정하는 것에 한하여 일본에 귀속된다"고 명시되었고 1946년 1월 29일 및 3월 22일 당시의 일본 주둔 연합군 최고사령관이 일본 정부에 보낸 스캐핀=SCAPIN 제677호(각서)에는 일본의 통치권으로부터 제외되는 영역으로 "울릉도, 독도, 제주도"를 명문으로 지적하고 있어 전기 포츠담, 카이로 선언의 세부를 결정하고 있는 것이다.

일본이 "대일평화조약에서 독도의 귀속에 적극적인 규정이 없는 한 일본의 영토"라고 주장하는 이론은 전기한 바 포츠담, 카이로 선언과 스캐핀 각서를 묵살하려는 것으로 이론적인 순리로 따져본다면 이러한 주장은 포츠담, 카이로 선언을 그대로 받아들이기로 한 대일평화조약 자체를 부인하는 결과가 되는 것이다.

점유권 주장 일본의 저의

이렇게 명백한 사실을 두고 일본은 왜 독도의 영유권을 끝내 고집하고 더욱이 한일 교섭이 진행되는 이때를 골라 문제를 제기하는 것일까?

여기에는 "일본이 독도를 메이지유신 때부터 점유해왔기 때문에"라는 것 외에 이 독도 문제를 국내정치 문제의 안전책으로 사용하려는 의도가 내포되어 있다고 보인다.

일본 정부로서는 한일관계 문제가 가장 큰 대외적 문제의 하나가 되고 있다. 뿐만 아니라 이 문제는 국내적으로도 가장 골치 아픈 것의 하나다. 일본 정부 자체로서는 어떻게든지 이 만만치 않은 인국(隣國)을 달래놓고 계속해서 일본에 대한 공산세력 침투의 방파제 역할을 감당해줄 것을 희망하고 있다.

그러나 여기에는 적지 않은 희생(대가?)이 요구되고 있는 것이 현실이다. 그것은 현재 협상이 진행 중인 한국의 대일 재산 청구권 문제인데 일본은 이 문제에 있어서 최소의 대가로써 목적을 달성코자 시도하고 있는 것이다.

그러나 일본 국내에서는 사회당을 비롯한 좌익 계열의 집요한 반대와 여당 내에서조차도 신중론 등의 난관에 봉착하고 있다. 여기서 독도 문제가 한일관계의 안전판(安全瓣) 역할을 할 수 있는 가능성이 노현(露現)되는 것이다.

정상회담까지 치른 한일관계가 접근하려다가는 일본 측의 돌변적인 태도로 다시 간격이 생기고 결열될 우려가 생기면 또다시 거의 맹목적인 접근을 시도하는 원인의 일부가 이러한 국내 정치 문제의 난점에 있듯이 일본 정부는 한일 문제에 있어 국내에서 어떠한 난관에 직면하면 반사적으로 한국이 펄펄 뛸 독도 점유권을 들고나옴으로써 국내 정치계 및 여론의 안정을 꾀하고 있는 것으로 추측되고 있다.

물론 독도 문제는 처음부터 한국의 영토이며 한때 일본이 강탈(强奪)은 하였지만 현재에는 엄연히 우리 경비대와 등대가 이 섬을 지키고 있는 터이므로 일본이 무력으로 대결을 시도하지 않는 이상 한국이 독도를 포기할 가능성은 전무하다는 것은 일본 자신도 잘 알고 있다.

그러함에도 일본의 재판소는 얼마 전 전전(戰前) 독도에 인광권(燐鑛權)을 소유하고 있던 쓰지(辻) 모(某)가 제기한 광구세(鑛區稅) 납부에 대한 소송에서 "독도가 아직도 일본의 영토이며 잠시 일본의 통치에서 벗어나고 있을 뿐"이라는 판결을 내림으로써 자기 정부의 정책을 뒷받침하고 있는 것이다.

그러나 한국은 절대로 이 섬을 놓지 않을 것이며 또 놓아서도 안된다. 울릉도의 속도이며 역사적으로나 국제법상으로나 더욱이 지리상으로서나 한국의 영토가 분명한 이 섬은 우리나라를 지키는 동해상의 보루인 것이다(舜: 순).

8. 한일 정치회담과 독도

1962년의 독도

『동아일보』, 1962년 1월 10일, 3면(석간)

독도의 태극기

뚜렷한 한국 영토
경비원들 새벽마다 게양

사진=근해에서 바라본 독도 전경. 오른편이 동도, 그곳에 경비초막(警備哨幕)과 등대 및 영토 표지(領土標識)가 있다. 왼편은 서도.* 【이명동(李命同) 특파원 촬영】

【동해 경비분대 기함 PF61함에서 본사 윤양중(尹亮重) 특파원 제2신】 ○ 펼쳐진 해도(海圖) 위에 콩알만 하게 나타나 있는 2개의 섬, 독도는 울릉도 동남쪽 49마일, 모륙과의 지근(至

---

*   독도 전경 사진상 오른편이 서도, 왼편이 동도이다.

近)거리인 용추갑(龍楸岬)으로부터는 116마일 동쪽이다. 침로(針路)를 잡은 PC 708함은 경제 속도인 16노트를 유지하며 달린다.

○ 잠수함이라는 별명을 가진 PC는 본시 잠수함 잡이(구잠: 驅潛)를 위해 만들어져 있어 몸체는 작지만(478톤) 최대 속력 20노트에 대잠(對蠶) 대공(對空)의 갖가지 무장을 갖춘 멋쟁이다. 3인치의 주포는 호위 구축함급과 다를 것 없고 폭뢰(爆雷)며 7.2인치의 로켓과 그밖에 각종 구경(口徑)을 가진 숱한 총포들이 무적을 자랑한다.

○ 그뿐인가. 최신 최고의 성능을 가진 레이더와 소나는 칠흑 같은 바다에서도 해상, 해중에 떠 있거나 잠겨져 있는 배나 섬 등을 샅샅이 훑어내는 것이다. 그러나 작은 몸체에 이처럼 많은 무장과 시설을 갖추고 있기 때문에 승무원들에 대한 리빙 컨디션(거주성)은 어쩔 수 없이 제약돼 있어 이 전투 함정에 타 있는 장병들의 수고는 이만저만한 것이 아니다. 보통 고속항행을 하기 마련이니 웬만한 파도에도 심한 롤링(횡요(橫搖))과 피칭(종요(縱搖))을 하게 되어 기지를 떠나면 그야말로 '고생문이 훤하다'고 고참 수병들은 웃어댔다.

○ 브리지에서 당직 근무하는 장교도 갑판의 장포(掌砲) 하사관도 배멀미가 일기는 매한가지다. 바케쓰를 준비해두고 연방 토해가면서도 근무는 버티어야만 하는 것이다. 함장 정종혁(鄭鍾赫) 소령은 기자에게 일반 국민은 해군을 '좋은 옷만 입고 지내는' 겉만 보지 말고 부디 먹은 것을 토해가면서 바다와 싸우는 모습을 본 대로 겪은 대로 전해달라고 신신당부하는 것이었다.

○ 아침 6시 반 PC는 독도 근해에 이르렀으나 심한 풍랑 때문에 섬에는 보트조차 접근할 수 없었다. 한반도의 막내 섬인 독도는 너무나 멀리 모륙과 떨어져 외로움을 견딜 수 없어 동·서 두 섬으로 나뉘어 서로 얼싸안을 듯이 의지하고 있는 것처럼 여겨졌다.

○ 망원경으로 동도를 보니 경비대원들 서너 명이 초소에서 나와 국기 게양대에 기를 올리는 모습이 보인다. 경비대원들은 해돋이를 기해 태극기를 올리면서 다케시마(竹島) 아닌 독도(獨島)가 일본 땅 아닌 대한민국의 영토라는 엄연한 사실을 다시금 안팎에 전해달라고 외치고 있는 듯싶었다. 갈매기와 물개들만 이 외로운 경비대원들을 위로해주는 독도의 둘레를 PC는 안타까이 고동 울리며 두 바퀴 돌았다.

『경향신문』, 1962년 1월 30일, 1면(조간)

대한(對韓) 상환액, 4월경에 제시키로
경제협조에 더 큰 비중
일(日) 이케다(池田) 수상, 의회서 답변, 별도로 독도 문제 해결[*]

(중략)

【동경 29일발 AFP 합동】이케다(池田) 일본 수상 29일 한일회담에서 검토 중인 여러 문제 가운데서 무엇보다도 별도로 죽도(독도) 문제를 해결하고 싶다고 말하였다. 그는 이와 같은 희망을 피력하는 동시에 이 문제를 국제법정에 제기하는 것이 좋을 것이라고 말하였다.

(이하 생략)

---

[*] 『한국일보』, 1962년 1월 30일, 1면, "독도 분쟁, 국제재(國際裁)에 제소, 대한(對韓) 경제협조는 국교 후에, 일 이케다(池田) 수상 등 의회서 답변".

『경향신문』, 1962년 1월 30일, 1면(조간)

주목할 가치도 없다
외무 당국 응수

이케다(池田) 일본 수상이 독도 문제를 한일회담과 별도로 해결해야 한다고 주장했다는 외신보도에 대해 외무부 당국은 "일소(一笑)에 부칠* 문제"라고 응수하였다. 29일 하오 한 당국자는 전기 외신보도에 대해 "일본 의회의 질의 답변 가운데서 나온 말이므로 크게 주목할 가치가 없다"고 말한 다음 "독도 문제는 한일회담과는 별도의 문제이며 별도의 회담을 갖는다는 것도 생각할 수 없는 문제"라고 일소에 부쳤다.**

---

*   원문: 붙일.
**   원문: 붙였다.

`『동아일보』, 1962년 1월 30일, 1면(석간)`

조사단 파한(派韓)과 투자는 별개
이케다(池田) 수상·고사카(小坂) 외상, 의회서 한일 문제 답변

국교 전엔 정부로선 경제협력 불고려
독도 문제는 제3국이나 국재(國裁) 통해 별도로 해결*

【동경에서 권오기(權五琦) 본사 특파원 29일 전화】 이케다(池田) 일본 수상은 29일 하오 한일 국교 정상화 전에 국가로서의 경제협력은 생각해본 일도 없고 말한 일도 없다고 말하였다. 이날 일본 중의원 예산위원회에 나와 사회당 측의 광범한 정책 질의에 답변한 가운데 이케다 수상은 이와 같이 말했으나 작금 파한(派韓) 이야기가 나온 경제 조사단 문제에 대해서는 "민간 조사단의 방한을 정부가 막을 수는 없다"고 말하였다.

민간 조사단 문제와 관련하여 그는 또한 "우선 조사하는 것을 좋다고 생각할 뿐이지 출자 또는 투자는 별개 문제"라고 말하고 국교 정상화 전의 민간 투자를 국교 정상화 후의 국가로서의 경제협조로서 대치시키지 않겠다는 약속을 하라는 사회당 측의 추궁에 대하여서는 무엇이 투자될 것인지도 모르는 현재 그러한 장래의 가상적인 이야기를 근거로 답변할 수는 없다고 말하였다.

이날 고사카 외상은 독도 문제에 언급하여 "제3국이나 국제사법재판소를 통해서 해결하겠다"고 말하였으며 평화선 문제에 관해서는 "이 문제가 한일회담의 의제 중 선결문제"라고 말하였다. 이와 같은 고사카(小坂) 외상의 말은 이날 상오 이케다 수상이 "독도는 분명히 고

---

* 『민국일보』, 1962년 1월 30일, 1면(조간), "현안 조속 해결 방침, 독도는 일본의 영토, 한일 문제 질문에 일 수상 의회서 답변".

유의 일본 영토이다. 그러나 이 문제는 한일회담과는 별도로 해결하겠다"고 말한 것을 뒷받침한 것이다. 그러나 평화선 문제에 대해서 이케다 수상은 "그것을 이유로 한일회담을 일절 교착시킬 생각은 없다"고 말하였다. 한편 사회당 측이 가장 집요하게 질의한 '한국 측 재산청구권의 근거'에 대해서 고사카 외상은 방금 검토 중이라고만 말한 데 반하여 미즈타(水田) 장상(藏相)은 "충분한 근거가 있다는 소리는 못 들었다"고 말하였다.

『경향신문』, 1962년 1월 31일, 1면(조간)

따져볼 의문이 몇 가지
"일 의회의 주기적인 발작이라"

(중략)

◇ 독도 문제가 일본 의회에서 새삼 화제로 떠오르자 외무부의 모(某) 고관은 "주기적인 발작"이라는 한마디로 일본의 억지떼를 무시해버렸다.

"심심하면 한마디씩 하는 그런 소리는 못 들은 척 하는 게 상수입니다"는 이렇게 말 같지 않은 말은 아예 청이불문(聽而不聞)할 것이지 무엇 때문에 신경을 쓰느냐고 오히려 기자들을 타박. "그리고 그런 외신이 들어오면 신문의 맨 밑바닥에 쑥 깔아버리지 왜 대가리에 자꾸 올립니까?" 하면서 못마땅한 표정이었다.

일본인들이 죽도(竹島)라고 부르는 동해 고도(孤島)인 이 독도는 먼 옛날부터 한국의 영토라는 것이 엄연히 입증되고 있는데 일본 측이 뻔히 알면서도 자꾸 이 문제를 들고나오니 그 속셈이 들여다보여 오히려 민망.

『동아일보』, 1962년 1월 31일, 1면(조간)

"3백 년 전 입증 문서 발견"
일지(日紙), 독도 영유권에 새 주장*

【동경 30일 UPI 동양】일본의 유력지 『마이니치신문(每日新聞)』은 29일 지금으로부터 '350여 년 전에' 말썽 많은 독도(獨島)에 대한 일본의 영토 관할권을 입증한 한 문서가 발견되었다고 보도하였다. 동지(同紙)는 홋카이도 하코다테(函館)시립도서관 관장 모토키 쇼고 씨가 도서관의 구(舊) 간행물 중에서 '독도지(獨島誌)'를 발견했다고 말하였다. 동지(同誌)는 치시마열도(千島列島) 및 화태(樺太)의 유명한 탐험가 마쓰우라 다케시로** 씨가 1871년에 집필한 것으로 되어 있다.

『마이니치신문』은 동 문서의 사진을 게재하였다. 동지는 나카무라 오키노 가미가 1616년 2명의 어부 오오다니 진키치*** 및 무라가미 이치베****에게 독도 상륙을 허가한 구절을 인용하였다. '독도지'에 의하면 이 2명의 어부는 독도에서 어업에 종사하고 있던 한국인 어부들에게 독도가 '일본에 소속'되고 있다는 이유로 독도를 떠나도록 일렀던 것으로 되어 있다. 『마이니치신문』은 '독도지'에 독도의 지도가 소상히 그려져 있다고 말하였다. 동지는 하코다테도서관장 모토키 씨가 동 증거 문서를 한일회담에 제출하겠다고 말한 것으로 인용보도하였다.

---

* 『경향신문』, 1962년 1월 30일, 1면(석간), "독도 영유 운운, 일지(日紙) 새로운 주장"; 『민국일보』, 1962년 1월 30일, 1면(석간), "일지(日紙), 독도 문제에 새 주장, 틀림없는 일본 속령(屬領), 3백 년 전 자료 문서 제시하겠다고"; 『조선일보』, 1962년 1월 30일, 1면(석간), "독도 영유권 입증 문서, 일지(日紙)서 발견했다고 게재"; 『한국일보』, 1962년 1월 30일, 1면(석간), "일지(日紙), 독도 영유권에 신설(新說), 350여 년 전 입증 문서 발견했다고"; 『한국일보』, 1962년 1월 30일, 1면(석간), "넌센스에 불과, 유홍렬 교수 담".
** 松浦武四郎을 가리키는 것으로 보인다.
*** 원문: 오오다니 지끼지. 최근에는 오야 진키치(大谷甚吉)라고 표기한다.
**** '무라카와 이치베(村川市兵衛)'의 오기로 보인다.

국재(國裁)에 제소
독도 점유권에 일 외상도 주장

【동경 29일 동양】한종우(韓鍾愚) 특파원 기(記)=고사카(小坂) 일본 외상은 29일 일 중의원 예산위원회에서 "일본은 제3국의 판단에 의거하거나 국제사법재판소에 제소하여 독도 문제를 해결하기를 원하고 있다"고 말하였다.

『동아일보』, 1962년 1월 31일, 1면(석간)

[사설]
독도 문제에 관한 이케다(池田) 수상의 발언

이케다(池田) 일본 수상은 지난 29일 상오 일본 중의원 예산위원회에서 한일 국교 정상화 문제에 관한 의원들의 정책 질의에 답변한 가운데서 "독도(일본서는 죽도(竹島)라고 함)는 분명히 고유의 일본 영토이다. 따라서 한국의 독도에 대한 영유권 주장은 이치에 맞지 않는다"고 잘라 말하였다고 하며, 하오에는 또한 고사카(小坂) 외상이 동 위원회에서 이케다 수상의 전기 발언을 뒷받침하면서 독도가 일본의 영토이나 동 문제를 해결하기 위해서 "국제사법재판소에 제소할 것을 고려하고 있다"고 말하였다고 한다.

일본 정부는 과거에도 때때로 독도의 소유권을 주장하여 그때그때 우리 정부로부터 항의서가 전달된 일이 있었다. 그리고 우리의 군사혁명 이후에도, 즉 작년 12월 26일에 일본 외무성은 우리나라 외무성에 구술서를 전달하고 "독도는 일본의 영토이므로 독도에 거주하는 한인 및 시설을 철거할 것"을 요구한 일이 있었다.

이때에도 물론 우리 정부는 "독도가 우리나라 영토임은 역사적으로나 국제법상으로 이미 증명된 터"라고 반박하고 "일본의 그러한 태도는 우리나라 국내사항에 대한 간섭이라고" 엄중한 그러나 조용한 항의를 하였던 것이다.

그런데 이케다 정부는 금반에 또다시 독도 문제를 국제사법재판소에 제소 운운하여 독도에 대한 우리나라의 엄연한 영유권에 도전하는 태도를 되풀이하고 있다.

우리는 이 문제에 관하여 이미 지적한 바 있었거니와 독도가 역사적으로 한국의 영토였었다는 것은 내외 문헌 40여 종에 명시되어 있는 바이며, 또 현행 국제법상으로도 전연 의논의 여지가 없으며 이러한 엄연한 사실이 일본의 일방적인 주장으로써 부인될 수 없는 터이므로 여기에 또다시 재론할 필요조차 느끼지 않는 바이다.

그러나 한일 양국이 그 국교 정상화의 조기 타개를 위하여 최종적인 노력을 경주(傾注)하고 있고 또 특히 소위 고위정치회담의 개최가 운위(云謂)되고 있는 요즈음에 이케다 일본 수상이 그러한 발언을 하였다는 점에서 일본 정부의 숨은 의도를 경계하지 않을 수 없으며 또 유감스럽게 생각하는 바이다.

물론 하나의 견해로서는 일본 정부가 이전에도 누차 그러한 부당한 주장을 표명한 바 있었으며 또 재작 29일에 이케다 수상은 "이 문제는 한일회담과는 별도로 해결하겠다"고 말하였으며 고사카 외상도 "국제사법재판소를 통하여 해결하겠다"고 말하고 있으므로 현재 진행 중인 한일회담에 심각하게 결부시킬 필요가 없다고도 할 수 있을 것이다. 그리고 또 다른 하나의 견해로서는 이케다 정부가 한일회담을 반대하는 일본 사회당의 공세에 대응하기 위하여 국내적으로 불가피하게 취해진 조치일 것이라는 관측도 있을 수 있다.

그러나 우리는 일본이 이 시기에 이러한 태도를 취하였다는 것은 현재 마지막 고비에 접어들어가고 있는 한일회담에 있어서 그리고 특히 머지않아 개최될 것이 예상되고 있는 한일 고위정치회담에 있어서 한국의 대일 재산 청구권의 금액을 줄이려는 일본 측의 외교적인 복선이 숨어 있을 수 있다는 것을 지적하지 않을 수 없다.

만약에 일본이 그러한 외교적인 복선을 갖고 그러한 태도를 취하였다면 일본은 그러한 잔꾀를 부리다가 도리어 불행한 결과를 초래하리라는 것을 알아야 할 것이다. 왜냐하면 우리나라의 엄연한 영유권에 시비를 건다고 해서 우리가 충분한 법적 근거에 입각한 우리의 정당한 대일청구권의 금액을 줄이는 데 동의할 리 만무하며, 오히려 그러한 잔꾀를 부리는 일본 측이 한일 국교 정상화에 대하여 참으로 성의를 갖고 있는지에 대하여 우리의 의심을 자아낼 것이기 때문이다.

한편 고사카 일 외상은 독도 문제의 국제사법재판소 제소 운운하지만 일본의 일방적 의사로써 그것이 동 재판소에 제소될 수 없다는 것은 누구나 다 아는 사실이다. 현행 국제법하에서는 한일 양 당사국들의 동의 없이는 어떠한 문제도 국제사법재판소에 제소될 수 없기 때문이다.

그럼에도 불구하고 일본 정부가 툭하면 독도 문제의 국제사법재판소 제소 운운하는 것은 우리 독도에 대한 그들의 주장이 마치 어떠한 정당성이라도 갖고 있는 것처럼 허장(虛裝)하기 위한 하나의 술책에 불과한 것이다.

우리는 우리의 엄연한 영토의 일부에 대하여 외국이 부당한 주장을 한다고 해서 그때그때 그 문제를 국제재판소에 제소한다는 것은 어리석고 무의미한 일이라고 생각한다. 만약에 그러한 경우에 각국이 제소에 동의해야 된다면 오히려 국제법 질서는 극도로 혼란에 빠지게 될 것이며 그 결과로서 이익된 점은 하나도 없을 것이다. 그러므로 국제 평화와 법 질서를 유지하기 위해서는 각국이 그러한 제소에 동의할 것이 아니라 타국의 영유권에 대하여 부당하고 불법적인 주장을 하지 않아야 될 것이다.

우리는 일본이 앞으로 다시는 우리의 영토 독도에 대하여 부당하고 불법적인 주장을 하지 않을 것을 기대한다. 그리고 우리 정부에 대해서는 일본 측의 여하한 외교적 계략도 간파하여 이에 대응할 수 있도록 만전의 준비를 갖추어 줄 것을 기대하는 바이다.

`한국일보』, 1962년 1월 31일, 1면(석간)

일(日), 독도 영유권 주장은 주기적인 발작
침략행위 재확인시키는 결과
최 외무, 국제법과 역사상 이유 들어 반박*

최덕신(崔德新) 외무부 장관은 31일 일본 측에서 독도에 관한 영유권을 주장하는 것은 '주기적인 발작'이라고 지적하고 일본의 이케다(池田) 수상과 고사카(小坂) 외상이 중의원에서 발언한 것을 "크게 유감된 일로 생각한다"고 말하였다. 최 장관은 독도에 대하여 일본은 망상적인 주장을 버리고 한일 간의 우호와 신뢰를 회복하여 동북아세아에 있어 평화를 유지할 것을 촉구하였다.

국재(國裁) 제소 불가능한 일
망상 버리고 우호 회복을 촉구

최 장관은 독도 영유권을 주장하는 일본 수상과 외상의 발언에 대한 논평 요청에 이렇게 말하면서 "독도는 분명히 우리 영토이며 국제법상 및 역사상의 이유를 국민에게 설명하겠다"고 말하였다. 최 장관의 설명은 다음과 같다.

▶ 국제법상의 이유
일본 측은 국제법상의 선점권을 근거로 독도 영유권을 주장하려는 것이다. 일본은 1905년

---

*   『조선일보』, 1962년 1월 31일, 1면(석간), "침략 근성을 노정(露呈), 최 외무, 일의 독도 영유 주장 반박".

1월 28일의 일본 각의의 결정과 동년(同年) 2월 20일**에 시마네현(島根縣)의 고시에 의해 동 현(同縣)에 편입된 것으로 주장하고 있다. 그러나 1905년에 일본은 이미 한국에 대해 침략행위를 시작했고 통감부를 설치하여 외교권을 박탈하였던 해이다. 일본이 영유권을 주장함은 그들이 타국 영토에 대한 침략행위의 발단을 재천명하는 것으로밖에 설명할 수 없다. 과거의 국제법상의 선례로 보더라도 타국의 영토를 자기 기록에 있다고 해서 선점권을 주장하는 이론이 없으며 그들의 국내법에 의거하여 일방적으로 결정함은 하등 국제법적인 근거가 없는 것이다. 일본이 우리의 영토인 독도에 대해 계속 영유권을 주장한다면 일본의 침략행위를 전 세계에 재확인시킬 수밖에 없다.

▶ 역사상의 이유

일본은 1905년부터 독도 영유권을 주장하나 우리는 이미 이조(李朝) 초부터 독도의 존재를 알고 당시 정부는 독도를 울릉도의 속도로서 편입한 사실이 기록에 남아 있는 것이다. 일본 수상과 외상이 중의원에서 책임지고 이야기한 것과 같이 본인도 이를 책임지고 국민에게 설명하는 바이다.

한편 최 장관은 이케다 수상이 독도 영유권 문제는 한일회담과 별도로 해결하겠다고 말한 것은 "한일회담에 영향을 미치지 않겠다"는 의도로 보아 다행스러운 일이라고 덧붙였다. 그리고 최 장관은 일본 측이 이 문제를 국제사법재판소에 제소하겠다고 발언한 데 대해서는 "불가능한 일"이라고 일축하였다.

주(註) = 국제사법재판소에 제소하려면 당사국 중 일방국(一方國)이 불응할 때는 불가능하다.

**   22일의 오기이다.

『동아일보』, 1962년 2월 1일, 1면(조간)

망상적 주장 버리라
최 외무, 일의 독도 영유권을 반박*

최덕신(崔德新) 외무부 장관은 31일 상오 "독도가 엄연한 우리 영토임을 국제법상이나 역사적으로 분명한 것"이라고 말하였다.

최 장관은 최근 이케다(池田) 일 수상이 일 중의원에서 독도의 영유권을 주장한 것은 '크게 유감스러운 일'이라 말하고 일본은 이와 같은 망상적 주장을 버림으로써 "한·일 간의 우의와 신의 및 더 나아가서 동북아의 평화와 안전에 공헌하기 바란다"고 덧붙였다.

그는 이어 이케다 일 수상도 말했듯이 이 문제는 한일회담과는 무관한 것이니 "우리의 독도 영유권 주장이 좋은 분위기 가운데 열리고 있는 한일회담에 영향을 주지 않기 바란다"고 말하였다. 최 장관은 일본이 독도에 대한 선점권을 주장하나 그들이 1905년 1월의 일본 각의(閣議)의 결정과 동년 2월의 현(懸) 고시를 근거로 들고 있는데 이는 오히려 1905년 전에는 독도가 자기들의 영토가 아니었음을 반증하는 것이 될 것이라고 말하면서 일본의 국내법을 들어 일방적으로 결정된 것은 국제법상 하등의 효력을 발생하지 못하는 것이 분명한 일이라고 논평하였다. 최 장관은 또 김종필(金鍾泌) 중앙정보부장이 동남아 여행을 마치고 2월 하순 일본을 방문할 것이라는 일부 보도에 대하여는 "아는 바 없다"고 잘라 말하였다.

---

* 『민국일보』, 1962년 1월 31일, 1면(석간), "일지(日紙), 독도 문제에 새 주장, 틀림없는 일본 속령(屬領), 3백 년 전 자료 문서 제시하겠다고"; 『조선일보』, 1962년 1월 31일, 1면(석간), "침략 근성을 노정(露呈), 최 외무, 일의 독도 영유 주장 반박".

`경향신문』, 1962년 2월 6일, 1면(석간)

평화선 불인정
한일회담서 해결
이케다 일 수상 의회서 발언*

【동경 6일발 AP동화】이케다(池田) 일본 수상은 의회에서 일본은 한국이 주장하는 말썽 많은 평화선을 인정하지 않을 것이라고 말하였다. 그러나 이케다 씨는 일본이 오랫동안 끌어온 이 문제의 해결을 국제사법재판소에 제소토록 하자는 사회당 의원의 일(一) 제안을 거부하였다. (사진=이케다 수상)**

이케다 수상은 5일 평화선 문제는 현재 한일 양국 간에 토의되고 있는 어업 문제와 관련된 문제라고 지적하고 이 문제를 양국이 어업협약에 관한 합의에 도달할 때 해결될 수 있다고 부언하였다. 이케다 수상은 또한 의회에서 현재 한국이 점유하고 있는 독도가 일본의 일(一) 부분이라고 말하였다. 그는 한일 국교 정상화 회담에서 이 문제가 토의되지 않고 있는 이유는 여기에 있다고 말하였다.

그런데 거년(去年) 12월 일본 정부는 한국이 독도를 불법 점유하고 있다는 강경한 항의를 제기하였다. 그러나 한국은 일본의 주장을 즉각 일축(一蹴)하고 독도가 역사적으로 한국에 속한다고 주장하였다.

---

*   『마산일보』, 1962년 2월 7일, 1면, "평화선은 불인정, 이케다(池田) 수상 독도 영유권 등 언급"; 『민국일보』, 1962년 2월 6일, 1면(석간), "평화선은 불인정, 국재(國裁)엔 부(不)제소, 독도 영유 주장 불변, 일 수상, 의회서 증언".
** 사진은 생략한다.

"허망한 언사, 우리 입장엔 변함없다"

외무부 대변인 응수

6일 상오 외무부 대변인은 평화선 불인정 운운한 이케다(池田) 수상의 발언에 대해 "논평할 가치조차 없는 허망한 말"이라고 응수하였다.

동 대변인은 "평화선에 대한 한국 정부의 입장은 변함이 없다"고 밝힌 다음 "이케다 수상이 또다시 독도 문제를 들고나와 독도가 마치 일본의 영토인 것처럼 주장하는 것은 통탄할 일이다"라고 일본 측을 비난하였다.

`경향신문』, 1962년 2월 8일, 1면[조간]

외자(外資) 7억 불 도입
송(宋) 수반(首班) 대구서 담(談)
한일 국교는 일(日) 성의 따라

【대구】 송(宋) 내각 수반은 7일 하오 "평화선을 인정하지 않는다"는 일본 수상 발언에 대해 "유감된 일"이라고 전제하고 "한일 간의 국교 정상화 문제는 일본 지도자들의 성의에 달려 있다"고 말하였다. 한신(韓信) 내무장관과 장(張) 농림장관을 대동하고 전국 주요 도시를 순회 중인 송 수반은 7일 상오 11시 반 대구를 방문하고 기자들과 만나 이상과 같이 말했다. 송 수반은 또한 "독도가 한국의 영토임은 세계가 다 증명하는 일이니 언급할 필요조차 없다"고 잘라 말했다.

(이하 생략)

『동아일보』, 1962년 2월 13일, 1면(석간)

한국 맞고소 예상
일 외상, 독도 문제에 증언*

【동경 12일 AFP 합동】고사카(小坂) 일 외상은 12일 의회에서 한일 국교 정상화 회담이 순조롭게 진행된다면 한국 측에서 독도 문제를 에워싸고 국제사법재판소에 맞고소를 제기하는 데 동의할는지도 모른다고 말하였다.

하원 예산위원회에서 동도(同島)의 영토권 문제에 관하여 민사당(民社黨) 의원으로부터 질문을 받은 동(同) 외상은 국제사법재판소가 이 문제를 심의하기 위해서는 한국 측의 맞고소가 있어야 한다고 말하였다. 민사당 의원은 정부가 독도 문제를 국제사법재판소에 제기할 것으로 계획하고 있느냐고 물었다.

이어 고사카 외상은 한국 측이 현재 진행되고 있는 한일회담이 순조롭게 진행된다면 국제사법재판소에 맞고소를 제기하게 될 것이라고 말하였다. 그는 일본이 이 문제를 유엔에 제기할 수는 없다고 말하고 그 이유는 이 문제가 유엔헌장에 규정된 바 국제분규의 범주에 속하지 않는 특질의 것이며 또한 한국이 유엔의 회원국이 아니기 때문이라고 해명하였다.

---

* 『민국일보』, 1962년 2월 13일, 1면(조간), "한일회담 순조로우면 한국서도 맞고소할 듯, 유엔엔 부제기, 고사카(小坂) 일 외상, 독도 문제에 언급"; 『조선일보』, 1962년 2월 13일, 1면(조간), "유엔 제소 불능, 독도 영유권 문제, 고사카(小坂) 일 외상 증언"; 『한국일보』, 1962년 2월 13일, 1면(조간), "독도 문제 맞고소, 회담 순조로우면 한국 측서 동의, 고사카(小坂) 외상 언명".

『한국일보』, 1962년 2월 13일, 3면

독도 ↔ 울릉도 ①
독도를 지키는 사람들

오난(五難) 이겨 동단을 수호
나무 떨어지면 막사 뜯어 때고
풍파 땐 한 달 교체가 두 달도 되며

독도는 외롭지 않았다. 젊은 경비대원이 이제는 이미 노래가 되어버린 오난(五難)을 이겨내며 국토의 동단을 지켜내기에 젊음을 바치는 섬 독도는 외로운 섬이 아니었다. 동도, 서도라는 두 큰 섬과 그 가운데 있는 삼형제굴섬, 가제바위섬 등 여섯 개의 섬이 하나의 섬이 되는 독도는 구멍 뚫린 바위틈으로 바닷물이 삼켰다. 태평양 넓은 바다로 내보내는 그것만으로도 외로운 섬일 수는 없었다.

총 면적 1,930평방킬로*의 독도를 지키는 경비대원은 ××명, 한 달에 한 번씩 번갈아 이 섬을 지키도록 되어 있지만 사나운 물결 때문에 예정을 예정대로 지킬 수 없는 것이 독도의 사정이었다.

교체일자지연난 (交替日字遲延難)
부모처자이별난 (父母妻子離別難)
오월염천식수난 (五月炎天食水難)
엄동설한의복난 (嚴冬雪寒衣服難)
교체내왕선취난 (交替來往船醉難)

그래서 "교대 날짜가 늦어져서 딱하고 부모 처자와 갈리기가 딱하고 여름엔 먹을 물 걱정 겨울엔 옷 걱정, 그리고 교대하러 오갈 때 뱃멀미 걱정"이라는 오난의 노래가 생겼다는 것이었다. 물결이 사나우면 한 달 예정이 58일까지 끌어지기도 했고, 그런 때면 우선 나무가 떨어져 막사의 마루를 뜯어 때기도 했다는, 그리고 김을 뜯어 국을 끓여 배를 채우고 눈을 먹어 갈증을 달랬었다는 경비대원들은 그러나 그 어려움을 다 이겨내면서 '내 것'이라 우기고 덤비는 무리들의 침노에서 끝내 이 섬을 지켜내기 위해 밤잠을 못 이룬다는 것이었다.
한 달 두 달 똑같은 얼굴들만 마주보면서 다 해어진 화투로 '나일론 뽕'을 되풀이하며 심심한 마음을 달래보지만 나중엔 밤낮 보는 얼굴에 짜증이 난다는 젊은 경비대원들 ….
'우리 땅'이라고 새삼 말할 것도 없이 이미 우리가 살고 있는 이 섬을 부질없이 '내 것'이라고 우겨 그 젊음들을 애태우게 하는 것은 갈매기, 물개 우는 독도의 경계가 탐나서인가, 아니면 그저 그것뿐인 심술 때문인가? ◇ 사진 = 독도를 지키는 경비대원들
[글 김중배(金重培), 사진 정범태(鄭範泰) 기자] = 계속 =

---

* 현재 독도의 면적은 187,554m²이다.

『민국일보』, 1962년 2월 15일, 1면(석간)

독도 문제는 한일회담 끝난 뒤
제3국 중재로 해결
고사카 외상, 의회 증언서 견해 표명

【동경 15일발 AP=동화·본사 특약】 고사카 일본 외상은 15일 참의원 예산위원회에서 현 한일회담이 독도 문제를 제외한 모든 문제를 해결해주기를 원한다고 말하였다.*
독도 문제는 한일회담이 끝난 후 제3국의 중재를 통하여 해결되기를 희망한다고 그는 덧붙였다.

---

* 1962년 2월 15일이 아니라 1962년 2월 14일 참의원 예산위원회에서 논의된 것으로 보인다. 일본 국회 회의록 검색 시스템(kokkai.ndl.go.jp)(第40回国会 参議院 予算委員会 第4号 昭和37年2月14日) 참조.

『한국일보』, 1962년 2월 15일, 3면(조간)

독도 ↔ 울릉도 ②
독도와 홍(洪) 노인

평생 소원, 본적이 독도인 옥동자
67년 전에 이곳 찾아가 나무 심고
손자들에게 내 땅 지키라 유훈(遺訓)

본적: 경상북도 울릉군 남면 도동 독도
주소: 경상북도 울릉군 남면 도동 독도
성명: 홍옥동(洪玉童)

네 땅 내 땅 말씨름을 끌어갈 것이 아니라 애당초가 내 땅인 섬 독도에 가서 이런 아이를 낳아 기르고 싶다는 소리를 하루에도 몇 번씩 들었다.

뭍의 사람들이 생각할 수 없을 만큼 울릉도 사람들의 독도열(獨島熱)은 대단했다. 국가적인 입장에서보다라기는 그 먼저 그들의 삶이 거기 크게 매달려 있기 때문이었다.

봄철의 김, 미역 뜯기도 크지만 고기잡이에 나간 배들이 거센 바람을 만났을 때 우선 피하고 볼 데라곤 넓은 동해 바다에 독도 하나뿐이라는 것이었다. 이 섬이 없다면 울릉도 고기잡이들은 바람을 만날 때마다 일본의 그야말로 시마네현(島根縣)까지 흘러갈 수밖에 없다는 것이었다.

◇ 독도에서 아이를 낳아 길러내자고 말하던 홍 노인

또 한 가지 울릉도 사람들의 독도열은 개척정신에 뿌리가 있었다. 도장(島長)으로서 울릉도를 개척해낸 홍(洪在顯)* 노인이 67년 전 독도를 찾아가 소나무를 심었고 그 뒤에도 몇 차례씩 독도를 찾아가 우물을 파두곤 했다는 것이다. 홍 노인은 아흔네 살이 되던 다섯 해 전 눈을 감고 말았지만 그 손자들과 울릉도의 젊은이들은 아직도 노인이 들려주던 얘기를 분명히 기억하고 있었다.

"너의 할아버지들은 울릉도를 닦아냈는데 젊은 너희들은 이미 우물을 파고 나무를 심어서 이 땅과 인연을 맺어둔 그 작은 섬 하나를 못 지켜내는구나 …"

◇ 파도가 바위를 넘실대는 독도

---

* 홍재현(洪在現)의 오기이다.

일본이 독도를 내 땅이라 우겨대기 시작하자 홍 노인은 펄펄 뛰고 일어나 그의 손자를 비롯한 울릉도 젊은이들로 독도의용수비대를 만들어 섬을 지키라고 독도에 내보냈다는 것이었다. 의용수비대는 오늘날의 경찰 경비대보다 훨씬 앞장섰던 독도의 섬지기였다.

일본이 요즘 발견했다는 문헌에서 무라카와(村川)라는 일본 친구가 1905년 독도에서 한국사람을 만났다는 그 얘기도 누가 먼저 가 있었던가가 틀리고, 누가 누구를 쫓았다는가가 틀릴 뿐 만났다는 사실과 그 이름이 무라카와였다는 사실만은 홍 노인이 남겨놓은 얘기와 일치하는 것이었다.

본적이 독도인 아이를 독도에서 낳아 길러보겠다는 생각도 이런 홍 노인의 머리에서 나온 것이었다.

[글 김중배(金重培), 사진 정범태(鄭範泰) 기자]

`『조선일보』, 1962년 2월 18일, 2면(조간)`

독도 분쟁
'국재(國裁)'에 제소될까?

민주당 정권 이래 한일회담이 조금씩 진전되어감에 따라 한동안 잠잠하던 독도 문제가 최근 다시 클로즈업되는 것 같다. 작년 12월 26일 일본 외무성은 주일대표부를 통하여 "죽도(竹島)에서 한국인과 그곳에 설치한 모든 한국 시설을 제거할 것"을 요구해오고 정부에서는 동 27일 '국내문제에 대한 간섭'이라고 엄중히 항의한 적이 있는데 금년 들어서는 다시 엉뚱하게도 국제사법재판소에 제소를 할 수도 있다는 말을 이케다(池田) 수상이나 고사카(小坂) 외상이 일본 국회에서 증언하고 있는 것은 독도에 얽힌 한일 간의 오랜 입씨름을 다시 크게 번지게 하는 경향으로 볼 수 있다.

1월 29일 이케다 수상은 중의원 예산위원회에서 독도 문제를 국교 정상화 전에 해결하라고 요구한 의원 질의에 대해서 "한국의 독도 영유권 주장은 부당하다"고 말하고 "헤이그의 국제사법재판소에 제소하는 것이 좋을 것이다"라고 답변했고 이를 부언하는듯 고사카 외상은 2월 12일 역시 중의원 예산위원회에서 "한일회담이 순조롭게 진행된다면 독도 문제를 국제사법재판소에 제소하는 데 한국 쪽이 동의할지도 모른다"고 증언했다.

이같은 일본 정부의 태도는 그것이 곧 국제사법재판소에의 제소를 끝내 하겠다는 방침이기보다는 일종의 정치적 발언으로서 이 말에 따라서 일어날 한국 쪽의 반응 같은 것을 살피기 위한 것이라고 일단 볼 수가 있다.

왜 그러냐 하면 가령 이 문제가 국재(國裁)에 제소된다고 해도 (그러기 위해서는 절차상 약간 까다로운 점이 없지도 않지만) 국재의 판결은 어떤 강제수단을 따르지 않는 것인 만큼 실질적으로는 별 효과가 없을 것이기 때문이다. 그런 점에서 일본 쪽의 태도는 한갓 정치적인 제스처에 지나지 않는다고 평가되는 것이고 따라서 절차상의 문제점도 그러려니와 그 밖의 실질적 문제들로 보아서도 독도 문제를 국재에 제소하는 가능성은 우선 퍽 옅은 것이라고 볼 수가 있다. 국제사법재판소는 국제연맹의 결성과 함께 헤이그에 상설기구로 설치되었던 것으로서 2차 대전 이후 UN의 한 기관으로 편입된 국제분쟁을 재판하는 기관이다. UN의 총회 및 안전보장 이사회가 개별적으로 선출하는 임기 9년의 재판관 15명으로 구성되며 재판은 재판관 9명으로 성립, 판결은 과반수로써 정한다. 여기서는 원칙적으로 UN 가맹국 간의 분쟁을 심리하고 가맹국은 그 판결에 복종할 의무가 있는데 비가맹국과의 분쟁인 경우에도 당사국의 동의가 있어야 심리할 수 있는 것이다.

이번 경우 한일 양국의 합의로 독도 문제가 국재에 제소된다 하더라도 권고 이외의 아무런 제재력도 갖지 못한 국재의 판결로써는 UN 가맹국인 일본과 비가맹국인 한국과의 분쟁 해결에는 아무런 도움을 주지 못할 것이 뻔한 일이다. 다만 세계법정으로서의 면목을 갖추고 있는 세계의 주요 법체계를 대표하는 판결인 만큼 국제여론을 조작할 능력이 있기 때문에 최악의 경우 무력 충돌을 피할 필요가 있을 때에 한해서 국재에의 제소를 한국 정부가 동의할 가능성이 있겠지만 그 전에는 그런 가능성은 거의 없다고 할 수 있다. (世: 세)

한국의 주장

역사의 기록이 입증
신라시대부터 엄연한 한국 영토
무인도지만 선점의 대상 안 된다

독도는 신라시대부터 한국의 속도였었다. 삼국시대에 울릉도를 우산국이라고 불렀지만 512년 신라의 영토로 병합되었고 『세종실록』「지리지」, 『동국여지승람』에는 우산도(于山島)와 무릉(武陵)(또는 울릉)도(島)의 구별을 두고 지세를 설명하면서 강원도 울진군 속도임을 암시하고 있다.

17세기 말 울릉도의 소속 문제가 말썽이던 때 동래 어민 안용복이 울릉도에 들어가 송도(松島)에 산다는 왜인(倭人)을 보고 "송도는 자산도(子山島)[우산도(于山島)]의 오기인 듯. 다른 문헌에는 우산도로 기록되어 있다]로서 이 또한 우리나라 땅이다"라고 호령하며 일본 오키도(隱岐島)까지 쫓은 일이 있다.

독도는 옛부터 가지도(可支島), 삼봉도(三峰島), 우산도라는 이름으로 울릉도의 속도로 알려져 있는 해상(海上)의 고도(孤島)라 문제가 되지 않았고 따라서 행정구역에 편입하였다고 선언할 필요도 없었고 새삼스럽게 공적 기록을 남길 이유도 없었던 것이다.

일본인이 가제* 포획지로 이용하고 1905년 시마네현령(島根縣領)으로 편입하면서부터 문제가 되었는데 일본인이 독도를 자기네 영토라고 조사하러 오자 이 사실을 울릉군수 심흥택(沈興澤)이 중앙에 보낸 보고서에 '본군 소속 독도'란 기록이 있다. 또한 쓰시마호(對馬號)의 기록에 나오는 울릉도 어민을 일본인과 일본인에 고용된 조선인이었을 것이라는 일본 정부의 주장은 1904년까지에는 아직 단 한 사람의 일본인도 울릉도에 살지 않았다는 사실로 미루어 보아도 부당하다. 그리고 150년 전에 발간된 지도인 『삼국도람(三國圖覽)』에도 독도는 조선 영토로 착색(着色)되어 있고 그 밖에 『한국수산지』(1910), 『조선연안수로지』(1932), 『역사지리』(1933), 『여정(旅程)과 비용계산』(1938) 등 일본인들의 손으로 된 자료에도 죽도(竹島)(독도)를 한국령으로 기록하고 있다.

이같이 독도는 무주도(無主島)가 아니었기 때문에 일본이 말하는 선점론은 성립되지 않는다. 비록 무인도라 하더라도 소속이 분명한 경우에는 선점의 대상이 될 수 없다. 1905년 1월의 일본 각의의 결정은 영토 취득에 대한 국정의사로 볼 수는 있지만 일개 지방자치단체의 고시로는 그것을 대외적으로 밝혔다고 볼 수 없다. 고시는 국가나 지방자치단체의 결정을 그 국민이나 지방민에게 알리는 대내적 효과뿐이고 대외적 의사표시의 효과는 없는 법이다.

독도를 시마네현에 편입할 때 한국 정부에서 아무런 항의를 하지 않았던 것도 사실이지만 그러나 그 당시의 한일 간의 정치적 관계로 보아 불가능했었다. 일본은 이른바 메이지유신에 의해서 근대국가를 형성한 이래 1895년에는 청일전쟁으로 대만과 팽호도(澎湖島)를 빼앗고 1904년에는 러일전쟁을 일으키는 한편 우리나라와는 한일협약을, 이듬해에는 보호조약을 맺어 일본이 외교실권을 쥐고 있었던 때다. 그렇기 때문에 1906년 울릉군수의 보고로 이 사실을 알고 있으면서도 항의하지 못했던 것이다.

1951년의 대일강화조약에 "제주도, 거문도 및 울릉도를 포함하는 한국"이라고 한국의 수많

---

* 원문: 가재. 이하 가제로 통일하여 표기한다.

은 섬 중에서 3개 도서(島嶼)만 들고 있는 것은 수많은 섬을 일일이 열거하는 것이 불가능하며 또 그럴 필요도 없었기 때문에 그중에서 대표적인 것만 들고 있는 것이며 들고 있지 않는 여러 섬들이 한국으로부터 제외됨을 의미하지는 않는다.

뿐만 아니라 일본과 강화조약을 체결한 대부분의 나라들은 그에 앞서 한국의 독립을 승인했기 때문에 그 조약은 사후적으로 한국의 분리 독립을 확인한 것이지 그것에 의해서 한국이 독립한 것이 아니다. 따라서 연합국이 강화조약 체결 전에 반환을 결정한 "폭력과 강욕에 의해 약취한 지역"이 이 '주변의 제소도(諸小島)', '인접제소도(隣接諸小島)'가 아닌 독도는 당연히 한국의 영토인 것이다. (世: 세)

일본의 주장

소속국 없던 무인도
한국은 최근까지 공도정책(空島政策)을 답습
영토 편입 시 외국의 이의 없었다

일본의 주장은 한마디로 해서 죽도(竹島)(독도)가 한국령이었던 역사적 사실이 없다는 것이다. 그 주장은 또 독도는 원래 소속국이 없던 무인도로서 일본인과 한국인이 다 같이 어로장(漁撈場)으로 이용하던 곳이라고 말한 고문헌에 보이는 우산도를 한국은 현재의 죽도라고 하지만 우산도는 현재의 울릉도를 가리키는 말이었다는 것이다. 삼국시대에 울릉도를 우산국이라고 불렀고 한국의 유명한 지리서적인 『동국여지승람』(이조 성종시대 편찬)에도 "일설(一說)에 우산(于山)과 울릉(鬱陵)은 본시 같은 섬이다"라는 기록이 있다.

17세기 말에 울릉도의 소속 문제로 이조 조정과 에도막부(江戶幕府) 간에 분쟁이 있던 끝에 울릉도가 한국 영토로 확정되었지만 이때도 죽도에 대한 언급은 없었다.

1904년 일본 군함 쓰시마호(對馬號)가 죽도를 조사한 기록에 의하면 "매년 여름 가제를 잡기 위해 울릉도로부터 이 섬에 오는 자가 수십 명의 다수일 때가 있다. 그들은 도상(島上)에 소옥(小屋)을 짓고 매회 약 10일간 가거(假居)한다고 한다"라고 했는데 여기에 기록된 울릉도 어민은 일본인과 일본인에 고용된 조선인이었다. 비록 울릉도가 한국령으로 확정되기는 했었지만 한국은 그 후에도 공도정책(空島政策)을 써왔고 이나바(因幡)·호키(伯耆) 방면의 일본인들은 계속해서 울릉도에 출어(出漁)하고 있었기 때문이다.

국제법상 선점에 의한 영토 취득은 ① 무주(無主)의 지역이고 ② 영토로서 취득하겠다는 국정의사(國定意思)가 있고 그것을 공포하며 ③ 그 지역에 대한 실효적인 점유가 있으면 효과가 발생하는데 죽도는 역사적으로 어느 나라에도 소속해 있지 않았으며 일본은 각의 결정으로 1905년 1월 죽도를 취득하겠다는 국정의사를 표명했고 이를 2월 시마네현 고시로써 공포했다는 것을 일본은 근거로 삼고 있다. 그 뒤 일본 정부는 죽도에 대한 현지측량을 했고 이 섬을 정부 소유지로서 토지대장에 기입하는 한편 가제 포획에 면허제를 채용했는데 그것은 이 섬의 실효적인 점유라고 주장하는 것이다.

또한 죽도를 일본에 편입한 뒤 당시의 한국 정부로부터 항의를 받은 일도 없으며 어떠한 외국에 의해서도 죽도 편입이 문제된 일이 없다는 것도 일본이 내세우는 주장의 하나다.

그리고 1951년 샌프란시스코에서의 대일강화조약에서는 일본이 독립을 승인하는 한국 영토를 "제주도, 거문도 및 울릉도를 포함한 한국"이라고 규정되어 있고 죽도에 대한 언급은 없다고 말한다. 연합국은 패전국 일본을 점령통치하는 동안 행정 범위와 일본의 주권이 미칠 지역을 한정, '초기의 대일방침(對日方針)', '기본적 지령', '관하부대(管下部隊)에 보내는 훈령' 등에서 막연히 일본의 영토를 '주변의 제소도(諸小島)', '대마도를 포함한 약 1천의 인접제소도(隣接諸小島)'로 한정했다가 1946년의 이른바 스캐핀 677호에서 일본의 통치권으로부터 제외된 지역을 들면서 '울릉도, 독도, 제주도'라고 밝힌 적이 있으나 조약에서 언급이 되었다는 것이 죽도가 한국으로부터 제외되었다는 것을 의미한다는 것이다.

『민국일보』, 1962년 2월 21일, 1면(석간)

독도 문제, 국재(國裁)에 제소
일(日) 전례 없이 강경한 태도
고사카 외상, 의회서 언명, 한국서 동의해야 국교 정상화*

【동경 21일 AP=동화·본사 특약】고사카(小坂) 일본 외상은 20일 한일 간의 국교 정상화를 조건으로 독도 문제를 국제사법재판소에서 해결할 것을 일본은 원하고 있다고 시사하였다. 그런데 일본 정부가 독도 문제에 관하여 이와 같이 강경한 태도를 취한 것은 이번이 처음이다. 일본은 한일 국교 관계가 수립되면 독도 분쟁을 국제사법재판소에 제소할 생각이라고 고사카 외상은 이날 중의원 예산위원회에서 말하였다. 그러나 그는 헤이그에 있는 이 세계 법정에 제소함에 앞서 일본은 한국의 동의를 얻는 것이 필요하다고 덧붙였다.

한일 양국은 "한국이 독도 문제에 관한 일본의 제소에 동의한 연후에만 정상적인 국교 관계를 수립할 수 있는 것이며 이 문제를 유엔에 제소하는 것보다는 국제사법재판소에 제소하는 것이 타당한 일"이라고 그는 말하였다. 고사카 외상은 "만일 이 문제가 유엔에 제소되면 국제평화와 안정을 위협할 뿐"이라고 그 이유를 해명하였다.

---

* 『경향신문』, 1962년 2월 21일, 1면(석간), "한일 수교 후에 독도 문제 제소, 일 외상이 증언"; 『동아일보』, 1962년 2월 22일, 1면(석간), "독도 문제, 국제재판에 제소, 고사카(小坂) 일 외상, 하원 예산위서 증언"; 『조선일보』, 1962년 2월 21일, 1면(석간), "독도 국재(國裁) 제소에 한국의 동의 강조, 고사카(小坂) 일 외상".

『경향신문』, 1962년 2월 23일, 1면(조간)

일(日), 정치회담 대표로
이시이(石井) 씨 파한할 듯
김(金) 정보부장, 고사카(小坂) 일 외상과 회담

【동경 22일발 AFP 합동】고사카(小坂) 일본 외상은 22일 상오 외무성에서 한국의 김종필(金鍾泌) 중앙정보부장과 만나 극동지역 정세 및 한일회담에 관해 의견을 교환하였다. 약 45분 동안 계속한 이 회담에는 일본 측에서 다케우치(竹内) 외무차관과 한국 측에서 배(裵) 대사도 참석하였다.

회담을 마치고 나온 고사카 외상은 동남아 지역을 역방(歷訪)하고 돌아온 김 부장에게서 설명을 들었으며 한일회담에 관한 일본 의회의 토의가 한국 측에 심각한 충격을 주고 있다는 인상을 그에게서 받았다고도 말하였다. 고사카 외상은 김 부장과 이케다 수상과의 사이에 교환된 21일의 회담 내용은 재론하지 않았다고 말하였다. 한일 문제가 하루 속히 해결되기를 원한다고 강조하였다.

정통한 일본 정계 소식원들은 22일 아침 이케다 수상이 최고급 정치적 인사를 서울에 보낼 결심을 했다고 전하였다. 그들은 선임될 인사가 자민당 내의 한일 문제 간담회 위원장 이시이 미쓰지로(石井光次郎) 씨가 될 것이라고 말하였다.

일본 측은 서울에서의 정치회담이 독도 문제도 반드시 취급해야 한다는 의견이 일본 지도자들과 관계 당국에서 일어나고 있다고 말하였다. 그런데 일본 외무성은 한국으로 하여금 독도 문제를 국제재판소에 제기하는 데 동의하게 해야 한다고 주장하고 있는 것으로 알려진 바 있다.

『경향신문』, 1962년 2월 23일, 3면(조간)

독도와 울릉도, 개발계획 추진

독도개발협회(대표 최익환(崔益煥))에서는 독도의 영유권을 주장하는 일본의 야망을 분쇄하고 한편으로는 정부의 경제개발 5개년 계획에 협력하기 위해 동 협회 자체 경비로써 울릉도 및 독도 개발 5개년 계획을 세우고 이를 추진키로 했다고 22일 성명하였다.

동 협회는 9년에 창립된 것으로서 이날 발표한 동 협회의 독도개발계획서에 의하면 독도 개발계획에 4천 5백여만 환, 울릉도 개발계획에 1억 5천만 환을 계상하고 있으며 주택과 수력발전소 제빙공장 등의 건설을 위주로 하고 있다.

『동아일보』, 1962년 2월 23일, 1면

독도 문제 취급
일본 측서 희망*

【동경 22일 AFP합동】고사카(小坂) 일본 외상은 22일 상오 외무성에서 한국의 김종필 중앙정보부장과 만나 극동지역 정세 및 한일회담에 관해 의견을 교환하였다.

일본 측은 서울에서의 정치회담이 독도 문제도 반드시 취급해야 한다는 의견이 일본 지도자들과 관계 당국에서 일어나고 있다고 말하였다.

---

* 이 기사는 국사편찬위원회의 한국사데이터베이스의 1962년 2월 23일 『동아일보』 기사이다. 국사편찬위원회에서 원본 신문으로 소장하고 있는 같은 날짜의 『동아일보』나 네이버 뉴스 라이브러리에 있는 같은 날짜의 『동아일보』에서는 볼 수 없다.

『민국일보』, 1962년 2월 24일, 1면(석간)

정치회담에 합의
이케다 수상은 동경서 열자고 했다
청구권·평화선 등 일괄 해결해야*

김 특사, 귀국 앞서 언명

【동경 24일발 UPI 급전(急電)=동양】 김종필 특사(特使)는 24일 그는 한일관계의 정상화를 모색하는 이케다 수상의 진지성(眞摯性)에 확신을 갖는다고 언명했다. 김 특사는 동남아 및 일본 등지의 순방을 끝마치고 24일 상오 10시 46분 동경에서 서울로 향발하였다.

김 특사는 출발 직전에 개최된 기자회견에서 이케다 수상이 고위정치회담의 필요성에 합의를 보았다고 확인하였다.

김 특사는 이케다 수상이 일본 의회가 현재 개회 중에 있으므로 고위정치회담을 동경에서 개최할 것을 요청했다고 말했다. "나는 그와 같은 회담의 개최 장소를 결정할 입장에 있지 않다"고 그는 말했다. 김 특사는 이케다 수상의 요청이 고위층에 전될 것이라고 말했다.

김 특사는 또 고사카 일본 외상이 독도 영유권을 둘러싼 한일 분규를 국제사법재판소에 제소할 것을 제의한 것을 말하였다. 그러나 한국 관리들은 김 특사가 고사카 외상에게 독도 문제를 현 시기에 토의하지 않는 것이 좋다고 말했다고 전하였다.

김 특사는 재산 청구권, 평화선과 같은 한일 주요 문제들이 개별적인 문제로서가 아니라 단일 문제로 토의되어야 한다는 신념을 표명했다. "우리가 흉금을 털어놓고 이야기한다면 동

---

* 『경향신문』, 1962년 2월 24일, 1면(석간), "한일 우호 통일 촉진, 김 특사, 방일 마치고 귀국 도상 언명"; 『한국일보』, 1962년 2월 24일, 1면(석간), "일 측 성의를 확인, 일(日)의 독도 국재(國裁) 제소 현(現) 시기론 부적(不適), 대표부 설치는 국교 정상화 후, 김(金) 특사 동경서 기자회견".

문제들은 별로 어렵지 않게 해결될 것이다"고 그는 말했다.

한일 국교 정상화가 금년 봄에 실현될 수 있을 것으로 보느냐는 기자 질문을 받고 김 특사는 "나는 그렇게 되기를 희망한다"고 답변했다. 김 특사는 한국이 현재로서는 서울에 일본대표부를 설치하는 것을 받아들일 용의를 가지고 있지 않다고 말했다. "원칙상으로 한국은 한일관계가 정상화된 후에 일본이 서울에 대표부를 설치하기를 원하고 있다. 그러나 쌍방이 정상화 협상에 조인했을 때 그와 같은 일본대표부는 수락될 수 있는 것이다"고 그는 말했다.

김 특사는 만약 일본이 남한과 국교를 정상화한다면 통한(統韓)이 늦어질 것이라고 억측한다는 것은 "어리석은 일"이라고 말했다. 그는 한일 간의 우호 관계가 통한을 촉진할 것으로 믿는다고 말했다.

김 특사는 그의 동경 방문 중 정부 간의 한일 경제협조 문제는 토의하지 않았으나 동남아세아 제국의 경제문제에 관해 고사카 외상과 전반적인 토의를 가졌다고 말했다. 자유세계국가들 특히 저개발국가들은 미국의 경제원조에 크게 의존하고 있다고 그는 말했다. 김 특사는 일본이 이 분야에서 보다 많은 부담을 질 것을 제의했다. 그는 여러 동남아 국가들이 일본이 이에 동의하기를 희망하고 있다고 말했다.

『동아일보』, 1962년 2월 25일, 1면(석간)

독도 일령(日領) 주장
일 교수, 증서(證書) 발견설

【동경 24일 AP 동화】일본의 한 교수는 말썽 많은 독도가 일본의 영토라는 것을 입증하는 것이라고 그가 말하는 엽서(葉書)를 발견하였다고 공동통신(共同通信)이 24일 보도하였다. 한국도 또한 일본과 한국과의 사이에 놓여져 있는 조그만 동 암석 도서에 대해서 주권을 주장하고 있다. 동 통신이 말한 바에 의하면 1905년 8월 19일 자로 된 그 엽서는 23일 동경에 있는 히토쓰바시 대학교의 오히라 젠고로 교수에 의해 발견되었다 한다.

그는 동 엽서를 시마네현청(島根縣廳)의 기록보관소에서 발견하였다. 그는 독도에 관한 여러 기록문서를 수집하기 위하여 시마네현을 방문 중에 있는 것이다.

일본서 발견설
176년 전 독도 지도

【동경 27일발 AP 합동】일본의 한 음식점 주인이 문제의 독도가 일본 영토에 귀속됨을 밝혀주는 176년 전의 지도 하나를 발견했음을 밝혔다고 공동통신이 27일 보도하였다.

> 『조선일보』, 1962년 2월 28일, 1면(조간)

"독도 문제도 정치회담 의제로"
김·이케다(池田) 회담선 청구권 불논의
일 수(首)·외상(外相), 중의원 외위(外委)서 증언*

【동경 27일발=동양】 이케다(池田) 일본 수상은 27일 일 중의원 외무위원회에서 자기와 김종필(金鍾泌) 중앙정보부장은 실무자급 협상에서 해결 안 되는 문제들을 해결하기 위해 정치회담을 개최하는 데 합의하였으나 정치회담의 개최 시일과 참가 대표들에 대해서는 합의가 이루어지지 않았다고 말하였다. 그러나 이케다 수상은 "정치회담 개최 시기와 참가 대표 문제는 배·스기(杉) 한일회담 양국 수석대표들 간의 회담에 그 결정을 일임하는 데 합의하였다"고 말하였다.

이케다 수상은 또 평화선은 양국 간에 어업협정이 체결되면 제거될 것으로 생각한다고 말하였다. 이케다 수상은 같은 석상에서 김종필 특사와 "재산권 지불액이나 차관 문제를 자세히 토의한 바 없다"고 말하였다.

【동경 27일발=동양】 이케다 일본 수상은 27일 중의원 외무위원회에서 그는 "말썽 많은 독도 문제를 장차의 한일 정치회담 의제의 하나로 포함시킬 의도"라고 말하였다. 그러나 이케다 수상은 "일본은 한국이 동 문제의 국제사법재판소 제소에 동의하기를 희망하지만 이 문제로 해서 국교 정상화를 지연시키기를 원치 않는다"라고 말하였다.

한편 고사카(小坂) 외상은 같은 외무위원회에서 그는 김종필 특사와의 회담에서 "한국이 일본과 같이 독도 문제를 국제사법재판소에 제소하는 데 동조해줄 것을 요청했으며 김 특사는 이에 대해 충분히 양해한 것같이 보였다"고 말하였다. 고사카 외상은 또한 일본 정부가

---

* 『민국일보』, 1962년 2월 28일, 1면(조간), "독도 문제, 정치회담 의제로, 일 이케다 수상, 중의원 외위(外委)서 증언".

26일 5개년 경제계획하의 한국 민간회사의 독도 개발 보도에 대해 주일대표부를 통해 항의를 제기했다고 말하였다.

『경향신문』, 1962년 3월 1일, 1면(조간)

"17세기부터 영유"
일 조약국장, 독도 문제에 답변*

【동경 28일발 UPI 동양】 일본은 논란의 대상인 독도(일본에서는 죽도라 함)를 17세기부터 일본의 영토로 간주하여 왔다고 27일 일본 외무성 관리가 선언하였다. 일본 외무성 조약국장인 나카가와 도오루(中川融) 씨가 27일 중의원 외교위원회에서의 야당 의원들의 질의에 답하여 이와 같이 말하였다.

일본이 1905년에 독도를 일본 영토에 정식으로 합병시킨 사실을 지적한 나카가와(中川) 국장은 "그 당시 이와 같은 일본 조치에 대하여 어느 개인이나 어느 국가도 반대한 적이 없었다"라고 말하였다.

---

* 『동아일보』, 1962년 3월 1일, 1면(석간), "독도, 17세기부터 영유, 일 외무성 관리, 의회서 선언".

『경향신문』, 1962년 3월 5일, 1면[석간]

"독도 문제, 정치회담 의제로"
일, 국재(國裁) 제소 응해줄지 타진할 듯*

【동경 5일발 합동】일본 정부는 한일 정치회담의 개최를 앞두고 독도 문제를 의제에 올리고자 이에 필요한 문서를 작성하였다. 일본은 이 문서를 한일회담에서 한국 측에 제시할 것이다. 일본 측은 한일 국교 확립 전에 이 문제를 해결하기 위하여 한국 측에 국제사법재판소에 응해줄 것인가를 타진할 것이다.

"있을 수 없는 일"
외무부에서 논평**

5일 상오 외무부 당국자는 독도 문제를 정치회의의 의제로 올릴 것이라는 외신보도에 대하여 "독도는 한국의 영토임이 오래 전에 설명된 만큼 지금 새삼스레 한일 양국이 이 문제를 논의한다는 것은 있을 수 없는 일이다"라고 논평했다.
이 당국자는 한일 정치회담 문제와 독도 문제는 전혀 별개의 것이며 국제재판소 제소 운운도 말이 안된다고 일본 측의 엉뚱한 태도를 비난하였다.

---

*   『한국일보』, 1962년 3월 5일, 1면, "독도 상정을 기도, 일 측, 한일 정치회담에".
** 『한국일보』, 1962년 3월 5일, 1면, "의제될 수 없다, 외무부 대변인".

『경향신문』, 1962년 3월 6일, 1면(조간)

[사설]
일본은 정치협상에 성의를 보여라
독도 문제 제기설을 보고

한일 정치회담의 개최를 앞두고 일본 측은 동 회담의 의제로 삼고자 독도 문제에 필요한 문서를 작성 중이라고 한다. 일본 측은 동 문서를 한일 정치회담에 제기함으로써 영토 문제에 대한 국제재판에 한국 측이 응할 것인가의 여부를 타진할 심산이다.

독도에 대한 일본 측의 주장은 이제 새삼스러운 것은 아니다. 일본은 기회 있을 때마다 독도를 자국의 영토라고 하는 주장을 고집해왔었다. 특히 작년에 고사카(小坂) 일 외상은 일 중의원에서 "독도는 일본의 영토이며 한국의 평화선 주장은 국제법 위반"이라고 증언한 바 있다. 또 최근에는 일 외무성 조약국장은 중의원에서 "일본은 독도(竹島)를 17세기부터 일본의 영토로서 간주하였었으나 1905년에 일본 영토로 병합시켰다"고 증언하고 있다.

돌이켜보건대 독도가 한일 간의 문제가 되기 시작한 것은 1947년 연합국이 점령 관리에 있어서 대일기본정책을 발표한 데서부터 시작된다. 그다음은 동년 10월 연합국최고사령부의 공시 제42호 소위 '맥아더 라인' 설정이다.

그런데 동 맥아더 라인은 독도 동방 12해리 선상을 통과하고 있다는 사실을 간과할 수 없다. 또한 1946년 스캐핀의 제677호의 대일(對日) 방침을 살펴보면 일본 본토의 주변 제도(諸島)만을 일본 영토로서 규정하였다는 것은 분명히 독도가 일본에 속하고 있지 않다는 것을 증명하여 주고 있는 것이다.

그럼에도 불구하고 일본이 또다시 독도 문제를 정치회담에 들고나오고자 하는 의도는 나변(那邊)에 있나 하는 점이다.

실무자 회담에서 한일 간의 정치적 협상을 할 수 있는 기초적인 소지가 마련됨으로써 제1차 정치회담을 개최할 예정으로 있으며 동 정치회담을 통하여 한일 양 국가의 국교를 정상화하자는 것이다. 물론 동 정치회담에서는 현재까지 미결(未決) 중에 있는 한일 양국 간의 배상 문제, 어로(漁撈)협정 문제 및 평화선 문제 등이 주요 의제로서 토의될 것만은 사실이다.

이로 미루어볼 때 일본 측은 한일 간에 정상적인 국교를 수립하기 전에 독도 문제를 해결함으로써 평화선 문제와 어로협정 문제를 토의하는 데 있어서 앞으로의 정치회담을 자국에 유리하도록 만들려는 데 일본 측의 저의가 있음을 알 수 있다. 과거에도 일본은 한일회담 시에 재일 교포를 북송함으로써 한일회담에서 정치적 흥정을 꾀하였던 것을 우리는 상기할 수 있다.

그러므로 일본이 또다시 독도 문제를 제1차 정치협상에서 들고나오려고 한다는 것은 일본이 아직도 허심탄회하게 한일 정치회담에 임하려는 심적 태도를 갖추고 있지 않다는 것을 의미한다. 특히 독도가 한국의 영토라는 것은 엄연한 사실임에도 불구하고 동 문제를 일본이 고집하고 있다는 것을 보면 앞으로 개최 예정인 정치회담에 대한 일본 측의 성의를 의심하지 않을 수 없다.

『동아일보』, 1962년 3월 6일, 1면(조간)

"정치회담 안건 될 수 없다"
외무 당국, 독도 문제에 언명*

외무부 대변인은 5일 상오 일본 정부에서 이번 한일 정치회담에 독도 문제를 의제로 포함시키려 하고 있다는 외신보도에 대해서 그 문제는 "정치회담의 안건이 될 수 없는 것"이라고 잘라 말하였다. 독도 문제에 관해서는 이미 한국 영토임이 오래전에 입증되었다는 것이 우리 정부의 입장이었으며 일본 측에서도 이 문제를 한일 현안 문제로 보지는 않고 국제사법재판소에 제소할 문제로 이야기해왔었다.

독도 문제도 의제로
일, 정치회담에 제기 준비

【동경 5일 합동】 일본 정부는 한일 정치회담의 개최를 앞두고 독도 문제를 의제에 올리고자 이에 필요한 문서를 작성하였다. 일본은 이 문서를 한일회담에서 한국 측에 제시할 것이다. 일본 측은 한일 국교 확립 전에 이 문제를 해결하기 위하여 한국 측에서 국제사법재판에 응해줄 것인가를 타진할 것이다.

---

* 『마산일보』, 1962년 3월 6일, 1면, "정치회담의 의제 될 수 없다, 외무부 대변인 독도 문제에 단언".

`동아일보』, 1962년 3월 6일, 1면(석간)

[사설]
독도 문제는 한일 정치회담의 의제가 될 수 없다

지난달 21일 이케다(池田) 일본 수상과 회담한 바 있는 김종필(金鍾泌) 중앙정보부장은 귀국 후 지난 3일 기자회견에서 전기 회담의 내용을 공개하였다. 김 부장이 발표한 바에 의하면 그와 이케다 수상이 고위정치회담의 필요성에 합의를 보았고 3월 중에 동경에서 우선 외상(外相)급 정도의 회담을 개최하여 상호 간의 의견을 접근시킨 후 수뇌회담에서는 조인만 하도록 한다는 것이었다.

그 후 우리 정부에서는 한일 정치회담에 나아갈 우리 측 대표의 인선에 착수하고 있으며 한편 동 회담에 필요한 절차에 관해서는 현재 배 주일대사와 일본 정부 당국자 간에 연일 협의하고 있다고 알려졌다. 그리고 전기 외상과 회담에서는 8개 항목 재산 청구권에 표시된 액수 수정과 어로(漁撈)협정 체결 문제가 그 초점이 될 것이라는 것이 외교 소식통들의 전망이다. 그리하여 한일 간의 조속한 국교 정상화를 위하여 노력하고 있는 정부는 물론이요, 우리 국민들도 십여 년 끌어오던 한일회담이 이번에는 어떻게 타결되려나 보다 하고 금반에 개최될 것으로 예상되는 정치회담에 큰 기대를 갖고 있는 것이 사실이다.

그런데 작 5일 동경으로부터 들어온 외신에 의하면 일본 정부는 전기 한일 정치회담의 개최를 앞두고 독도 문제를 그 의제에 올리고자 이에 필요한 문서를 작성하였고 일본은 이 문서를 한일회담에서 한국 측에 제시할 것이라고 한다.

우리는 이와 같은 외신보도가 사실이 아니기를 바라는 바이지만 만약에 이것이 사실이라면 일본 측의 그러한 술책은 크게 유감된 짓이라고 하지 않을 수 없다.

지금까지 한일회담이 십여 년을 두고 질질 끌면서도 해결되지 않고 있는 원인은 단순하지가 않을 것이다. 그러나 적어도 최근의 경우만을 본다면 우리 혁명정부는 한일회담의 조속한 타결을 위하여 전례 없을 정도의 성의를 갖고 노력하고 있는 것만은 사실이다. 그럼에도 불구하고 한일회담이 성공하지 못하고 있는 것은 주로 일본 측의 성의 부족과 해결해야 될 문제의 곤란성에 기인한 것이다.

그런데 일본 정부는 이번에 독도 문제까지를 한일회담의 의제에 포함시키려고 책동하고 있다니, 이것은 한일회담을 성공시키려는 의도가 일본 측에 있는가를 의심케 하는 처사이다. 현재 해결해야 될 문제만으로도 한일회담을 성공시키기 위해서는 쌍방의 무한한 노력이 필요하거늘 그 위에 새로운 문제까지를 제기하다니 말이다.

뿐만 아니라 독도는 한일 간에 '문제'가 될 수 없는 엄연한 한국 영토인 것이다. 일본 측은 독도 문제를 전기 회담에서 흥정의 대가로 할 심산인지는 모르나 한국 영토의 일부를 한일 교섭의 대상으로 삼는다는 것은 도저히 용납될 수 없는 일이다. "내 것은 내 것이고 네 것은 외교 흥정의 대상이 된다"는 식의 외교가 통하리라고 생각한다면 그것은 일본을 위해서도 불행한 일이 아닐 수 없다.

우리는 이미 본란(本欄)을 통해서 누차 강조한 바 있거니와, 일본 정부가 잔꾀를 부리려 하지 말고 대국적인 견지에서 한일 국교 정상화를 조속히 실현시키려는 한국 측의 성의에 호응해 줄 것을 다시 한번 요청하는 바이다.

`『동아일보』, 1962년 3월 7일, 1면(조간)`

12일 동경서 한일 정치회담
수석대표에 양측 외상, 주 의제는 재산 청구권
한일 양국 정부서 정식 발표

외무부는 6일 상오 한일 정치회담을 오는 12일 일본 동경에서 열기로 일본 정부와 합의하였다고 발표하였다. 이 정치회담 개최에 관한 발표는 일본에서도 동시에 있었는데 이에 따르면 이 회담의 한국 쪽 대표는 최덕신(崔德新) 외무장관, 일본 쪽 대표는 고사카 젠타로(小坂善太郎) 외상이며 재산 청구권을 주로 한 현안의 한일회담 안건 전반에 걸친 문제를 토의하게 되어 있다.

외무부 발표

대한민국 정부와 일본국 정부는 한일 정치 절충 개최에 관하여 다음과 같이 합의하였다.
① 개시 일자: 3월 12일(월)
② 개최 장소: 동경
③ 대표: 한국 최덕신 외무부장관, 일본 고사카 외상(수행원은 추후 발표함)
④ 토의 안건: 재산 청구권을 주로 한 기타 한일회담의 안건에 관한 전반적인 문제

우리 대표단 10일경에 도일

최 외무장관의 수행원은 외무부의 문철순(文哲淳) 정무국장, 엄달영(嚴達永)[*] 아주(亞洲)과장

---

[*] 엄달영(嚴達永)은 엄영달(嚴永達)의 오기로 보인다.

과 농림부의 김명년(金命年) 수산국장 등이 될 것이라고 알려지고 있는데 우리 대표 일행은 10일경에 일본으로 떠날 예정이다. 오랫동안 끌어온 한일회담의 정치적 해결의 길을 트기 위하여 열리는 이 회담은 지난해에 열린 제6차 한일회담 이후 교섭이 진행되어왔던 것인데 이번 회담에서도 일본 쪽이 새로이 독도 영유권 문제를 의제로 삼겠다는 태도를 보이고 있는 것 등으로 미루어보아 상호 타협에 상당한 어려움을 겪게 될 것이 전망되고 있다.

일, 독도 토의 시사
청구권도 1억 불(弗) 선 제의할 듯

【동경 6일 합동】 12일 동경에서 열릴 최·고사카(小坂) 씨 회담에서는 한국의 대일 청구권 문제가 중심 문제가 되는 외에 기타 문제도 역시 토의될 것이다. 그런데 일본 측은 동 회담에서 평화선, 독도 문제, 그리고 북한과의 관계도 의제로 하고 있다고 시사하였다. 정치회담 장소로 동경을 결정한 것은 일본 국내 사정으로 한국의 희망지인 서울 개최 실현은 시기적으로 지연되므로 한국이 양보한 것이라고 한다. 동경 회담의 기한은 10일 내지 15일 정도라 한다.

【동경 6일 AP 합동】 한국과 일본은 5일 한일 국교 정상화 회담의 현재의 정체 상태를 타개할 방안을 토의하기 위해서 내주에 동경에서 정치회담을 개최하는 데 동의하였다고 6일 당지에서 보도되었다. 일본의 신문보도에 의하면 이 회담은 양국의 외상이 수석으로 참가하여 3월 12일에서 15일 사이에 시작될 것이라고 하며 NHK방송은 이것이 5일 주일한국대표부의 최영택(崔榮澤) 참사관(參事官)과 일 외무성의 이세키(伊關) 아세아국장의 회담에서 합의를 보았다고 전하였다. 한국대표부 소식통을 인용하여 『요미우리신문(讀賣新聞)』은 최덕신 외무장관과 고사카 외상이 주로 한국의 대일 청구권 문제를 토의할 것이라고 보도하였다. 한국은 8억 불을 요청하였으나 일본 측은 불과 5천만 불만을 제의한 것으로 전해졌었다. 그러나 『요미우리신문』은 일본 측이 5천 불 선에서 1억 불 선으로 올려 그속에 경제원조도 포함시킬 것을 제의할 것 같다고 보도하였다.

『경향신문』, 1962년 3월 8일, 2면(석간)

한일 보세(保稅) 가공(加工)무역 현 단계에선 불가능
일 외상 증언, 독도 문제 우선 해결

【동경 7일발 동양】고사카(小坂) 외상은 7일 일 중의원 외무위원회에서 "한일 국교 정상화에 앞서 독도 문제에 관해 양국 간의 무슨 합의가 이루어져야 한다"고 말하였다. 그러나 고사카 외상은 오는 12일부터 시작될 예정인 최덕신 외무장관과의 회담에 이 문제가 토의 의제로 포함될 것인지 아닌지는 밝히지 않았다.

고사카 외상은 일(一) 사회당 출신 의원으로부터 일본이 '가리오아' 및 '에로아' 반제(返濟) 자금을 대한(對韓) 경제원조로 전환시키기를 원하고 있는가라는 질의를 받고 "이 자금을 원조로 사용할 것인가 아닌가는 미국 정부에 달려 있다"고 대답하였다.

한편 이세키(伊關) 외무성 아주국장은 같은 외무위원회에서 "일본은 국교가 정상화한 다음에 한국과 통상 및 해운협정을 체결하기를 원한다"고 말하였다.

『동아일보』, 1962년 3월 9일, 1면(석간)

13일 최(崔)·이케다(池田) 회담
동경 한일 정치회담 일정 결정

【동경 8일 동양】 최덕신(崔德新) 외무장관은 13일 수상관저에서 이케다 수상과 회담하게 될 것이라고 8일 보도되었다. 주일대표부와 일본 외무성이 8일에 합의한 최 장관과 고사카(小坂) 일본 외상과의 정식회담 일정은 다음과 같다.

○10일
- 최 장관, CAT기(機)로 동경 도착
- 공항에서의 기자회견
- 제국호텔에서 유숙

○12일
- 상오 8시 30분 외무성에서 1차 외상회담

○13일 상오
- 최·이케다 회담

○14일 상오
- 2차 외상회담

○15일 하오
- 3차 외상회담

○16일 상오
- 4차 회담

○17일 상오
- 5차 회담

대표부서 부인
독도 문제 토의설

【동경 8일 동양】한종우(韓鐘愚) 특파원 기=한국 주일대표부 소식통들은 8일 "일본이 한일 외상회담에서 독도 문제의 해결을 추구하고 서울에 일본대표부를 설치하기를 제안할 것이라는" 보도를 일소에 부칠* 뿐만 아니라 극구 부인하였다. 대표부 관리들은 전기한 바와 같은 일본 신문의 보도에 관하여 "그와 같은 문제들은 외상회담의 의제로 포함시킬 수 없는 것이며 외상회담 의제에 관한 일본 외무성과의 협의에서 그와 같은 가능성이 토의된 바도 없다"고 말하였다.

---

* 원문: 붙일.

`『마산일보』, 1962년 3월 9일, 1면`

일(日), 1억 불(弗) 선 고려
독도 문제 국재(國裁) 제소
대표부 설치 등 요청 시

【동경 8일발 합동】 12일 동경에서 열리는 최 외무장관과 고사카(小坂) 일 외상 사이의 한일 정치회담에서 일본 정부는 고사카 외상에게 모든 것을 일임하고 청구권 문제에 관하여 일본 측의 무상원조를 포함하는 액수를 제시케 하여 한국 측의 의사를 타진하게 할 것으로 알려지고 있다.

8일 아침 『동경신문(東京新聞)』은 일본 측의 이번의 정치회담에서 독도 문제를 국제사법재판소에 제소하여 해결할 것과 서울에 일본대표부를 설치할 것도 요청하리라고 제(題)하였다. 동지(同紙)에 의하면 일본 측은 청구권에 대해서 외무·대장(大藏) 양 성의 제시한 숫자에 정치적인 고려를 가(加)하여 1억 불을 넘지 않도록 하되 그 대신 경제원조의 액수를 늘리도록 할 방침인 것 같다고 한다.

『민국일보』, 1962년 3월 9일, 1면(조간)

한일 외상회담 일정에 합의
주 의제, 청구권 문제
주한대표부, 독도 문제 등 상정 않기로

【동경 7일발 합동】 12일 최·고사카 회담 개시를 앞두고서 회담 일정 등 합의를 위하여 최 주일 참사관은 8일 상오 일 외무성에 우야마 심의관과 절충회의를 진행함으로써 1주일 동안의 회담 일정에 최종 합의를 보았다.

발표에 의하면 최·고사카 회담은 12일 상오, 13일 상오 이케다(池田) 수상 예방(최·고사카 회담 없음), 14일 상오, 15·16 양일은 회담 개최, 17일 상오(내주 중 5회 개최), 18일 후 일정은 회담 진행을 보아가며 결정함. 주일대표부 측에 의하면 회담 의제는 청구권 중심이며 독도 문제, 서울의 일(日)대표부 설치 문제 등은 전혀 상정되지 않는다. 또한 출석자도 의제가 청구권 중심이므로 어업 관계(村田: 무라다), 법적 지위(高瀨: 다카세) 관계자가 출석한다.

『조선일보』, 1962년 3월 9일, 1면(조간)

독도 문제, 정치회담과는 무관

일 측서도 제기 않을 듯
공식 의제로는 지금까지 논의된 현안만

동경 외상회담에 외교 소식통 논평

외교 소식통들은 오는 12일부터 열리는 정치회담에서 일본 측이 독도 문제를 '반드시 의제로' 제기하지는 않을 것으로 보고 있다. 이러한 전망의 근거로서는 정치회담의 의제가 현재까지의 한일회담에서 토의되어 온 현안 문제에만 그치게 되어 있기 때문이며 독도 문제는 '전혀 별개의 문제'로서 정치회담과는 관련이 없는 것이기 때문이라고 이 소식통은 해석하였다.
또 그에 의하면 일본 정부도 독도 문제를 이번 정치회담에서 적극적으로 토의할 의사를 보이지 않고 다만 '기회가 있다면' 이 문제에 대한 한국 정부의 태도를 타진하는 데만 그칠 것으로 보고 있으며 일본 측이 한일회담이 성숙해가고 있는 이때 독도 문제를 들고나오는 것은 야당 측의 공세를 막아내는 방편을 마련하기 위한 것이라고 해석하고 있다.
일본 정부는 독도 귀속 문제에 관해서 그들의 견해를 밝힌 문서에서 이 문제의 합리적인 해결을 위해 국제사법재판소의 공정한 판단에 의할 도리밖에 없다는 그것을 강조하고 있는 것으로 보도되었다.
외무 당국에서는 독도는 한국의 영토란 사실이 역사적으로나 지리적으로 입증되고 있으며 정부는 국제사법재판소에 대한 일본 측의 제소에 불응할 태도를 명백히 하고 이 문제가 "정치회담의 안건으로 될 수 없다"라고 말한 바 있었다.

고문헌에 나타난 독도
숙종 때 『약천집(藥泉集)』에 영유권 명시
일 측 사료 『조선통교대기(朝鮮通交大記)』에도

한일회담이 정치협상의 단계에까지 진전되어 종전 이후 난항을 거듭해오던 양국 간의 정상적인 국교의 회복이 모처럼 문전에 다다랐는데 뜻밖에도 일본은 또 하나의 난제를 들고나와 트집을 부리는 듯한 인상을 주고 있다.

그 난제란 다름이 아니라 동해안 한복판에 자리 잡고 있는 독도라는 섬의 귀속 문제인데 일본은 이곳을 끝내 죽도(竹島)라는 이름으로 자기네 영토라고 주장하여 전일(前日)의 그들이 국토 팽창정책의 그릇된 정신을 아직도 되풀이하고 있다.

일본이 독도를 자국의 영토라고 주장하는 유일한 근거는 1905년 2월 20일 자로 시마네현(島根縣)인 나카이 요자부로(中井養三郎)*가 해려(海驢)를 잡기 위해서 제출한 '죽도 영토편입

---

* 원문: 中井義三郎.

급 대하원(竹島領土編入及貸下願)'을 접수하고 각의(閣議)에서 결정만 하고 이를 시마네현 고시(島根縣告示) 제40호로 일방적인 편입을 해버린 데 있는 것이다.

그런데 그것도 그들의 정부 고시도 못 되는 일개 현청의 고시에 불과하며 또 명백히 구(舊)한국의 정부가 엄존한 때인 데도 불구하고 우리 정부와는 아무런 협의도 없이 일방적으로 해버린 것은 남의 영토를 잠식하기 위한 가장 비법적 행위라고밖에 볼 수 없는 것이다.

여기서 문헌상으로나 또는 역사상으로나 독도가 한국의 영토라는 뚜렷한 사실을 몇 가지 소개하면 다음과 같다.

첫째 남구만(南九萬)의 『약천집』에 나타난 독도에 관한 것인데 숙종 22년 9월 무인(戊寅)조에 동래에 사는 안용복(安龍福)이라는 어부가 울릉도에 들렀을 때 독도에 가거(假居)하고 있는 일인을 추방하고 표풍(飄風)을 만나 일본의 오키도(隱岐島)에 표류한 사실이 기록되어 있다. 그리고 안 씨가 귀국하자 곧 조정에 건의하여 이곳을 일인들이 무단히 못 오도록 방비하여야 한다고까지 주장한 사실이 뚜렷한 것이다.

그런데 조정은 이제까지 울릉도를 비롯한 독도 일대가 육지에서 멀리 떨어져 있기 때문에 풍파로 인하여 익사하는 사람이 속출할 뿐만 아니라 그곳 주민이 군역 도피자나 세금 포탈자 및 범죄인들이 대부분이어서 공도(空島)정책을 써왔던 것이다.

그런데 용복 일행이 울릉도에 들렀다가 일본의 어민 오야 규에몬(大谷九右衛門) 일행과 서로 만나 싸움이 벌어져 마침내 우리나라와 일본 사이에 독도는 물론 울릉도의 소속 문제가 일어나 수년간에 걸쳐 외교전을 하다가 마침내 숙종 22년(서기 1690년)에 일본의 도쿠가와막부(德川幕府)에서 독도와 울릉도를 한국 영토로 확인하고 일본 어민의 동도 내왕까지 엄금하였던 것이다.

여기에 대한 사료는 『숙종실록』을 비롯하여 『증보문헌비고(增補文獻備考)』 및 『동문휘고(同文彙考)』, 『통교관지(通交館誌)』에 명시되어 있을 뿐만 아니라 일본 측 사료인 『조선통교대기(朝鮮通交大記)』, 『통항일람(通航一覽)』, 『본군조선왕복서(本郡朝鮮往復書)』에도 상세한 전말이 기록되어 있다.

그리고 안용복이가 일본 어민과 서로 싸울 때 일본 사람이 독도를 가리켜 송도(松島)라고 말하였다 하는데 그것은 우리나라의 우산도(于山島)인 것을 주장하고 일본의 호키 태수(伯耆太守)** 마쓰다이라 신타로(松平新太郞)와도 담판하여 그들이 죽도라고 부르던 울릉도와 송도라고 하던 우산도를 한국 영토로 확인한 서류를 받아왔다는 사실도 명시되어 있다.

그러므로 독도가 한국의 영토라는 것은 이미 숙종 때, 서기 1696년 전에 남구만의 『약천집』에 나오는 한국의 어부 안용복에 의하여 밝혀진 것이다.

그런데 일본은 이보다 2백 년이 훨씬 지난 1905년에 그들이 러시아와의 전쟁 준비를 목적으로 그 세력은 한국에까지 침입하고 1905년 11월에 한국의 외교권을 박탈하기 위하여 강제로 우리나라와 을사조약을 맺은 것이다.

그런데 일본이 독도를 1905년 2월 22일 자로 시마네현에 편입시킨 것이다. 즉 을사조약이 조인되기 9개월 전에 일방적으로 단항해버린 것이다. 을사조약 이후면 또 몰라도 조인하기 9개월도 훨씬 전에 일방적으로 편입시킨 것은 번연히 한국이 외교권을 가지고 독립된 정부로서 독립국가를 이루고 있는데도 불구하고 남의 나라의 영토를 일개 어부의 영토 편입원 하나로 마음대로 결정했다는 것은 문제도 되지 못할 일인 것이다.

이밖에 독도가 한국의 영토라는 것은 1906년에 울릉군수 심흥택(沈興澤)의 보고서에도 '본군 소속 독도'라 되어 있고 『매천야록(梅泉野錄)』 권5 광무 10년 4월호에도 독도의 이야기가 기록되어 있는 것으로 보아도 명백히 알 수 있는 것이다. 뿐만 아니라 이조의 『세종실록(世宗實錄)』 권15*** 에도 지리지 강원도 울진현조(條)에 그 부속도서로 우산도와 무릉도(武陵島)가 있는데 우산도가 바로 독도인 것이다.

그런데 현재 일본은 독도를 죽도(竹島)라고 부르고 있는데 죽도라는 이름은 예전에는 울릉도도 죽도요, 독도도 죽도라고 불렸던 때도 있었는데 일본의 지리지나 대백과사전에도 명시되어 있는 사실상의 죽도는 시마네현 오키(隱岐)열도 중에 있는 지부리(知夫里)도의 동북단에 있는 소도(小島)를 말하는데 이 섬은 일본의 지부군(知夫郡) 지부촌(知夫村)에 있다. 그런데 아마 일본은 이 죽도를 독도로 착각하고 있을 것이라고 한국의 사학계에서는 보고 있다.

** 원문에는 伯春으로 되어 있으나 伯耆의 오기로 보인다.
*** 권153의 오기로 보인다.

『경향신문』, 1962년 3월 11일, 1면(조간)

우선 평화선 문제를 해결
고사카(小坂) 외상 담, 독도 국재 제소 동의도

【동경에서 본사 최서영(崔瑞泳) 특파원발】 일본의 고사카(小坂) 외상은 당지 한국 기자들의 서면 질문에 대하여 "평화선의 해결을 지음이 없이 국교 정상화하는 데 일본은 반대하고 있다"고 말했다.

고사카 외상은 이번 회담에서 최대의 성과가 거두어지도록 노력하겠다는 성의를 나타내보였다. 그는 재산 청구권 등 현안 문제가 타결되도록 노력하겠다고 다짐하였다. 고사카 외상은 이번 정치회담이 10년 내에 걸친 두 나라 국교 정상화 교섭의 훌륭한 전환점이 되기를 바란다고 희망했다.

그러나 고사카 씨는 독도 문제에 대해 "이것이 해결되지 않은 채 넘어간다는 것은 양국 간의 우의에 좋지 못한 영향을 미치는 것이며 한국 측도 해아(海牙) 국제재판소에서 이 문제가 해결되도록 하는 데 동의해주도록 힘써 보겠다"고 최근의 태도를 되풀이해보았다.

『경향신문』, 1962년 3월 12일, 1면(석간)

독도 문제는 제기 않을 듯

【동경 11일발 동화】 이번 정치회담에서는 독도의 귀속 문제는 정식 의제로 채택될 수도 없으며 또한 일본 측이 감히 제기하지도 않을 것이라 한다.

『동아일보』, 1962년 3월 12일, 1면(조간)

한일 외상 정치회담, 의제 협상을 시작
처음부터 난항 예상

일의 대북괴 무역사절단 파견 항의·독도 문제 등 제기할 듯
11일 밤 문(文) 정무·이세키(伊關) 국장 회동

【동경에서 본사 권오기(權五琦) 특파원 11일발】 한일 외상 간의 정치회담은 1일 하오 6시 30분부터 문철순(文哲淳) 외무부 정무국장과 이세키 일본 외무성 아세아국장 사이에 의제 절충을 위한 사전 접촉을 갖는 것을 첫발로 실제적인 교섭이 시작된다.

이번 동경 정치회담에서는 10년이 넘도록 난제로 끌어온 재산 청구권 문제가 가장 중요한 의제로 될 것이 분명하지만 우선 의제의 선정에 있어서도 일본 측은 지금까지 비공식적이긴 하나 독도 문제나 주한일본대표부 설치 문제 등을 의제로 제시할 것 같은 움직임을 보여주고 있으며 한국 측은 일본이 북한 괴뢰와 무역을 확장하려는 움직임에 항의를 제기할 것같이 보이기 때문에 이날의 의제 협상은 처음부터 난항에 부닥칠 것으로 보고 있다.

북괴와 일본과의 통상 확대 문제는 1일 이곳 『아사히신문(朝日新聞)』에 의하여 크게 보도되었다. 이에 의하면 일조(日朝)무역사절단이 10일 평양에 도착하여 민간무역 확대를 위한 토의를 시작하였다는 것인데 1일 한일회담의 한 대표는 이는 한일 정치회담에 중대한 영향을 미치게 될 것이라고 지적, 정치회담의 분위기를 흐리게 만들어놓고 일종의 흥정거리로 이용하려는 잔꾀인 듯도 하므로 엄중 항의할 것임을 시사하였다.

이곳 외교 소식통에 의하면 1일 밤에 있을 의제 협상에서 쌍방이 만족할만한 타결을 보지 못하는 경우에는 의제 선정 그 자체를 12일 상오 8시 반에 열리는 양국 외상 사이의 정치회담에 넘기게 될 것이라고 한다.

『동아일보』, 1962년 3월 13일, 1면(조간)

한일 정치회담 개막

총괄적 의견 교환, 의제 합의
양측 수석인사, 다음 회담은 14일에

【동경에서 12일 권오기(權五琦) 특파원발】역사적인 한일 정치회담은 12일 상오 9시부터 12시까지 일본 외무성에서 한국 측 최덕신(崔德新) 외무장관과 일본 측 고사카(小坂) 외상을 수석대표로 하여 10명의 양측 대표가 참석한 가운데 개최되었다. 극히 온화한 분위기 가운데 열린 정치회담 제1일은 인사 교환이 있은 다음 한일회담 개최 이후 지금까지의 문제점에 대하여 총괄적인 의견을 교환하고 앞으로 정치회담에서 토의될 의제에 합의하였다.
이날 회의에서는 ① 청구권 문제(일반청구권 및 문화재 청구권 등 포함) ② 재일교포 법적 지위 문제 ③ 평화선 및 어로(漁撈)협정에 관한 문제의 순으로 회의를 진행하는 데 합의하고 독도 문제나 일본이 서울에 대표부를 설치하는 문제는 논의되지 않았다. 다음 회의는 14일 상오 8시 30분에 개최된다. 일본은 이날 상호 총괄적인 의견 교환을 통하여 실무자 회담에서 이미 밝힌 이상의 의견을 제시하지 않았다. 한일 정치회담의 첫 회의가 끝난 후 최 외무장관은 "회의 분위기가 우호적이었으며 서로 국교 정상화에 최선의 노력을 기울이는 데 의견을 일치하였다"고 덧붙였다.
최 외무는 13일 상오 10시 반 수상관저로 이케다(池田) 일본 수상을 예방할 것인데 관측통들은 단순한 예방 이상의 회담이 있을 것으로 예측하고 있다. 12일 저녁에는 고사카 외상이 베푸는 만찬회가 있을 것이며 최 외무와 고사카 외상은 이 자리에서 한일 문제 의견 교환의 기회를 가질 것이다. 한편 이날 회담이 계속되는 일본 외무성 밖에는 조련계(朝聯系) 약 2백 명이 '한일회담 반대'라는 휘장을 어깨에 두르고 고사카 외상을 만나겠다고 주장하였는데 외무성 주위를 경비하는 3백 명의 경관에게 제지당하고 1시경에는 실력행사까지 있었으나 결국 히비야 공원으로 후퇴하고 말았다. 한편 사회당의 에다(江田) 위원장은 이날 가고시마에서 기자회견을 갖고 한일회담을 강제로 추진하면 내각불신임안을 내겠다고 언급하였다.

독도 문제 부(不)제기
이케다(池田)·고사카(小坂) 발언으로 뚜렷
일 외교 소식통 담

【동경 11일 동화】이번 정치회담에서는 독도의 귀속 문제는 정식 의제로 채택될 수도 없으며 또한 일본 측이 감히 제기하지도 않을 것이라 한다. 11일 당지의 권위 있는 외교 소식통은 이러한 증거로서 ① 일본의 고사카 외상이 중의원에서 독도 문제를 국제재판소에 제소하겠다고 증언한 것은 국교 정상화 후를 말한 것이며, ② 또한 이케다 수상도 이 문제는 기필 한일 문제 정상화의 조건이 안 된다고 언명한 사실을 강조하면서 사실상 일본 측도 회담 진행을 방해할 요소인 동 문제를 정식으로 제기할 의사는 없는 것으로 본다고 전하였다.

일본 측이 근간에 와서 갑자기 과거에 없던 동 문제를 되풀이한 것은 ① 사회당의 맹렬한 추궁을 무마하려는 정치적인 방편인 동시에 ② 한국 측에 자극을 줌으로써 이 기회를 이용하여 상대방의 반영을 들어보려는 심산과 ③ 그리고 국민에 대한 PR방법으로 동 문제를 최대한 이용하려는 주의가 내포되어 있다고 주장하면서 일본 측의 독도 문제에 대한 내막을 폭로하였다.

『민국일보』, 1962년 3월 13일, 1면(조간)

[로타리]
일의 얕은 '제스처' 한탄

○ "정말 어렵습니다. 참 어려워요." 한가한 틈을 타서 신문을 뒤적이고 있던 이원경(李源京) 외무차관은 때마침 들른 기자에게 한일 정치회담의 전망을 몹시 어렵게 내다보면서 한숨마저 섞인 목소리로 '어렵다'는 말을 연상 되풀이하였다.

한일회담 10년에 이제 마지막 고비의 정치 교섭에까지 도달하기는 했으나 청구권 문제, 평화선 문제 등 엄청나게 어려운 난제들을 생각하면 마음을 놓을 수가 없다는 것.

이 차관은 더구나 일본 측이 정치회담 직전에 독도 문제를 끄집어내는가 하면 북한과 통상을 하겠다는 해묵은 소리를 새삼스럽게 끄집어내어 정치 교섭에서 측면적 흥정거리를 삼으려는 얕은 '제스처'를 한다고 한탄하고 있었다.

『민국일보』, 1962년 3월 15일, 1면(조간)

국교 정상화와 함께 독도 문제 국재(國裁) 제소
고사카 외상, 참원서 증언

【동경에서 14일 본사 조동오(趙東午)·이형연(李炯淵) 양 특파원발】고사카 젠타로(小坂善太郎) 일본 외상은 14일의 일본 참의원 예산위원회에서 북한과의 국교라든가 청구권 문제의 해결 등은 생각하고 있지 않다고 말하였다.

고사카 외상은 독도 문제는 국교 정상화와 동시에 국제사법재판소에서 해결되기를 바란다고 말하여 한일 외상회의에서 이 문제를 취급할 뜻을 밝혔다. 오히라(大平) 관방장관은 청구권에 대하여 대장성과 외무성의 액수에 차이가 있기 때문에 재조정하겠다고 말하였다.

`경향신문』, 1962년 3월 16일, 1면(조간)

[사설]
해리만 차관보의 방한을 환영한다

미 국무성 극동 문제 담당 차관보인 에베렐 해리만 씨가 16일에 내한한다. 씨(氏)의 내한을 계기로 하여 서울에서는 한미 간에 미국의 대한 원조 및 우리 정부의 5개년 경제계획과 한미행정협정 문제 등이 토의될 것으로 보인다. 또한 해리만 씨는 혁명 이후의 한국 동태를 면밀하게 시찰하게 될 것이다. 해리만 차관보를 맞아 한미 양 당국자가 토의할 문제 중에서도 미국의 대한 원조 문제가 주요 의제가 될 것임에 틀림이 없다. 따라서 혁명 정부는 한국이 국가 가용 자원의 총동원을 비롯하여 5개년 계획 완수를 위해서 자조적인 노력을 경주하고 있다는 사실을 해리만 차관보 일행에 깊이 인식시켜야 할 것이다. 그리하여 우리나라의 국가 경제 재건에 필요한 원조를 미국이 추가적으로 지출하는 데 도움이 되도록 해야 할 것이다. 다음은 응당 토의될 것으로 예상되는 한미행정협정의 체결 문제이다.

(중략)

끝으로 이번 기회에 우리 정부는 한일관계에 대하여 미국 측에 몇 가지 문제를 건의할 필요가 있다. 그 첫째는 우리나라 영토인 독도에 대한 일본 측의 영유권 주장 문제이다. 즉 일본은 1951년에 체결된 대일평화조약을 무시하고 한국 영토인 독도를 자국의 영토라고 주장하고 있다. 동 평화조약 제2조에 일본은 "한국에 대한 모든 권리, 권원 및 청구권을 포기한다"고 명문화되어 있음에도 불구하고 후안무치하게도 우리나라 영토인 독도에 대하여 부당한 영유권을 주장하고 있다.
그러므로 대일평화조약 체결의 주도국인 미국으로서는 동 조약의 근본 정신과 의의를 일본이 재인식하도록 그 해석을 명백히 해줄 필요가 있는 줄로 안다. 아무튼 우리는 해리만 씨의 금반 내한이 한일 문제 해결에 유익한 작용을 일으키게 되기를 바라는 바이다.

> 『동아일보』, 1962년 3월 17일, 1면(조간)

일 대표부 서울 설치를 거절
최 외무, 독도 문제 국재(國裁) 제소도

【동경에서 권오기(權五琦) 본사 특파원 16일발】 최덕신(崔德新) 외무장관은 서울에 주한대표부를 설치하겠다고 한 일본 고사카(小坂) 외상의 제의를 거절했다고 16일 상오 한국대표단의 한 소식통은 말하였다.

이 소식통은 지난 12일에 일본 외무성에서 열렸던 제1차 최(崔)·고사카(小坂) 회담에서 동 제의가 일본 측으로부터 있었다고 밝히고 최 장관은 이에 대하여 "국교 정상화 이전에는 일본대표부 설치를 허용치 않는다는 한국 정부 방침에는 조금도 변동이 없다"고 고사카 외상에게 답변했다고 전하였다.

동 소식통은 제1차 회담에서 일본 측이 독도 문제를 국제사법재판소에 제소하는 데 한국이 동의해줄 것을 제의했으나 최 장관은 "그러한 문제는 외상회의에서 토의될 문제가 아니다"라는 이유를 들어 동 제의를 거부했었다고 말하였다.

최 장관은 이 문제에 "독도 문제가 과거 10년간의 한일회담에 한 번도 상정된 일이 없다"는 사실을 상기시켰다는 것이다.

자민당과 접촉
최 외무

【동경에서 본사 권오기(權五琦) 특파원 16일발】 한일 정치회담 한국 쪽 대표 최덕신 외무장관은 고사카 일본 외상과의 표면 교섭과 아울러 이면으로 일본 자민당 내의 실력파 간부들과 개별 교섭을 시작하기로 하고 그 첫 교섭으로 16일 하오 2시부터 3시 사이에 오노 반보

쿠(大野伴睦)(부총재), 후나다 나카(船田中)[전 자민당 정조(政調) 회장] 씨 등을 만난다.

최 장관의 이러한 이면 교섭은 한일회담의 진척을 위하여 큰 의의가 있는 것으로 알려지고 있는데 그는 앞으로도 계속하여 자민당 내에 간부들과 개별 교섭을 계속할 것으로 보인다.

최(崔)·고사카(小坂) 제4차 회담은 예정대로 이날 4시 반부터 열린다.

『경향신문』, 1962년 3월 19일, 1면(석간)

한일 교섭, 8·9월경 타결
이번 회담 장차(將次)의 토대 마련
최(崔) 장관, 서울 향발 앞서 언명*

【동경 19일발 합동】 최 외무부 장관은 19일 상오 10시 반 서북항공기편으로 귀국한다. 귀국에 앞서 그는 『동경신문』과 단독 회견을 하고 한일 교섭은 8, 9월경에 타결될 듯하다고 언명했다.

최 장관은 이 회견에서 다음과 같이 그의 견해를 말하였다.

1. 이번의 동경 외상회담에서는 장차의 회담을 성공시키기 위한 토대가 마련되었다.
2. 청구권은 일본 측이 주장하는 대로 법적 근거에 한한 것이 아니고 과거를 청산하기 위해서 불가피한 일본 측의 채무이다. 그리고 한국 측의 청구액은 국교 정상화를 위해서 정치적인 배려를 가해서 산출해낸 것이다.
3. 독도 문제는 한일회담에서 논의할 성질의 것이 아니며 그의 조건도 되지 않는다. 그것은 국교 정상화 후에 해결될 문제이다. 일본 측의 국제사법재판소 제소에도 응하지 않겠다.
4. 쌍방이 서로 성의를 가지고 대하면 8, 9월까지에는 해결을 보게 될 것이다. 만약 8, 9월 이후까지 해결이 늦어진다면 그 뒤의 전망은 예상할 수 없다.

---

* 『민국일보』, 1962년 3월 19일, 1면(석간), "8·9월께는 타결, 귀국 앞서 최 외무 담, 독도 문제 국재(國裁) 제소엔 불응".

『민국일보』, 1962년 3월 19일, 3면(석간)

국교 정상화 후 독도 문제 논의

【동경에서 19일 본사 조동오(趙東午) 특파원발】 최덕신 외무부 장관은 19일 상오 9시 30분 우메다(梅田) 공항에서 내외 기자들과 회견하고 그는 일본 측이 한국과의 국교 정상화를 진지하게 생각하고 있다면 잠정적인 일본대표부의 설치는 필요치 않은 게 아니냐고 말하여 일본 측의 서울 대표부 설치 제의를 거부한 이유를 밝혔다.

외무부 장관은 이 회견에서도 다음번 정치회담은 서울에서 열기를 희망한다고 말하였으며 독도 문제는 국교 정상화 후에 논의했으면 한다고 말하였다.

『민국일보』, 1962년 3월 19일, 3면[석간]*

"독도는 옛날부터 우리 땅"
천석짜리 뗏목배로 내왕(來往)
일인(日人)은 그림자도 없어 … 원산, 대마도까지 우리 독무대

해구(海狗)잡이 출어
구순 노옹의 증언
거문도서 140년 내(來) 전승
노(老) 어부 김윤삼 씨의 회고

【여수】 동해의 고도 독도가 우리나라 영토라는 사실은 누누이 설명되어 왔거니와 거문도에 사는 한 늙은 어부가 또다시 자기의 생생한 회고담을 통해 독도의 한국 영유권을 뒷받침해 주고 있다. 거문도 서도리(西島里)에 사는 올해 87세의 김윤삼(金允三) 노인은 나이보다 훨씬 젊고 건강하게 보였다. 거센 파도를 잘 타기로 이름난 거문도[일명 삼도(三島)라고도 함] 사람들은 문명이 발달하지 못한 옛날부터 해상 무역에 종사하고 있었다. 김 씨가 19세 되던 해 동네 사람들과 함께 통나무를 파서 이어 만든 큼직한 '천석짜리' 배로 장삿길을 처음 따라 나섰다.

갈대로 만든 커다란 돛을 달고 바람에 밀려 서해를 따라 북으로 북으로 거슬러 올라갔다 계절풍을 따라 제물포(인천)는 물론 멀리 신의주(그때는 의주)까지 올라가서 쌀과 곡식을 가득 싣고 남해를 거쳐 동해를 거슬러서 원산까지 가서는 명태 등 해산물과 바꿔 싣고 돌아오는

---

* 2면으로 표기되어 있으나 오기이다. 순서상 3면이다.

"獨島는 옛날부터 우리땅"
千石짜리 뗏목배로 來往

日人은 그림자도 없어… 元山·對馬島까지 우리獨舞臺

海狗잡이 出漁
9旬老翁의 證言
=巨文島서 百40年來傳承

老漁夫 金允三氏의 回顧

[麗水] 東海의 고도 獨島가 우리나라 영토라는 사실은 누구나 설명 고 담을 통해 獨島의 한국 영유권이 뒷받침해주고 있다. 巨文島 西島里에 사는 올해 87세의 金允三노인은, 나이보다 훨씬 젊고 건강한 모습 옛날 해상무역과 海狗사냥을 하면서 獨島를 몇종사하고 있었다는 이야기만 김씨가 19세되던해 동네사람과 함께 통나무를 파서 만든 「천석짜리」배로 장삿길을 처음 따라 나섰다

김노인이 20살때 (1904년) 되면 여름철 무역선이 「천석짜리」 다녀온 것이 마지막이었고 그 후에는 세상이 울산 등지로 「돌섬」에는 못갔는 데 6·25처럼 아직도 기억에 생생하다고 말했다 현재 西島里 金允相 (35세)씨는 점재종이며 돌섬 三島 (巨文島) 에서 돌섬이라 부 르는 獨島에는 1백 40년전 할아버지때부터 金致善 (지금부터 1백 40년전) 할아버지때부터 三島 (巨文島) 의별칭 「가 제」를 잡아 잡아갔다고 金致善씨의 증손 金哲修 (57세) 씨가 長村부락의 一임명은 뗏목을 타고 원산등지 10여 명은 뗏목을 싣고 원산등지 로 팔고오는 열흘남짓 걸렸는데 큰 섬에는 두고 뗏목을 저 의 「가제」(海狗=「웃도세이」) 잡으로 또다시 「돌섬」에 도착 하게 되는 「돌섬」에 도착 하게 되면 돌섬은 론섬개가 살았다… 「가제」두마리로 바꾸어 바꾸었다고 지금은 부산이나 미역점복등 부락에게 마도주로 일본사람들에게 팔았다는데 「가제」의 살은 먹고 신발등도 해신었다고 한다

뭍대로 민 커다란 뗏목을 달아 西海로 흘러갔거나 北으로는 元山까지 갔었지만 제철 풍 仁川 (그때는 濟物浦) 을 따라 新義州 (그때는 義州) 까지 올라가서 쌀 과 곡 물을 바꿔오는 해상무역이었기 때문에 李節風만 의지해서 (그날 날씨가 좋으면 노를 저으며 가 기 때문에) 20여일 지나서야 신의주에 닿았다고 한다

[사진=金노인]

물물교환의 무역을 하였다. 바람에만 의지해서(계절풍) 다니기 때문에 그 날짜는 정할 수 없으나 계절을 따라 부는 바람은 어김없었다. "한탄한다, 함경도. 울고 간다, 울릉도. 저 바다 너머 보물섬이 있다 …" 등 멋진 노래를 부르며 20여 명이 노를 저으며 가기도 했다. 도중에 큰 풍파를 만나 죽을 고비를 넘기기도 여러 번 있었다.

김 노인이 20세(1895년) 되던 여름철에 '천석짜리' 무역선 5, 6척이 원산을 거쳐 울릉도에 도착하여 그 울창한 나무들을 찍어 뗏목을 지었다. 날이 맑은 때면 동쪽 바다 가운데 어렴풋이 보이는 섬이 보였다. 나이 많은 뱃사공에게 저것이 무엇이냐 물었다. "저 섬은 돌섬[석도(石島)=독도(獨島)의 별칭]인데 우리 삼도(三島)(거문도)에 사는 김치선(金治善)(지금부터 140년 전) 할아버지 때부터 꼭 저 섬에서 많은 '가제'를 잡아간다고 가르쳐주었다[지금 그 김치선 씨의 증손 김철수(金哲修)(57세) 씨가 장촌(長村) 부락에 살고 있다].

일행 수십 명은 원산 등지에서 명태 등을 실은 배를 울릉도에 두고 뗏목을 저어 이틀 만에 200리 되는 '돌섬'에 도착했다. 섬이 온통 돌바위로 되어 있는데 사람이라곤 한 사람도 없었다 한다. 돌섬은 큰 섬 두 개 그리고 작은 섬이 많이 있는데 큰 두 섬 사이에 뗏목을 놔두고 열흘 남짓 있으면서 '가제(海狗=옷토세이)'도 잡고 미역, 전복 등을 바위에서 땄다. 그리고 울릉도에 다시 돌아와 부산이나 대마도로 가서 일본 사람들에게 팔았는데 '가제'를 퍽 좋아했다 한다. '가제'의 살은 먹고 가죽을 가지고 신발 등도 해 신었다 한다.

그가 마지막 다녀온 것이 28세(1904년) 때라 하는데 세상이 어수선해서 그 후에는 '돌섬'에는 못 갔는데 아직도 기억이 생생하다고 말했다. 그리고 현재 서도리 김윤식(金允植)(35세) 씨 집 재목은 옛날 울릉도에서 가져온 소나무라 한다. "우리가 잡은 가제를 일본 사람들이 돈과 물건을 주고 사갔는데 그때 일본 사람들은 돌섬을 알지도 못하고 있었으며 돌섬에서 일본 배조차 본 일이 없는데 그 섬이 일본 섬이라니 고약한 일"이라고 김 노인은 흥분하는 것이었다. (사진=김 노인)

「민국일보」, 1962년 3월 20일, 2면(조간)

제1차 한일 정치회담의 총결산
현지에서 본 경과와 협상의 이면

동경에서 본사 조동오(趙東午) 특파원 기(記)

회담 경과

(중략)

17일의 최종 회담

양측이 제시한 액수는 상호 간 비밀에 부친다*는 신사협정에 따라 공개되지는 않았으나 최 장관 말대로 "여러분이 추측해온 것에 꼬리를 단 정도"라면 일 측 1억 5천만 불 정도, 한국 측 6억 불 정도라는 것은 한일 양측 소식통의 공통된 추측이다.

일본 측은 이번 회담에도 숫자를 내진 않았다고 회담 후에서 공언하고 있으나 배(裵)·스기(杉) 간에 숫자를 낸 것은 부동(不動)이고 양측의 숫자는 도저히 접근할 수는 없는 것이다.

○ 평화선 문제에서는 한국 측이 순전한 어업에 한해서는 신축성 있게 선을 들여 그을 수 있으나 국방상 평화선은 존속해야 한다고 종전의 주장을 되풀이했고, "한일 간은 적이 아니니까 국방선이야 있어도 무방하지 않느냐"는 한국 측 주장에 일본 측은 "한일 간 우호적 입장에서 적이 아니니까, 국방선도 필요없지 않느냐?"고 응수했으나 결론은 없이 양측 실무자 간에 어업협정에 대한 연구 검토만 계속하기로 했다.

○ 교포 법적 지위 문제도 '연구 선처(研究善處)'의 상용어(常用語)가 오고간 정도이지만, 의제에도 없는 것을 일본 측이 살짝 내어민 일본대표부 설치 문제나 독도 제소 문제는 한국 측에서 상대해주지 않고 일언지하에 거부(국교 정상화 후에 이야기하자)함으로써 일본의 낯은 깎인 셈이다.

(이하 생략)

---

* 원문: 붙인다.

『경향신문』, 1962년 3월 21일, 2면(조간)

한일 외상회담 결산

일, 이중 전술로 잔꾀
법 이론만 들추고
일례(一例)론 바위투성이 독도로 트집

최덕신(崔德新) 장관의 외교는 어딘지 선이 곧고 또 속이 투명하였다. 일본 기자와의 대담을 하는 가운데 최 장관이 고사카(小坂) 외상을 이렇게 평한 일이 있다.

"고사카 외상은 훌륭한 사람이다. 나는 24시간 한일 문제에 전념할 수 있었지만 고사카 외상은 여러 가지 복잡한 문제 속에 파묻혀 있다. 그럼에도 불구하고 성심성의로 노력해주어 고맙게 여긴다."

비록 회담 안에서 고사카 외상과 어떤 의견 충돌이 있었다 할지라도 최 장관은 그런대로 상대방의 성의만은 믿는 태도를 취하였다. 이런 점에서도 우리 측은 처음부터 일본에 의심을 품고 달라들지는 않았다.

그러나 일본의 태도는 달랐다. 처음부터 무슨 꼬투리라도 잡아 한국의 청구권 주장에 불구하게끔 이끌자는 이중 전술을 쓰기 시작한 것이다. 극단적으로 표현해서 간악(奸惡)이랄까, 그래서 튀어나온 것이 난데없는 독도 귀속 문제에 38도선 문제, 상항(桑港)평화조약 제4조 1항* 그리고 재한 미군정 법령 제33호 및 57년에 발표된 미 국무성의 해석각서 등의 법이론 등이었다. 일본이 왜 이런 문제를 정치회담에서 제기했는지 속셈은 불문가지이지만 어떻게 보면 성의로 임하려는 상대방을 격분케 하는 데는 충분히 족한 것이었다.

---

*　원문: 日項.

"독도 제소에 응소 않는다."

독도 문제에 대해 최 장관은 일본 측에 이런 재미있는 말을 한 일이 있다. 최 장관의 숙소인 제국호텔에서 일본인을 만났을 때다. "과거 10년간 한 번도 돌고 나온 일이 없는 독도(일본은 죽도라고 한다) 문제를 난데없이 들고나와 일본 국민의 감정을 자극하려는 심사를 알 수 없습니다. 나는 방일하기 전 서울의 한 친구가 이런 말을 해둡디다."
"일본이 말하는 죽도란 대가 가득 우거져 있는 섬이겠지, 그 섬은 풍파로 아마 소멸되어버렸을 거요. 한국이 말하는 독도란 이름 그대로 바다 한가운데 대뚱하게 고립해 있는 바위투성이의 섬이지요. 이것이 지금 그대로 남아 있지. … 우리가 가지고 있지도 않는 죽도를 돌려달라고 국재(國裁)에 제소한다 해도 한국은 응소할 수가 없습니다."
최 장관은 의외의 문제에는 의외의 답변으로 임했고 진격(眞擊)한 문제에는 진격하게 임했다. 청구권 문제에 최 장관이 표명한 것을 보면 이렇다. "내가 말하는 청구권이란 배상과 틀린 것이다. 배상을 청구하는 것이라면 일본은 한국에 아세아 각국에 지불한 몇 10배를 물지 않으면 안되었을 것이다."
"일본의 패전과 동시에 한국이 해방되었지만 그날부터 한국이 조선총독부의 행정권을 위양(委讓)받았으면 사태는 달랐을 것이다. 한국은 피를 흘려가며 일본의 행정권을 빼앗으려고 하지 않았다. 해방에서 미군 상륙까지 한 달의 여유가 있었다. 이 한 달은 일본 관리들이 총독부내의 증거를 깨끗이 없애는 데 충분한 시간이었다. 일본 총독부는 세계적으로 유능하였다. 만약 채권자인 한국과 채무자인 일본이 평등한 입장에 있었다면 증거는 살아 있었을지도 모른다 …."

두 측의 주장점

10년 만에 처음으로 열렸던 이번의 외상 정치회담에서 뚜렷해진 남측의 견해 차이는 무엇이었는가? 그리고 한일 양국 간에 놓여진 뚜렷한 문제는 어떤 것으로 집약되었는가? 최·고사카 회담에서 밝혀진 문제를 적어보면 다음과 같다.

한국

① 대한민국은 한반도에 있어서의 유일한 합법정부이다.
② 일본은 36년 동안 한국에서 약탈해간 한국 재산을 반환하며 한국은 그를 청구할 수 있는 권리가 법적으로 있으며 그 액수는 최소한 5억 불(비공식적으로 알려졌음)을 넘는다. 일본은 월남에 대한 배상에 있어서도 17도선 이북까지를 지불한 예도 있으므로 한국에 대해서도 38도선 이북까지 포함한 전체 재산을 반환하여야 한다.
③ 재일본 한국인은 특수한 조건에서 일본에 있게 되었으므로 그들에게는 특례적인 법적 지위를 보장해주어야 한다.
④ 평화선은 국방선으로 남겨야 하고 어로협정으로 한일분규를 없애야 한다.
⑤ 서울에 일본대표부를 설치하는 것은 국교 정상화 후에 해야 한다.
⑥ 한국은 일본이 자국민을 납득시키기 위해 청구액에 무상원조(또는 증여)를 포함시킨다면 그것은 굳이 반대하지 않겠다. 그러나 청구권과 장기 차관 및 그 경제원조는 별개의 것으로 취급해야 한다.

일본

① 대한민국은 한반도에 있어서의 유일한 합법정부임을 인정하나 현재 38 이북까지 행정력이 미치지 못하고 있으므로 청구권은 우선 38 이남에만 국한시켜 해결해야 한다. 청구액은 확실한 법적 근거와 물적 증거가 있는 것에 한하여 지불할 수밖에 없는데, 그 액(額)은 1억 불(비공식으로 알려졌음) 이하가 된다.
② 청구권과 무상원조 및 경제원조를 하나로 묶어 해결하자.
③ 평화선은 국방선으로도 인정할 수 없으며 조속히 어로협정을 체결하자.
④ 한일 간의 현안 문제를 해결하기 위해 우선 서울에 일본대표부를 설치해야 한다.

『동아일보』, 1962년 3월 27일, 3면(석간)

억보 일본 주장 뒤집어
독도 영유권에 새 사실(史實)

「팔역도(八域圖)」
벌교(筏橋) 유생(儒生)이 3대째 전승
우산도(于山島)라고 뚜렷이 기재

엄연한 우리 영토를 자기들의 것이라 하여 일본이 영유권을 주장하고 있는 독도가 이미 고대로부터 우리나라 지도에 표시되어 있었음이 26일 상오 전남 보성군 벌교읍 마동리 2구 노기창(盧琪昌)(51) 씨가 「팔역도」라는 옛 지도를 대대로 보관하여 왔다는 사실이 밝혀짐으로써 더욱 확실한 사실(史實)로 나타났다.

노 씨는 자기의 3대조인 노대중(盧大中) 씨(당시 광산군 석곡면 청풍리에 살았음) 대부터 대대로 물려받아 소중히 보관해왔다는 이 지도에 의하면 고조선은 8도로 되어 있고 그중 독도는 강원도 중 울릉도 밑에 우산도로 표시되어 있다.

이 지도는 약 150년 전의 유물로 추산되는데 노 씨는 원래 유생으로 생활고에 허덕이면서도 여순 반란사건과 6·25 때 가보인 그 지도만은 귀중하게 숨겨 보관해왔다고 한다. (벌교발)

직접 봐야 알겠다

◇ 유홍렬(柳洪烈) 교수(서울대 교수) 담=「팔역도」라는 지도는 처음 듣는다. 독도가 우리 영토로 표시되어 있는 기록은 많이 있고 또 지도로 표시되어 있는 것도 더러 있지만 「팔역도」는 직접 보아야 알겠다.

◇ 사진: 강원도 내에 편입돼 있는 우산도(현재의 독도=화살표)(上)와 「팔역도」(下)와 노기창(盧琪昌) 씨

억보고 日本主張뒤집어 獨島領有權에새 史實

「八域圖」
筏橋儒生이 3代째傳承
干山島라고 뚜렷이 記載

엄연한 우리 영토를 日本이 영유권을 주장을 대로부터 우리나라 지 자기들의 것이라 하여 넘 고 있는 獨島가 이미 도에 표시되어 있었음이 八域圖라는 옛지도를 26일 상오 全南寶城郡筏 도대로 보관하여 왔다는 橋邑馬洞2구 盧琪昌 사실이 밝혀짐으로써 더 (51)씨가 「광역도」 욱 확실한 사실 (史實) 로 나타났다.

【筏橋発】

◇柳洪烈教授(서울大教授) 담=八域圖라는지 도는 처음 듣는다. 獨島가 우리 영토로 표시되어 있다는 기록은 많이 있고 뜻지도로 표시되어 있는것도 더러 있지만 「八域圖」는 직접 보아야 알겠다.

直接봐야알겠다

山島로 표시되어 있다 이 지도는 약 1백50 년전의 유물로 추산되 는데 盧씨는 원래 유 생(儒生)으로 생활하 여 허덕이면서도 壬辰倭亂事件과 6·25때 발란사건과 6·25때 가보(家寶)인 그 지도 만은 귀중하게 승계 보 관하여 왔다 한다

盧씨는 자기의 3대조 인 盧大中씨(당시 光山 郡石谷面滑風里에 살 았음) 대부터 대대로 물려 받아 소중히 보관해 왔다 는 이 지도에 의하면 古朝鮮은 八道와 八域圖(下)와 盧琪 토되어 있고 그중 獨島는 昌씨 江原道中에 鬱陵島밑에 입해있는 干山島 (현재 의 獨島=화살표) (上) ◇사진 江原道내에편 야 알겠다

조선 (古朝鮮) 은 八 토되어 있고 그중 獨島는 江原道中에 鬱陵島밑에 干

『동아일보』, 1962년 4월 6일, 3면*

독도는 엄연히 우리 영토
본사에 또다시 두 종을 기증
실증하는 옛 지도 속출

○ 엄연한 우리 영토를 자기들의 것이라 하여 일본이 말썽을 부리고 있는 독도가 이미 고대로부터 우리나라 영토로 표시되어 있는 「팔역도(八域圖)」라는 옛 지도를 노기창(盧期昌)(51, 전남 보성군 벌교읍 마동리) 씨가 보관 중에 있음이 보도되자(3월 27일 자 본보 3면) 경향 각지에서는 그동안 옛 지도를 가진 사람마다 이를 본사에 알려오고 있는데, 5일 하오에는 군산사범학교에서 일하는 차칠선(車七善) 씨가 「조선여지총전도(朝鮮輿地總全圖)」 1권과 「대동여지도총전도(大東輿地圖總全圖)」 1권을 본사에 기증해왔다.

○ 차 씨는 "이 두 권을 6·25 때 군산 시내 어떤 서점에서 구했다"고 말하면서 "우산도(于山島)(독도)가 우리 영토로 표시되어 있는 이 지도가 한일회담에 다소라도 도움이 된다면 귀사에서 참고로 써달라"고 말하였다.

○ 이 소식을 들은 서울대학교 교수 유홍렬(劉洪烈) 씨는 "「대동여지도총전도」는 약 1백 년 전 이조 철종 때 만들어진 것으로 생각하나 「조선여지총전도」는 보기 전에는 뭐라고 말할 수 없다"고 설명하였다.

---

* 국사편찬위원회(한국사데이터베이스)의 『동아일보』, 1962년 4월 6일, 3면에서는 기사를 찾을 수 있으나, 네이버 뉴스 라이브러리의 『동아일보』, 1962년 4월 6일 자 조간·석간 기사에는 나오지 않는다.

`『조선일보』, 1962년 4월 9일, 1면(석간)`

일본대표부 설치 승인 않는 한
서울 정치회담 반대
일 외상(外相), 독도 국재(國裁) 제소를 재(再)언명*

【경도(京都) 9일발 UPI＝동양】 고사카(小坂) 일본 외상은 지난 8일 밤 한국 내에 일본대표부를 먼저 설치하지 않고서는 일본은 한국이 제안한 서울에서의 고위정치회담을 여는 데 반대하고 있다는 것을 명백히 했다.

고사카 외상은 경도부(京都府) 지사 선거전에서 여당인 자민당(自民黨) 입후보자를 위한 선거 유세차 이곳에 도착하여 "한국은 서울에서 고위정치회담을 열 것을 바라고 있으나 서울에 일본대표부가 없는 한 내가 설마 서울에 간다 할지라도 이 같은 회담의 개최가 정당하지 않을 것"이라고 말했다.

고사카 외상은 동해에 위치한 독도 및 일본이 인정치 않고 있는 평화선 등 문제들이 국제사법재판소에 의해 합리적으로 해결되어야 한다고 주장하면서 "이와 같은 수단에 의해 양국 간에 뿌리 깊은 악감정을 불식시켜야 할 필요가 있다"고 말하였다.

이세키(伊關) 아주(亞洲)국장은 국교 정상화의 협정이 일본 측의 만족스러운 토대에 입각해야 한다고 주장했다.

---

* 『민국일보』, 1962년 4월 9일, 1면(석간), "주한 일(日)대표부 설치 없인 서울 회담 불응, 고사카 일 외상, 한·일 문제에 언급".

『동아일보』, 1962년 4월 10일, 1면(조간)

"일(日)대표부 없는 서울 회담 무리"
고사카(小坂) 외상, '독도' 국재(國裁) 제소 재표명

【동경 9일 합동】고사카 일본 외상은 8일 경도(京都)에서 한국 측이 한일 정치회담을 조속히 서울에서 개최하자고 재삼(再三) 촉구한 데 대하여 "서울회담은 서울에 일본대표부를 설치하지 못 하는 한 무리한 것"이라고 말하였다.

고사카 외상은 이날 이케다(池田) 수상이 한일 문제 해결에는 더 시간이 필요하다고 말한 데 덧붙여 다음과 같이 기자들에게 말하였다.

"한국 측은 서울에서 정치회담을 개최할 것을 바라고 있으나 서울에 일본대표부를 설치하지 못하는 한 설사 외상 자신이 한국을 방문하더라도 무리라고 생각한다. 일본 측은 이미 한국 측에 의사표시를 한 바 있으므로 한국 측으로부터 말이 있을 것이다. 다음 회담의 시일, 장소 등은 미정이나 한국 측도 열의를 표시하고 있으므로 일본도 그에 응해야 할 것이다. 그러기 위해서는 독도·평화선 문제를 국제사법재판소에 제소하는 등 합리적인 방법으로 해결하고 한일 양국 간의 악감정을 해소시킬 것이 필요하다"라고 말하였다.

『민국일보』, 1962년 4월 11일, 1면(조간)

"일(日)은 배신행위 없다, 회담 불응은 청구액 때문"
이세키(伊關) 씨, 최(崔) 외무 발언에 반대 견해

【동경 10일발 합동】최 외무장관이 10일 기자회견에서 말한 "한일 정치회담의 일 정부 반응은 배신행위"라는 발언에 대하여 이세키 일 외무성 아세아국장은 10일 하오 "일본 측은 배신행위를 하지 않았다"고 다음과 같이 반박 견해를 표명했다.

1. 1월 25일 배(裵)·스기(杉) 회담에서 국회 심의가 일단락 짓는다면 조속히 정치회담을 열자고 언약하고 이에 따라 지난번 외상회담 진행이 된 것이다. "6월 중에 가조인키로 합의했다"고 말하고 있으나 5월이라는 것은 '노력 목표'이므로 순조로이 진행된다면 결론을 내도록 노력하자고 약속한 것이다. 그러므로 배·스기 회담의 언약에 대하여 일본 측은 아무런 배신도 하지 않았다.

2. 일본 측이 왜 정치회담에 응하지 않는가 하면 한국 측이 청구권 액수에 있어서 '어림도 없는 숫자'를 제시했기 때문이다. 한국 측이 이 점을 반성하고 합리적인 금액까지 양보해오지 않으면 교섭하여도 타결될 희망이 없다. 교섭해도 타결될 희망이 없다면 회담 장소는 그다지 의미가 없다. 일본은 한국 측이 합리적인 선까지 양보해오기를 희망한다.

3. 독도 문제에 있어서 국제사법재판소 제소는 반공 방위를 위하여 좋지 않다고 하나 이해하기 곤란하다.

『동아일보』, 1962년 4월 28일, 1면(조간)

독도 문제 해결 없이 국교 정상화 불가능
일 고사카(小坂) 외상 증언*

【동경 27일 AP 합동】27일 중의원 외무위원회에서 고사카 외상은 모리시마(森島) 사회당(社會黨) 의원의 질문에 답변하여 "한일 교섭의 과정에서 독도 문제를 논의는 하고 있으나 의제로서 채택된 일이 없다. 독도 문제의 해결 없이는 국교 정상화는 있을 수 없다"고 말했다.

---

*   『경향신문』, 1962년 4월 28일, 1면(조간), "독도 문제의 해결 없이는 한일 국교 정상화 불가능, 고사카(小坂) 일 외상, 의회서 답변"; 『민국일보』, 1962년 4월 28일, 1면(조간), "독도 해결 없인 한일 국교 무망(無望), 고사카 외상 언급"; 『조선일보』, 1962년 4월 28일, 1면(조간), "독도 해결 없이 정상화는 불능, 고사카(小坂) 일 외상 담"; 『한국일보』, 1962년 4월 28일, 1면, "독도 문제 해결 없이는 국교 정상화 불능, 고사카(小坂) 일 외상, 중의원서 언명".

『동아일보』, 1962년 4월 29일, 1면(조간)

큰 물의 일으킬 듯
고사카(小坂) 일 외상의 독도 문제 발언*

【동경 27일 합동】고사카 일 외상은 27일 중의원 외교위원회에서 "독도 문제의 해결이 없이는 국교 정상화에 응하지 않는다"고 발언하였는데 사회당 측은 이 답변에 만족하고 즉시 기자들에 대한 선전에 이용하였다. 고사카 외상은 뒤에 기자들에게 그의 발언의 진의는 "일본이 독도 문제를 국제사법재판소에 제소하는 데 한국이 응하게 되면 한일 국교 정상화에 도움이 될 것"이라는 것이었다고 해명하였다. 그러나 그가 외교위에서 한 발언은 그러한 온당한 내용의 것이 아니었음은 명확하다. 앞으로 그의 발언은 국내외에서 물의를 일으킬 것으로 예상된다.

---

* 『마산일보』, 1962년 4월 29일, 1면, "독도 문제 국재(國裁) 제소 고집, 일 고사카(小坂) 외상 외교위 증언서".

『마산일보』, 1962년 4월 30일, 1면

독도 문제 해결 선행돼야
고사카(小坂) 외상 중의원서 되풀이*

【동경 28일발 UP 동양】일본의 고사카 외상은 독도 문제가 해결되지 않는 한 한국과 정상적인 외교 관계를 수립하지 않겠다는 말을 28일 다시금 되풀이하였다. 그는 중의원 외교위원회에서 야당인 사회당 의원의 질문에 대하여 이와 같이 답변한 것이다. 독도 소유권 문제는 2차 대전 전후(前後)부터 한일 간의 분규점(紛糾点)의 하나가 되어왔으며 한국은 지금 이 섬을 점령하고 있다.

---

* 『민국일보』, 1962년 4월 29일, 1면(석간), "독도 해결 없인 대한(對韓) 국교 불가, 고사카 외상 되풀이"; 『조선일보』, 1962년 4월 29일, 1면(석간), "일 외상 또 주장, 독도 문제의 선결".

`경향신문』, 1962년 5월 15일, 1면(조간)

독도 국재(國裁) 제소, 99% 승소 자신
일(日) 최고재장(最高裁長) 담*

【동경 14일발 AP 동화=본사 특약】일본의 한 고위 법관은 14일 독도 문제가 국제사법재판소에 제소된다면 99.9% 이길 자신이 있다고 말했다. 일본 최고재판소장 요코다 기사부로는 기자와 만난 자리에서 이렇게 다짐하였다.

한일관계 개선돼야, 독도 문제 해결 가능
일 최고재판소장

【동경 15일발 동양】요코다 기사부로(橫田喜三郎) 최고재판소장은 14일 "독도 문제를 국제사법재판소에 제소하면 99% 한국 측에 대해 이길 승산이 있다"고 말한 것으로 보도되었다. 요코다(橫田) 소장은 마쓰에(松江)에서의 기자회견에서 또한 "일본은 이 문제를 단번에 해결하기 위하여 수년 전 국제사법재판소에 제소하려 했으나 한국이 응소를 거부했기 때문에 목적을 이루지 못했다"고 말했다. 그는 이어 "평화선 문제도 그렇지만 독도 문제는 한일관계가 개선되어야 해결이 가능할 것으로 생각한다"고 덧붙였다.

---

* 『동아일보』, 1962년 5월 15일, 1면(석간), "독도 문제에 망언, 일 법관, 국재(國裁) 제소면 승리 운운"; 『조선일보』, 1962년 5월 15일, 1면(석간), "독도 문제 승소 확신, 일 최고재판소장 담".

> 『경향신문』, 1962년 6월 24일, 1면(조간)

영토권 문제에 대한 일 측 주장은 부당
8월 정치회담에 비관론

정통한 외교 소식통들은 8월경에 열릴 한일 정치회담을 앞두고 일본 측이 기본조약을 체결하지 않으려는 태도를 보이고 있는 데 대해 회담 전도(前途)를 비관적인 것으로 만들고 있다고 관측하였다. 23일 하오 외교 소식통들은 일본이 한일 간의 기본조약을 체결하지 않으려는 방침을 세웠다는 동경발 외신보도에 대해 직접적인 논평은 하지 않았으나, "일본 측이 한국 정부를 한반도에 있어서의 유일한 합법정부로 인정해놓고 영토 문제에 있어서는 휴전선 이남에도 국한시키려는 것은 언어도단이라고 일본 측을 거듭 비난하였다. 또 어□ 소식통들은 일본이 영토 문제를 포함하는 기본조약 체결을 기피하고 있는 것은 독도 문제에도 연관이 있을 것으로 본다고 말하였다.

『동아일보』, 1962년 6월 24일, 1면(조간)

기본조약은 불체결
일, 한일회담 기본방침을 수립

【동경 2일 합동】일본 정부는 금후의 한일 국교 정상화의 기본방침으로서 "기본조약은 체결 않고 청구권, 어업 문제, 재일교포 법적 지위 문제 등은 개별적 협정을 체결할 방침"이라고 한다. '일본경제(日本經濟)'지는 23일 제1면 톱기사로써 일본 정부가 다음과 같은 방침을 내정했다고 말하였다.

1. 한일 국교 정상화에 있어서 '기본조약'은 체결치 않는다.
2. 국교 정상화 대사관 교환 설치는 교환문서로써 하고 유엔헌장 준수를 명시함.
3. 청구권, 어업 문제, 교포 법적 지위에 있어서는 각각 개별적 협정을 체결함.

일본 정부가 국교 정상화에 있어서 기본조약 체결을 피하려고 하는 것은 이를 체결하려면 당연히 '영토조항'을 포함하여야 할 것이므로 일본 측이 한국에 대해 그가 통치하고 있는 지역이 38선 이남이라고 주장해도 한국은 지난 3월 최(崔)·고사카(小坂) 회담 시 '한국은 전(全) 한국대표'라고 고집함으로써 이 문제가 해결될 전망이 보이지 않기 때문이라고 한다. 동 신문은 또한 일본이 청구권 문제에 있어서도 38 이남에 한하여 지불할 방침이라고 말하였다.

『경향신문』, 1962년 6월 25일, 1면(조간)

독도는 일 영토 아니다
재일 미 사학 교수 조지 씨가 자료 제공

일(日)서 만든 85년 전의 판도가 입증
류큐제도 등 있는데 독도 표시 없어

【동경서 구상(具常) 지사장 24일발】 독도에 대한 일본 측의 영토권 주장이 다시 고개를 들고 있는 이때에 일본에 체류하는 한 미국인 역사학 교수 매그레인 조지(34) 씨에 의해서 일본의 허구를 자체적으로 폭로하는 자료가 제공되었다.

이 자료는 일본서 제작된 최초의 동판(銅版) 지도인데 1877년[일본 연호 메이지(明治) 10년] 대기정(大崎正)이라는 이시카와현(石川縣)의 사족(士族)이 사비를 들여 분포한 것으로 당시 일본의 본토는 물론 치시마열도(千島列島), 홋카이도(北海道), 류큐제도(琉球諸島), 오가사와라제도(小笠原諸島) 등의 속토(屬土)가 별도(別島)로서 상세히 기재되어 있으나 독도가 전연 표시되지 않았다는 사실이 주목처다.

일본 측은 현재 독도를 다케시마(竹島)라는 이름으로 1905년 2월 12일*자 시마네현 고시로써 영토 확정을 주장하나 이 주장 자체를 바꾸어 말하면 1905년 이전까지는 일본이 독도를 그의 영토의 일부분으로 생각하고 있지 않았다는 사실이 되며 이 지도로써 이를 강력히 반증하게 된다. 그러므로 1904년 8월에 이미 '한일협약'으로 한국의 실권을 쥔 일본이 이듬해 시마네현 고시라는 1개 지방관서의 고시로써 꾸며낸 문서극(文書劇)은 엉터리인 것이 더욱 명백해지는 바다.

---

*   22일의 오기이다.

이 지도는 지난 3월 동경 간다(神田)에서 열린 고서 전시 도매회(古書展示都買會)에서 매그레인 교수가 발견한 것으로 씨(氏)는 컬럼비아 대학 출신이고 미국 풀브라이트 교환교수로서 현재 동경에 있는 국립 오차노미즈 여자 대학에서 서양사와 영어학을 강의하고 있으며 한국 동란 중에는 미 해병대원으로 인천 상륙작전에 참가한 용사이기도 하다. 이번 이 지도는 한국 친지들의 요청으로 한국 요로에 자료의 하나로서 제공되었다.

▲ 매그레인 조지 교수 담(談)=사학도로서의 취미로 고서 전시장에 갔다가 우연히 발견하고 사둔 것으로 사료적 가치가 크게 있는 것은 아니고 한일 문제에 노상 관심을 가지고 있는 나로서 흥미를 느꼈을 뿐이다. 영토권 시비에 대한 비평은 제3국인인 나로서는 삼가겠다.

『조선일보』, 1962년 8월 10일, 3면(조간)

박 의장이 라디오, 독도경비원과 울릉도민에게*

박정희(朴正熙) 최고회의 의장은 9일 하오 독도경비원들과 울릉도 도민들을 위로하기 위해 라디오와 담배 및 서적 등을 보내도록 격려문과 아울러 공보부에 위탁했다. 박 의장이 보내는 라디오는 독도경비원들에게 두 대, 울릉도민들에게는 열 대이다.

---

* 『경향신문』, 1962년 8월 10일, 3면(조간), "라디오 12대 전달, 박 의장, 독도와 울릉도민에"; 『동아일보』, 1962년 8월 10일, 3면(석간), "독도에 라디오, 박 의장, 경비대원에 선물"; 『한국일보』, 1962년 8월 10일, 1면(조간), "독도·울릉도민에 라디오 등 보내기로".

『한국일보』, 1962년 8월 10일, 1면(조간)

독도는 엄연한 우리 영토
박 의장 담, 왈가왈부는 가소로운 일

대통령 권한 대행 박정희 의장은 9일 하오 독도 문제에 언급 "조상이 피로서 물려준 엄연한 우리의 영토를 가지고 왈가왈부 시비를 일삼는다는 것은 백일몽(白日夢)의 처사가 아닐 수 없다"고 말했다. 박 의장은 또 "중차대한 민족적 전환기에 있어서 일본인들은 한일회담의 진전을 돈좌(頓挫)시키고 있다"고 말했다.

박 의장은 이날 절해의 고도에서 변경 수비에 대임(大任)을 맡고 있는 경비대원들에게 심심한 치하와 성원을 보낸 격려사 속에서 이렇게 말하고 "이와 같은 사소한 정신 착란적, 정치적 흥정에 촌시(寸時)라도 동요됨이 없이 가일층 분발 있기를" 당부했다.

박 의장은 이날 또한 울릉도민들에게도 '위안의 글월'을 보냈다. 박 의장은 "지난날 위정자들로부터 방치되어옴으로써 여러분들이 겪은 고애(苦哀)도 잘 알고 있다"고 말하고 "혁명 정부는 육지와의 교통·통신 문제를 비롯하여 계절에 따라 엄습하는 자연의 위협이라든지 의식주에 대한 항구적인 대책을 예의 검토하고 있다"고 말했다.

`『동아일보』, 1962년 8월 19일, 1면(조간)`

대한(對韓) 지불 3억 불
일 외무성 제안, 대장성(大藏省) 측서는 반대
수상, 조약 대신 선언안(案) 승인*

일지(日紙)서 보도

【동경 18일 동양】이케다(池田) 일본 수상은 기본조약을 체결하는 대신 이른바 '선언(宣言)' 또는 '합의의정(合意議定)'의 형식으로 한일 국교를 정상화시키고자 꾀하는 오히라(大平) 외상안(案)을 승인할 것으로 보도되었다. 동(同) 신문은 또 17일의 연석회의에서 일본이 오는 21일부터 시작되는 양국 수석대표 간의 예비협상에서 독도 문제를 제기하지 않기로 합의하였다고 보도하였다.

【동경 18일 동양】오히라(大平) 외상의 대한 제안 주요 골자는 다음과 같다.
1. 미불 임금, 상여금 등 개인에 대한 보상과 같은 순수 청구권 지불금 약 7천만 불과 장기 차관 및 무상원조금(無償援助金)을 합하여 총 3억 불을 제안한다.
2. 모든 지불은 자본재와 용역 형식으로 하고 일(日) 원화나 불화(弗貨)로는 지불하지 않는다.
3. 재산 청구권과 일괄하여 재일 한인 법적 지위와 평화선 문제를 해결하도록 노력하며 예비협상에서도 독도 영유권 문제를 제기하지 않는다.

그러나 한 신문은 이케다 수상이 오히라 씨의 제안에 대해 예기치 않게 신중한 태도를 보여 주었다고 보도하였다. 한편『요미우리신문(讀賣新聞)』은 청구권 총액 3억 불 내용을 "청구권

---

* 『경향신문』, 1962년 8월 18일, 1면, "일(日), 대한(對韓) 기본정책 결정, 이케다(池田) 수상, 오히라(大平) 선언안을 승인, 독도 문제는 제기 않고 증여, 차관 3억 불 지불, 스기(杉) 대표에 지시할 듯, 자본재와 용역 형식으로".

무상원조 2억 불 그리고 나머지 1억 불이 차관"이라고 전했다. 이러한 숫자에 대하여 다나카(田中) 장상(藏相)은 찬성하지 않았으며 이케다 수상은 20일까지 어떤 결단을 내릴지 주목되고 있다. 또한 앞으로의 한국 측 태도도 문제 해결에 최대의 관건으로 생각된다.

『경향신문』, 1962년 8월 20일, 4면

한일 예비회담의 전도(前途) 재산권 타협 주목

일(日)은 어물어물 넘기려는 태도
한국 주권 확인이 선결

21일부터 일본 동경에서는 한일회담의 양국 수석대표인 배의환(裵義煥) 대사와 스기 미치스케(杉道助) 씨 간에 앞으로 있을 양국의 제2차 정치회담을 열기 위한 첫 예비회담이 시작된다.

지난 3월에 있었던 최덕신-고사카 한일외상의 정치회담이 있은 이후 일본 국내 사정 때문에 반년 가까이 중단 상태에 있던 한일회담은 이로써 다시 본격화된다. 참의원 선거로 내각을 개조한 이케다 일본 정부와 민정(民政) 이양을 앞둔 한국의 군사정부가 각기 그 태세를 정비하여 임하게 되는 이제부터의 회담은 한일관계를 결정지을 마지막 기회가 될 것이라는 점에서 21일부터의 배·스기(杉) 예비회담은 전례 없는 관심을 모으게 하고 있다.

그러나 지금까지 밝혀진 한일 양국의 기본정책은 양국이 10년 동안 견지해온 의견 차이를 좀처럼 접근시킬 수 없을 만큼 상반되고 있어 벌써부터 회담의 앞길을 비관적인 것으로 만들어 놓았다.

한일 양국이 국교를 정상화하기 위해 해결해야 할 문제, 그것은 대체로 다음과 같은 다섯 개로 구분된다. ① 양국 간의 기본관계, ② 일본이 한국에서 강탈해간 재산의 변상 문제(청구권), ③ 재일교포의 법적 지위 문제, ④ 평화선과 어업 및 어업자원 보호 문제, ⑤ 일본이 한국에서 가져간 문화재와 선박의 반환 문제

한일관계를 정상화하려면 꼭 해결되어야 할 이 다섯 가지 문제 중 지금까지 가장 말썽이 되어 왔고 또 이번 회담에서도 가장 큰 이견이 드러날 것으로 보이는 문제는 ①의 양국 간의 기본관계와 ②의 재산 청구권 문제로 되어 있다.

한 나라와 한 나라가 국교를 맺는 데는 대개 두 가지 경우가 있다. 첫째는 서로 청산해야 할 아무런 과거가 없는 경우, 이 경우에는 양국이 언제부터 대사를 교환하기로 합의한다는 요

지의 공동선언 하나만으로 모든 문제가 해결될 수 있다. 그러나 서로 청산해야 할 과거가 있는 나라 사이에는 문제가 이렇게 간단히 해결되지 못한다. 양국이 전쟁 상태에 있었던 나라 사이에는 강화조약이 조인되어야 하고 지배·피지배 관계에 놓였던 나라는 그 관계를 다시 정리해야 한다.

우리나라와 일본의 관계는 말할 것도 없이 36년간의 야만적인 지배와 노예적인 피지배의 관계였다. 그렇기 때문에 한일 국교가 정상화되려면 일본은 대한민국이 한반도에 있어서의 유일한 합법정부라는 그 주권과 영토권을 승인해야 한다. 이것이 양국 간에 가로놓여 있는 기본관계의 문제점들이다.

우리 정부는 10년 전인 1951년 10월 20일 제1차 한일회담이 열린 날부터 제6차 회담이 열리고 있는 오늘까지 이 기본관계를 해결하기 위해 정당한 주장을 내세워왔다. 그러나 아직도 일본은 "일본이 연합국들과 강화조약을 맺기 전에 한국이 독립한 것은 국제법 위반"[구보타(久保田) 일본 수석대표의 망언]이라느니 "대한민국이 한반도에 있어서의 유일한 합법정부라는 유엔 결의는 승인하나 그 영토에 있어서는 행정력이 미치는 38선 이남에 국한한다"는 등의 해괴한 발언을 늘어놓아 문제 해결을 고의적으로 방해해왔다.

이런 말만 해오던 일본은 2차 정치회담을 앞둔 요즈음에 와서는 돌연 양국의 기본관계는 조약 대신 공동선언 형식으로 하자는 소위 '오히라(大平) 구상(構想)'이라는 것을 들고나와 한국 측을 격분케 하고 있다. 이 공동선언은 고사카 젠타로(小坂善太郎) 씨의 뒤를 이어 외상으로 취임한 오히라 씨의 구상이라 하여 오히라 구상으로 불리는데 이 오히라 구상의 저변에는 일본 측이 한국의 영토인 북한과 동해(東海)의 독도를 한국의 영토로 인정치 않으려는 데 있는 것이 뻔한 일이기 때문에 우리 외무부는 "일본 측이 이번 회담에서 공동선언이란 형식을 빌어 한국의 영토를 어물어물해 넘기려고 시도한다면 우리는 그런 공동선언은 거부할 것"이라는 즉각적인 반응을 보였다. 그러기 때문에 일본 측이 끝끝내 이런 태도로 한국의 독립과 주권, 영토권을 정당히 인정하려 하지 않는다면 한일 국교 정상화는 전혀 기대할 수 없는 것이 되고 말 것 같다.

(이하 생략)

『조선일보』, 1962년 8월 21일, 1면

독도의 영유권 또 주장
'한국은 해적 국가' 운운
일 사회당 의원, 의회서 망언*

【동경 20일발 AP＝합동】일본 사회당의 한 의원은 20일 한국이 단독으로 '이(李) 라인'을 설정하고 일본이 자국의 영토라고 주장하는 소도(小島)를 점령하고 있다고 해서 한국을 가리켜 '해적 국가'라고 하였다.

사회당 의원 기하라 쓰요시는 한일 양국이 국교 정상화를 위한 예비회담을 재개하기로 된 하루 전인 20일 중의원 예산위원회에서 발언하고 그와 같이 말하였다.

---

*   『한국일보』, 1962년 8월 21일, 1면, "한국은 해적 국가, 일 사회당 의원 망언".

『조선일보』, 1962년 8월 24일, 2면

독도 문제도 포함
한일 국교 정상화 전의 해결점
오히라(大平) 일 외상 증언*

【동경 23일발=동양】 오히라 일본 외상은 23일 일 중의원 외무위원회에서 한일 협상에 대해 다음과 같을 내용을 밝혔다.

① 미국에서 최덕신(崔德新) 한국 외무장관과 회담할 의향은 없다.

② 어로(漁撈) 및 독도 문제를 포함하여 모든 현안은 국교 정상화 전에 해결되어야 한다.

③ 한국과 어로협정을 체결함으로써 평화선 문제를 해결할 작정이다. 조약을 체결할 것인지 또는 공동선언 형식을 택할 것인지는 아직 결정되지 않았다. 그러나 현안들이 해결된 후에 국제법 전문가들에게 검토를 의뢰하겠다.

오히라 외상은 같은 석상에서 대한 지불액수를 3억 불 이상으로 증액시킬 생각이냐라는 질문을 받고 협상이 진행 중이라는 이유로 대답을 거절하였다. 그러나 그는 국민이 수긍하는 테두리 안에서 문제를 해결하도록 노력하겠다고 말하였다.

---

* 『경향신문』, 1962년 8월 24일, 1면, "한일 국교 정상화 전에, 어로·독도 문제 해결, 일 외상 증언, 청구권엔 불언급"; 『한국일보』, 1962년 8월 24일, 1면, "독도·평화선 해결 없이, 국교 정상화 않을 터, 일 오히라(大平) 외상 담".

`조선일보』, 1962년 8월 26일, 2면

그이를 독도에 초청하면 …

◇ 한일 협상의 진전도를 둘러싸고 정책을 세우고 있는 최덕신(崔德新) 외무부 장관과, 현지에서 교섭을 맡고 있는 배의환(裵義煥) 주일대사 사이의 견해가 아주 딴판이라 기자들은 어리둥절해졌다. 25일 아침 일본으로부터 급히 돌아온 배 대사는 한일 협상에 있어 "양측의 이견이 많이 좁혀졌다"고 공항에서 기자들에게 말했는데 이러한 배 대사의 보고를 들은 최 장관은 "난관이 아주 많습니다. 쉽게 해결될 것 같은 느낌은 없고 …" 하면서 "문제는 근본적인 개념이 틀려 …"라고 말을 흐렸다. 그러면서 최 장관은 독도 문제를 끄집어내자 "그 양반(오히라(大平) 일 외상)이 독도를 한번 보기만 하면 누구 땅이란 것을 알텐데 …. 그래서 내가 독도에 초청을 해볼까 하는 생각도 했지요 …" 하고 웃어넘겼다.

(이하 생략)

> 『한국일보』, 1962년 8월 26일, 1면

[시시비비]

오히라(大平) 씨 독도에 초청해야

○ 대일(對日) 정책에는 신중이라기보다 강경으로 알려진 최덕신 외무장관이 25일 오랜만에 기자와 공식적으로 만났다. 대륙풍의 여유 있는 품에도 어딘지 가시 돋친 표정은 이날 귀국한 배(裵) 주일대사로부터 보고를 막 받고 일본 외교의 요사스러움에 새삼 자극된 탓?
이러쿵저러쿵 문답이 오가다가 "독도 문제의 해결 없이는 한일 국교의 정상화란 있을 수 없다"는 오히라 일본 외상의 최근 발언에 이르자 "독도에 직접 와 보면 알 것 아니요, 한국의 영토란 것을 …. 오히라 외상을 한번 독도에 초청할까 합니다" 하며 농(弄) 섞어 말했다. 정치회담을 독도에서 열어보면 어떨는지 ….

(이하 생략)

『경향신문』, 1962년 9월 18일, 2면

독도의 근황
어류만이 무진장
우리 영토에 좀 더 관심 가져야
일 경비정 얼씬도 못해

○ 북위 36도 14분, 동경 131도 52분의 해역에 우뚝 솟은 독도! 섬이라기보다는 바다에 치솟은 바위산이라고 부르는 것이 더 어울릴 것 같은 이 섬에는 지금 8월 한가위가 지났어도 가을을 알릴만한 한 포기 한 그루의 초목이 없다.

사람이 살만한 평지와 담수가 없는 탓으로 엄연한 우리 땅이면서도 우리들이 너무도 오랫동안 방치해두었던 이 섬이 분주하게 뉴스의 각광을 받게 된 것은 일본 사람들이 이 섬을 죽도(竹島)라고 부르면서 마치 자기들의 영토인 것처럼 떼를 쓴 데서 비롯되었다.

일본인들의 생트집을 막기 위해 우리 경비경찰관이 배치되면서부터 이 섬에는 20일마다 한 번씩 울릉도로부터 보급선을 실은 배가 찾아오고 도(道) 관계 당국자와 신문기자들의 내방이 빈번해졌다는 것이 이 섬을 관리하는 관계자의 말이다.

○ 울릉도로부터 동남방 74.4킬로, 일본 오키(隱岐)* 열도로부터 서방 132.5킬로의 해역에 위치한 독도는 그 면적이 23정보(町步), 동도, 서도로 불리는 두 개의 섬을 주도로 삼아 암초까지 합치면 섬의 수효는 모두 36개로 그 둘레는 연 2.2킬로가 된다. 동도 서편에 백 평을 넘는 평지가 있지만 전혀 이용할 수 없는 땅뿐이고 더욱이 담수가 한 방울도 나오지 않아 사람이 생주(生住)하기에는 결정적으로 불가능한 섬이다.

오직 이 섬이 지닌 보배로운 가치는 이 섬 주변에 해려(海驢, 웃토세이), 고래, 상어, 오징어 등 어류가 무진장으로 번식하고 있다는 점에 있다. 고기잡이 철이 되면 울릉도 사람들이 이 섬

---

* 원문은 穩岐이나, 隱岐의 오기로 보인다.

에 건너가 임시 어장을 마련하여 어로(漁撈)를 한다. 독도 맞은편에 있는 일본 시마네현(島根縣) 어민들이 이 섬의 풍부한 어류에 군침을 흘리고 있는 것도 이런 데 원인이 있다.
○ 독도에 가보면 한 그루의 나무, 한 줌의 흙, 한 방울의 물도 없는 황량한 풍토에 실망이 앞서지만 그 풍부한 어류 때문에 일본인들이 자기들의 영토라고 억지를 쓰는 이유를 알 수 있었다. 그러나 독도는 태고 때부터 움직일 수 없는 우리의 영토였다.
사기(史記)만을 뒤져보아도 『세종실록』(권153) 「지리지」(강원도 울진현조), 『동국여지승람』, 『숙종실록』, 『성종실록』 등 헤아릴 수 없는 증거가 있다. 그러나 일본은 지난 3월의 한일 외상 회담에서 난데없이 이 고도를 자기들의 영토인 것처럼 주장하면서 한일회담의 의제로 삼으려는 책동을 했었다.
일본이 독도를 자기 땅이라고 떼를 쓰는 근거는 1905년 일본 정부가 시마네현인(島根縣人) 나카이 요자부로(中井養三郎)란 자의 요청으로 독도를 죽도(竹島)로 명명, 시마네현 부속 도서로 편입시키기로 결정한 각의 결정뿐이다. 이미 한국의 자주권이 없어진 합방 직전에 일본 정부가 제멋대로 결정한 한낱 의결 사항이 어떻게 사실(史實)을 뒤집을 수 있는 것인지 일본인의 상식이 의심스러울 뿐이다.
○ 독도에는 지금 이 섬을 지키는 울릉도경찰서 소속 경찰관 16명이 20일 교대제로 밤낮없이 근무하고 있다. 섬 꼭대기에는 태극기가 꽂혀 있고 섬 중턱에는 '大韓民國 慶尙北道 鬱陵郡 獨島'(대한민국 경상북도 울릉군 독도)라는 표지가 청동으로 새겨져 있다.
"물까지 운송해다 먹어야 하니 고생은 극심하지만 우리는 참고 보람 있게 일한다"고 의연한 태도를 보여주는 경비경찰관의 말을 빌면 전에는 가끔 일본 해상보안청의 경비정이 독도 근방에 나타났지만 요즘은 얼씬도 못한다는 것이었다.
독도, 우리는 우리 영토에 좀 더 관심을 기울여야 할 것이다. 【독도에서 최서영(崔瑞泳) 기자 기】

『동아일보』, 1962년 9월 18일, 3면

우리의 '막내 섬' 독도

동해를 지키는 외로운 초소
빗물 받아먹는 경비대, 사기는 높아
이젠 뜸해진 일 어선의 침범

독도의 뿌리 깊은 바윗돌에 새겨진 '韓國'(한국)

우리 해양주권선(평화선)의 맨 동쪽 끝에 자리 잡은 독도는 우리의 바다를 지키고 어로자원을 보호하는 바다의 초소(哨所)이다. 동경 131도 52분 33초, 북위 37도 14분 18초의 언저리에 자리 잡은 34개의 바위로 된 섬 떼. 그 넓이는 모두 합하여 5만 6천 3백 1평, 가장 높은 곳은 157미터, 가장 큰 섬은 서도(西島), 그다음 큰 것이 동도(東島)인데, 바로 이 동도가 우리의 해양초소의 구실을 한다.

초사(哨舍)와 등대가 있고 49마일 떨어진 울릉도와 연락을 맺는 안테나가 있다. 이 섬 꼭대기에는 태극기가 휘날리고 있으며 동남방 높이 10미터쯤 되는 곳에는 한글과 한문으로 '대한민국 경상북도 울릉군 독도의 표'라는 청동비가 서 있고 그 옆 돌을 판판히 깎은 곳에 '韓

國'(한국)이라는 글씨가 한 자만큼의 크기로 새겨져 있다.

1954년 이곳에 경비대를 두어 지켜온 이래 일본 어선의 접근을 막고, 풍랑을 만난 배들을 구한 일이 많아 이 주위를 무대로 고기잡이하는 울릉도 사람들은 이 섬을 구명섬(救命島)이라고도 부른다.

6·25 동란을 전후하여 자주 침범하던 일본 어선들도 몇해 전 '헤쿠라'라는 배가 한 번 나타난 것을 마지막으로 요즈음에는 전혀 나타나지 않는다고 이곳 경비대원들은 알려주었다. 이들 경비대원은 울릉서 소속 경찰로 20일씩 교대로 16명이 주둔하여 갑·을 두 반으로 나누어 경비 임무를 맡고 있다. 기자가 갔을 때는 세 사람의 인부가 잡역을 거들고 있었다.

물마저 나는 것이 없어 하늘의 비를 받아 마시는 바위섬이고, 식량이며 땔나무를 울릉도에서 날라다 써야 하고 때로 심한 풍랑으로 고초를 겪는다지만 경비대원의 모습은 힘이 넘쳐 보였고 "일본 어선들이 접근하거나 상륙하면?" 하는 노파심 어린 물음에 "우리가 여기에 있지 않느냐"고 그들은 되물으며 자신 있음을 일러주었다. 오늘 이 섬이 우리의 영토를 지키는 초소로서의 지위를 확보하기까지는 먼 옛날의 역사적인 얘기는 그만두더라도 어려운 고비가 한둘이 아니었다.

특히 1953년에는 많은 일본 어선들이 여러 차례에 걸쳐 침범, 뭍에서 멀리 떨어진 이 막내 섬을 괴롭혔다. 그중에서도 이해 6월 18일에는 무기를 든 일본 사람 30여 명이 시멘트와 표목 등은 들고 상륙하여 표목을 세우고 게시판을 세웠다. 그 게시판은 '주의'라 하여 "이 섬에 침입하면 잡아가겠다"는 협박조의 글을 써 붙인 것이었다. 영토의 침범도 이만저만이 아니었다. 이것을 철거하고 우리 해양경찰대가 앞서 말한 영토 표지의 비석을 세운 것이 1954년 5월 16일의 일이다.

일본은 최근까지도 이따금씩 우리의 이 섬을 다만 멀리 떨어진 외진 섬이었다는 이유 하나로써 그들의 것이라고 '부당한 영유권'을 주장했었고 때로는 국제재판소 소청 운운하고 들고나오기까지 했다. 그럴수록 겨레의 이 막내 섬에 대한 마음 쓰임은 더욱 컸고 오늘의 영토 수호의 최첨단 초소가 된 것이다. 기구한 이 섬은 한국전란 때는 폭격을 마치고 일본기지로 돌아가는 유엔군 비행기들이 남은 폭탄으로 폭격 연습을 하는 장소가 되기도 했다 한다. 일본과의 가장 가까운 거리는 시마네현(島根縣) 오키도(隱岐島)에서 136마일, 그들이 '죽도(竹島)'라고 부르는 이 섬에 대나무라고는 찾아볼 수도 없다.【독도에서 박경석(朴敬錫) 특파원 기】

『조선일보』, 1962년 9월 18일, 7면

바다의 고아(孤兒) 독도

외로운 초소만이 우뚝
요즘엔 일선(日船)도 얼씬 않고
바위에 새긴 두 글자 '韓國'(한국)

〈사진=(상) 독도를 지키는 경비원들 … 이들은 20일마다 교대되고 있다. (하) 한국 땅임을 밝히는 청동비〉

【독도에서 본사 특파원 김인호(金寅昊)발】 동경 131도 52분 22초, 북위 37도 14분 18초, 이것이 우리나라의 맨 동쪽 끝 동해 한복판에 자리 잡은 독도의 정확한 위치다. 울릉도의 동남쪽 49마일, 일본의 오키시마(隱岐島) 서북방 137마일 되는 이 섬은 무인고도였다. 그러나 이 외딴섬에 지금은 사람이 살고 있다. 다름 아닌 우리나라의 경비원들이다. 울릉경찰서 소속 경찰관인 이들은 20일마다 16명씩 교대로 외로이 이 섬을 지키고 있다. 말할 수 없는 고난을 참아가면서.

지난 15일 새벽 해군의 호의로 함대사령관 함명수(咸明洙) 소장과 김병택(金秉澤) 함장의 지휘 아래 경기호(DE71)에 탄 기자들이 이 섬을 처음 보았을 때 그것은 마치 정체불명의 쌍두괴물과 같았다.

섬이라야 대소(大小) 36개의 바위덩어리뿐, 두 개의 주도(主島)인 동도(東島)와 서도(西島) 사이의 거리는 2백 미터, 동도의 둘레는 약 1마일 반, 서도는 1마일, 두 섬 다 높이는 약 150미터, 총 면적 23정보밖에 안 되는데다가 평지라고는 거의 없다. 섬 전체가 화성암(火成岩)으로 되어 있어 한 포기의 나무도 없고 다만 남쪽 일부에 잡초가 있을 뿐이다. 섬 꼭대기에 등대마냥 경비초소가 있고 오막살이에 거처하는 경비원들이 두 시간마다 교대로 지킨다.

한국이 이 섬을 지키기 시작한 것은 1954년부터였으나 외계(外界)와의 연락은 울릉도와의 무전 하나, 고독한 이들의 애로는 상상 이상이다. 기후 관계로 교대 선편(交代船便)이 늦어질 때의 불안과 초조감은 물론, 식수가 나지 않아 천수(天水)를 받았다가 마셔야 할 형편인데도 물탱크 시설은 아직 갖추지 못하고 있다. 자연의 악조건과 싸우는 그들의 유일한 위안은 라디오와 묵은 것이나마 신문잡지라고 경비대장 김정출 씨는 하소연했다.

몇해 전 일본 해상보안청 소속인 듯한 헤쿠라라는 이름의 8백 톤 내지 1천 톤가량의 배가 한번 멀리서 살피다가 돌아간 후 요즘에 일본 배는 전혀 보이지 않는다는 이야기였다.

섬 둘레는 어디를 가나 깎아내린 듯한 절벽이고 이 절벽에는 기괴한 동굴이 많이 보였고 특히 봄철에는 동·서도 사이의 바위에 20여 마리의 가제(海驢: 해려)가 나타나기도 한다고. 동도의 분화구에 올라갈 수 있는 길은 일행이 상륙한 지점에서 바위를 깎아서 만든 것뿐이지만 그나마 길이라고 부르기엔 너무도 험한 60도의 경사였다. 약 10미터의 절벽 중턱엔 '大韓民國 慶尙北道 鬱陵郡 獨島'(대한민국 경상북도 울릉군 독도)라고 새긴 청동의 비석이 세워져 있고 그 왼편 아랫쪽엔 바위를 깎아서 '韓國'(한국)이라는 한 자(尺) 크기의 글자도 뚜렷이 새겨져 있다.

한국전쟁 때에는 북한을 공격하고 일본으로 귀국하는 유엔군 폭격기들이 곧잘 남은 폭탄을 가지고 이 섬을 목표로 폭격 연습을 했다는 독도. 특별수당도 없이 고독, 권태, 풍파와 싸워가며 지키는 경비원들은 다시 단정(短艇)에 몸을 싣고 떠나는 일행을 언제까지나 손을 혼들며 바라보고 있었다.

『경향신문』, 1962년 9월 25일, 4면

독도 광업권 문제
쓰지(辻) 후손이 또 고소

【동경 24일발 UPI 동양】 금년 초에 사망한 한 일본인 사업가의 딸과 양자(養子)는 한국이 지배하고 있는 독도에서의 광업권 문제로 일본 정부를 고소했다고 공동(共同)통신이 보도하였다. 고(故) 쓰지 도미오(辻富雄) 씨의 양자인 쓰지 다다쓰구(辻忠次) 씨와 쓰지(辻) 씨의 딸인 이노우에 후미코(井上文子) 씨는 그들이 물려받은 전기(前記) 광업권을 정부의 무위로 상실했다는 이유로 배상 청구를 했다.

7억 불에 가까운 이 소송은 작고한 쓰지(辻) 씨가 독도에 있는 광업을 채굴하지 못하게 된 대가로 정부에 요구한 것이다.

`경향신문』, 1962년 10월 12일, 1면

독도 경비 강화토록
박(朴) 의장, 울릉도 개발계획도 지시

최고회의 박정희 의장은 한일회담에서 일본 측이 일방적으로 주장하고 있는 독도는 "엄연한 우리 영토다"라고 말했다. 박 의장은 독도의 경비를 더욱 강화할 것과 수비경찰의 모든 편의를 제공할 것을 관계 당국자에게 지시했다. 12일 상오 11시 2일간의 울릉도 및 동해안 시찰을 마치고 귀경한 박 의장은 또한 울릉도의 현대화를 위한 종합 개발계획을 지시했다.
박 의장은 우선 2만 도민의 경제 안정을 보장해줘야 할 것이며 수산물의 가공 시설, 발전 시설, 어선 건조 시설, 교통망의 개척 등이 시급히 이루어져야 한다고 역설했다. 울릉도 1천 6백 년 역사상 국가원수로서의 최초의 시찰자가 된 박 의장은 울릉도를 '망각의 낙도에서 개방된 문명사회로 발전시켜야 하겠다'고 시찰 소감을 요약했다.
박 의장은 체도(滯島) 기간 중 줄곧 도보로 시찰했는데 2만 도민들은 낮에는 환성, 밤에는 횃불로써 박 의장을 환영했다.

『한국일보』, 1962년 10월 12일, 1면

독도 경비에 만전을
박 의장, 울릉도서 담(談)

박정희 의장은 11일 정부는 울릉도의 문화 향상을 위해 전기 개발과 수산 개발에 의한 가공 처리기술 등을 지원하고 어항 시설을 위해 축항(築港)에 대한 기술적 검토를 하겠다고 말했다. 울릉도를 시찰한 박 의장은 그곳 경찰 책임자에게 독도의 수비에 만전을 기하라고 당부했다. 박 의장은 12일 특별기편으로 귀경한다.

『마산일보』, 1962년 10월 19일, 1면

독도 문제 국재(國裁) 제소
일 외상 용의 재표명

【동경 19일발 UP=동양】 오히라(大平) 일본 외상은 독도 문제를 헤이그 국제사법재판소로 하여금 해결시키려는 일본의 노력을 재개하였다. 그는 여당인 자민당(自民黨)의 외교 문제 조사회에서 일본은 독도 문제를 국제사법재판소에 제소할 용의가 있다고 언명하면서 한국 정부 당국도 동 재판소로 하여금 독도 문제 분쟁을 해결케 함을 수락하기 바란다고 말하였다.

`「동아일보」, 1962년 10월 26일, 2면`

"독도는 일본 영토"라고
"재산 청구권 지나친 일"
고대(高大) 초청, 일(日) 다나카(田中) 박사 강연 내용 말썽

고려대학교의 아시아문제연구소 초청으로 한국에 온 일본 국제문제연구소 전무이사이며 일본 호세이대학(法政大學) 교수인 다나카 나오키치(田中直吉) 박사는 지난 23일 하오 1시 30분 고대 강당에서 '한일관계의 과거, 현재 및 장래'란 연제로 연설하면서 "독도는 일본 영토임에도 불구하고 이승만 정권은 한국 영토라고 고집했다"고 말한 뒤 "이승만 라인은 불법적인 처사이며 한국의 일본에 대한 청구권은 지나친 일이고 일본은 36년간 한국의 근대화에 기여했다"고 말함으로써 이것이 학자적인 입장에서 발언했다고 평가하기 어렵다는 물의가 번져가고 있다.

이날 다나카 박사의 강연이 있은 뒤 유진오(兪鎭午) 고대 총장은 "오늘의 강연 내용은 다나카 박사 개인의 의견이며 이 강연 내용에 대한 책임은 다나카 박사 개인에 있다"고 말하였으나 독도 문제, 청구권 문제, 평화선 문제 등의 발언에 대하여 항의하는 내용의 질문이 학생들로부터 쏟아져 나와 장내는 한때 소란하였었다고 보도되었다. 고대 교수들은 다나카 박사의 강연에 대하여 논평하면서 "일본 외무성을 대변한 발언이라는 느낌을 줄 수도 있다. 대일청구권에 대한 견해는 과거 일본이 한국을 통치한 사실을 합리화시키려는 일본인의 일반적인 생각을 전달한 것이 아닌가 하는 것이다"[신석호(申奭鎬) 교수의 말]와 "일본인의 감정을 그대로 나타낸 것이다. 독도를 그들의 속령이라는 것은 말이 안 된다"[김영두(金永斗) 교수의 말]고 지적하였다. 다나카 박사의 강연 중 물의가 일어난 부분은 다음과 같다.

"일본은 36년간 한국을 통치하는 동안 한국의 근대 산업을 일으키고 근대 교육을 실시하여 한국의 근대화에 많은 공헌을 했다고 생각합니다. 패전 후 한국에 거주하던 일본인은 모든 재산을 한국에 둔 채 일본으로 건너갔습니다. 따라서 한국이 일본에 청구권을 제시하는 것은 지나친 일이라고 일본서는 생각하고 있습니다. 이승만 정권은 일본에 너무 무리한 요구를 했습니다. 독도는 일본 영토인데도 불구하고 한국 영토라고 고집했으며 공해상에다 선을 그어 놓고 평화선이라 하여 불법적인 일을 했습니다. 그리고 역사상 일본이 한국을 침략한 것은 한국의 침략에 목적이 있는 게 아니라 대륙으로 진출하려는 데 그 목적이 있었던 것입니다 …"[고대신문(高大新聞)]

다나카 박사와 함께 한국을 찾아온 야마모토 노보루(山本登)[일본 게이오대(慶應大) 교수], 오이 아쓰시(大井篤)(일본국제문제연구소 이사), 스기야마 시게오(杉山茂雄)(일본 호세이대 강사) 등 제씨(諸氏)는 경희대, 연세대, 서울대, 부산대 등 각 학교에서도 강연할 예정으로 있다.

(사진: 말썽 일으킨 다나카 박사)*

---

* 사진은 생략한다.

『동아일보』, 1962년 10월 29일, 7면

"독도는 일본 땅, 청구권은 지나친 일"
다나카(田中) 발언에 서울대생 항의
27일 본인도 정식으로 사과 성명

27일 밤 9시쯤 서울대 문리대생 16명은 서울 메트로 호텔(명동)에 투숙 중인 다나카 나오키치(田中直吉)[일본 호세이(法政)대학] 교수의 강연 내용을 항의하는 데모를 하다가 관할 중부서(中部署)에 연행되어 조사를 받은 후 석방되었다. 다나카 교수는 지난 23일 고대에서 강연한 한일 문제의 내용 중 물의를 일으킨 점에 대하여 27일 밤 정식 사과문을 발표하였다.
다나카 교수는 '한일관계의 과거·현재·미래'라는 강연을 하였는데 "독도는 일본 영토이며 청구권 요구는 지나친 일이라"는 발언을 한 바 있다. 다나카 교수는 서울 문리대생에게 "물의를 일으킨 점을 유감으로 생각하며 이를 취소한다"고 공개 사과했으며 고대 학생에게도 "강연 중 일본의 식민통치가 한국의 근대화에 기여했다는 대목이 와전됐다면 취소하겠다"고 해명하였다.

『경향신문』, 1962년 11월 1일, 7면

물의 일으켜 미안
일(日) 다나카(田中) 교수의 말

독도의 영유권이 일본에 있다는 요지의 강연을 하여 학생들의 분노를 산 끝에 전문(全文)을 취소하는 등 사회적인 물의를 일으킨 다나카 나오키치(田中直吉) 교수는 그 강연의 내용이 자기의 신념이 아니라 일본 국민들이 그렇게 생각하고 있다는 것을 전했을 뿐이라고 말하였다. 1일 상오 11시 30분 본국으로 돌아가면서 이렇게 말한 다나카 교수는 물의를 일으켜 대단히 죄송하게 생각한다고 말했다.

『경향신문』, 1962년 11월 12일, 2면

미(美), 한국 재건에 장기 협조
김(金) 부장, 공동통신과 회견 담

【동경 12일발 공동 합동】 김 중앙정보부장과 공동통신과의 회견에서 이루어진 일문일답 내용은 다음과 같다.

(중략)

독도 문제는 정상화 후에

(문) 법적 지위, 선박 문제, 독도 문제 등도 동시 해결할 것인가?
(답) 물론이다. 그러나 독도 문제는 한일회담 중도에 일본 측이 제기한 것이며 이것은 회담 진행에 방해물이다. 이는 한국 영토이므로 이를 일본 측이 제기하면 한국 국민에게 자극을 줄 뿐이다.
　이 문제는 국교가 정상화한 후 시간을 두고 해결할 문제다. 이케다(池田) 수상과의 회담 시 "독도를 폭파해버릴까?"라고 하니 이케다 수상은 "그러면 더욱 더 큰 문제로 된다"라고 하면서 크게 웃은 바 있다. 한국은 평화선을 국방선으로 생각하고 있다. 그러나 어업협정이 체결되면 평화선 문제는 자연 해결될 것이다.

『경향신문』, 1962년 11월 13일, 1면

독도 문제는 수교 후
국재 제소 부당성 역설

【동경에서 본사 이항의(李桓儀) 특파원발】 김종필 부장은 "독도 문제는 한일회담과 전혀 관련성이 없는 문제이므로 한일회담에서 제외되어야 한다"고 13일 일본 관리에게 말했다. 그는 또한 독도 문제를 헤이그의 국제재판소에 제기하는 것도 타당치 않다고 명백히 밝혔다고 한다. 그는 일본 정부와 자민당 간부들에게 이 문제가 국교 정상화 후에 취급되어야 한다고 통고했다 한다.

『조선일보』, 1962년 11월 14일, 1면

예비회담에서 독도 문제 토의
오히라(大平) 일 외상 담*

【동경 13일발 UPI=동양】 오히라 일본 외상은 13일 독도 문제가 한일 양국 대표들에 의해 토의될 것이라고 말하였다. 독도에 관한 오히라 외상의 이러한 언명은 김 정보부장이 독도 문제의 토의를 한일 국교 정상화 후까지 연기하는 데 대해 일본 측의 동의를 얻지 못했음을 시사하였다. 13일 아침 서울로 향발한 김 정보부장은 출발 전의 기자회견에서 "독도 문제는 한일 국교 정상화 회담과는 관련이 없다"고 말한 바 있다.

---

* 『한국일보』, 1962년 11월 14일, 1면, "독도 문제, 예비회담에서 토론, 오히라(大平) 일 외상 담".

`『동아일보』, 1962년 11월 15일, 1면`

제3국 통해 조정
독도 문제에 일 외상 언급*

【동경 15일 동양】일본 정부는 독도 문제에 관해서 한일 양국의 직접적 교섭보다도 제3국의 정치적 조정 방법으로서 해결할 것을 고려하고 있으며 이 문제를 김종필(金鍾泌) 중앙정보부장과 협의한 바 있다고 소식통들이 언명하였다.

오히라(大平) 일본 외상은 14일 일본 중의원 외교위원회에서 독도 문제에 언급하여 "김 부장과의 회담에서 독도 문제의 해결을 국제사법재판소에 제소하지 않고 다른 정치적 해결을 위한 조정안"을 검토하였다고 언명하였다. 오히라 외상은 또한 "독도 문제가 해결되지 않는 한 한일 국교 정상화는 있을 수 없다는 고사카(小坂) 전(前) 외상의 현안에 지금도 변함이 없다"고 말하였다.

---

* 『경향신문』, 1962년 11월 15일, 1면, "독도 문제에 제3국 조정 모색, 일 외상 언명"; 『마산일보』, 1962년 11월 15일, 1면, "간접 조정 해결, 일 외상, 독도 문제 언급".

『동아일보』, 1962년 11월 26일, 1면

국제중재위 설치
일, 독도 문제 해결에 구상

재팬타임스 보도

【동경=권오기(權五琦) 특파원 26일발】 26일 이곳 재팬타임스지는 "독도가 한일 교섭의 중요한 난관"이라는 제목으로 일본 외무성은 독도 문제의 해결을 위하여 국제사법재판소의 결정에 가까운 국제중재위원회를 설치할 것을 구상하고 있다고 보도하였다.

정통한 소식통을 인용하면서 동지(同紙)는 이 국제중재위원회는 이 위원회의 결정에 복종하는 조건으로 양 당사국과 그리고 제3국으로 3인 위원회를 구성할 수 있을 것이라고 보도하였다.

재팬타임스지에 의하면 일본의 정통한 소식통들은 독도 문제를 해결하기 위하여 미국을 조정자로 하자는 한국 측 제의를 논평하면서 이러한 제3국의 조정은 법적 구속력이 없기 때문에 당사국의 한쪽이 불만이 있으면 조정이 되지 않는다고 말하였다고 한다.

이러한 일본 외무성의 새로운 구상은 국제사법재판소에 제소하는 대신 제3국 조정을 요청한 한국 측 제안에 대한 대안이 될는지 모른다고 재팬타임스지는 보고 있다.

『경향신문』, 1962년 12월 6일, 2면

"한일회담 조속 타결을 희망",
이케다(池田) 수상 담, "청구권 등 일괄해서"

【동경에서 본사 이항의(李桓儀) 특파원발】이케다(池田) 일본 수상은 6일 한일회담은 양 국민이 납득하는 선 내에서 되도록 빨리 타결하고 싶다고 말했다. 이케다 수상은 앞으로 한일 교섭은 어업 문제, 법적 지위, 독도 문제를 청구권과 일괄 해결하지 않으면 안된다고 말했다. 유럽에서 돌아온 후 6일 처음으로 기자회견을 가진 이케다 씨는 한일 문제에 대한 그의 의견을 이렇게 말하고 "그러나 전에도 말해온 것과 같이 서두르지 않고 신중하고 천천히 진행할 것이다"라고 말했다.

그는 지난달 28일 오히라(大平) 외상과 만났을 때 청구권에 대한 오히라 안에 최종 재단을 내리지 않는 것은 청구권 하나만으로 문제를 해결할 것이 아니라 현안 전반을 일괄 해결하도록 검토를 지시하기 위한 것이라고 말했다. 이케다 씨는 5일 예비회담에서 한국 측이 제시한 어업협정 초안에 언급하여 아직 보고받지 않았으나 일본은 국제법에 위반하는 불리한 조건에서 한국 안을 받아들이지는 않을 것이라고 말했다. 이케다 씨는 미국 대통령과 러스크 국무장관이 중공(中共)의 아시아 진출 방지를 위해 한·미·일 3국의 협력을 요망한 것은 당연하다고 말하였다.

『한국일보』, 1962년 12월 11일, 1면

현안 조기 타결에 의견 일치
어제 김(金) 부장·오노(大野) 씨 단독 회담
청구권·어업·평화선·독도 문제 등 광범한 토의

교섭 전망에 낙관
김 부장 담, 우호적 분위기로 시종(始終)

김종필 중앙정보부장과 오노 반보쿠(大野伴睦) 일본 자민당 부총재는 10일 하오 4시 50분부터 1시간 반 동안 중앙정보부에서 단독 회담을 갖고 대일청구권, 어업·평화선 문제, 한교(韓僑) 법적 지위, 기본조약, 문화재 반환, 독도 문제 등 한일 교섭의 현안 전반에 걸쳐 격의 없는 의견을 교환하는 한편, 앞으로의 교섭 전망은 낙관적이라는 데 의견의 일치를 보았다.

`조선일보』, 1962년 12월 13일, 1면

독도 문제, 국교 후에 해결
국방선(國防線) 설정은 특수 사정 때문

박 의장, 일(日) 기자들 서면 질의에 답변*

박정희(朴正熙) 최고회의 의장은 12일 하오 독도 문제는 "한일회담이 성립되고 국교가 정상화된 후에 외교적으로 논의되어야 할 문제"이며 한일회담 자체와는 분리시켜야 한다고 말하였다.

그는 오노(大野) 일 자민당(自民黨) 부총재와 함께 내한한 일본 수행기자들의 서면 질문에 이후락(李厚洛) 공보실장을 통해 대답하는 가운데 이와 같이 말했다.

그는 또 평화선의 철폐에 따르는 군사 라인 설정 문제에 대하여 "군사 라인이란 특수한 표현을 한 바는 없지만, 우리의 특수한 사정과 어족(魚族)을 보호해야 한다는 견지에서 국제 관례에 어긋나지 않는 어떤 선을 유지한다는 것은 타당성이 있는 일"이라고 말했다.

한일회담의 전망에 관해 박 의장은 "대원칙에만 합의 본다면 남은 문제들은 사무적으로 타결될 성질의 것"이라고 말하고 "현재 양국의 노력과 분위기로 보아 이대로만 간다면 양국 국민이 친선을 회복할 수 있을 것"이라고 말했다.

---

* 『경향신문』, 1962년 12월 13일, 1면, "독도 문제 수교 후에 논의, 박 의장 언명, 평화선 같은 선 필요"; 『동아일보』, 1962년 12월 13일, 2면, "독도 문제는 국교 후 논의', 박(朴) 의장 언명, 국제 관례 따라 평화선 해결"; 『한국일보』, 1962년 12월 13일, 1면, "독도 문제, 국교 후에 논의, 평화선은 국제 관례 따라 해결, 박 의장, 일 기자 서면 질의에 답변".

<목록>
1955~1962년 독도 관련 국내 언론보도 기사 목록

3편

I. 1955년

1월 11일

『경향신문』, 1면, "여적(餘滴)"

2월 5일

『경향신문』, 1면, "[사설] 한일 외교 조정 분위기의 개선"

2월 17일

『경향신문』, 2면, "16일 진해서 명명식, 도입 LSM형 4척"

4월 3일

『경향신문』, 1면, "작년의 오늘"

6월 19일

『경향신문』, 1면, "일(日) 친공 정책 분쇄, 자유당서 성명"

7월 29일

『경향신문』, 3면, "독도 등대 이용, 각국 정부에 통고"
『한국일보』, 3면, "독도 등대 준공, 광달거리는 15리(哩)"

8월 28일

『경향신문』, 3면, "일(日) 정부에 항의 지시, 일 어선 또 독도 침범"

8월 29일

『마산일보』, 2면, "일선(日船) 독도 침범, 정부 항의 훈령"

9월 1일

『조선일보』, 1면, "한국의 안전을 위협, 일 무장선 독도 근해 침입을, 우리 대표부서 일본 정부에 항의"

『한국일보』, 1면, "독도는 우리 영토, 일 무장선 침범에 항의"

9월 6일

『조선일보』, 4면, "천 톤급 일 경비선, 독도 주변을 순회"

11월 28일

『경향신문』, 2면, "작년의 오늘"

12월 16일

『조선일보』, 3면, "독도 경비선 좌초"

2. 1956년

5월 26일

『동아일보』, 1면, "독도는 일본령, 스나다(砂田) 또 괴발언"

『마산일보』, 1면, "독도 일령(日領) 주장, 방위청 장관이"

『조선일보』, 1면(석간), "독도는 일본 영토, 일본 방위청 장관 주장"

7월 22일

『조선일보』, 2면(조간), "독도 등을 답사, 산악회서 27일부터 14일간"

『한국일보』, 3면, "고교생 해양훈련, 해군의 지도로"

7월 24일

『한국일보』, 3면, "울릉도의 식물 채취, 서울 고대 문리대서"

8월 18일

『동아일보』, 3면, "울릉도 카메라 탐방⑤, 울창한 임상(林相)도 꿈, 아직도 살아 있는 노 개척자"

8월 20일

『동아일보』, 3면, "독도 카메라 탐방①, 우뚝 솟은 두 개의 바위섬"

8월 21일

『동아일보』, 3면, "독도 카메라 탐방②, 집은 경비초소뿐, 기암괴석·절해의 금강"

8월 22일

『동아일보』, 3면, "독도 카메라 탐방③, 견딜 수 없는 애수, 20일 교대의 경비진"
『조선일보』, 2면(조간), "항해 1천 마일: 학도 해양훈련기, 첫 회로는 우선 성공, 순조로운 날씨에 계획대로 실천(홍종인)"

8월 23일

『동아일보』, 3면, "독도 카메라 탐방④, 갈매기의 섬인가, 바위 속에도 꽃은 피고"
『조선일보』, 2면(조간), "항해 1천 마일: 학도 해양훈련기②, 해사(海士)에 3일 입영(入營)"
『조선일보』, 4면(석간), "신(新) 영화, 독도와 평화선, 총천연색 기록영화"

8월 24일

『동아일보』, 3면, "독도 카메라 탐방⑤, 침식해가는 섬"
『조선일보』, 2면(조간), "항해 1천 마일: 학도 해양훈련기③, 장엄한 대자연(홍종인)"

8월 25일

『동아일보』, 3면, "독도의 생태, 소련 선박 가끔 출몰, 이색의 여 주민, 구슬피 우는 물개"

『조선일보』, 2면(조간), "항해 1천 마일: 학도 해양훈련기④, 드디어 독도로(홍종인)"

8월 26일

『조선일보』, 2면(조간), "항해 1천 마일: 학도 해양훈련기⑤, 함정 생활에 익숙(홍종인)"

8월 27일

『조선일보』, 3면, "항해 1천 마일: 학도 해양훈련기⑥, 인상 깊은 독도(홍종인)"

8월 28일

『조선일보』, 2면(조간), "항해 1천 마일: 학도 해양훈련기⑦, 울릉도도 더위가 혹심(홍종인)"

8월 29일

『조선일보』, 2면(조간), "항해 1천 마일: 학도 해양훈련기⑧, 수확 많은 고고학반(홍종인)"

8월 31일

『조선일보』, 4면(석간), "울릉도 시초(詩抄)(1), 정결한 왕국(유치환)"

9월 1일

『조선일보』, 4면(석간), "울릉도 시초(2), 당개나리꽃(유치환)"

9월 3일

『조선일보』, 4면, "울릉도 시초(3), 월야(月夜) 도동(道洞)(유치환)"

9월 4일

『조선일보』, 4면(석간), "울릉도 시초(4), 한바다 복판에서(유치환)"

9월 5일

『조선일보』, 4면(석간), "울릉도 시초(완), 독도여(유치환)"

10월 24일

『조선일보』, 3면(석간), "울릉도와 독도, 학생 해양훈련 보고전에 제(際)하여(홍종인)"

12월 5일

『경향신문』, 1면 "구보타(久保田)의 망언 취소 용의, 시게미쓰(重光) 외상, 한일 재협상에 언명"

12월 6일

『경향신문』, 1면, "사실을 무시하는 태도, 외무 당국, 일의 최근 동향 분석"

12월 20일

『경향신문』, 1면, "억류 한인(韓人) 전원 석방, 재산권 상호 포기코 외교 회복 희망, 이시바시 총재 성명"

3. 1957년

1월 29일

『조선일보』, 1면(조간), "한일회담 재개에 암영, 일, 독도 영유권 주장, 김 주일공사에 각서 전달"

1월 30일

『경향신문』, 1면, "정치적 복선 검토, 외무 당국, 독도 문제에 언급"
『동아일보』, 1면, "일(日), 독도 영유권 주장, 주일 김 공사에 강경한 각서"
『한국일보』, 1면, "일 측 주장은 억지, 외무 당국 담, 독도 영유권 주장에"

2월 10일

『동아일보』, 2면, "[시론] 독도 영유권 문제①(김기수)"

2월 11일

『동아일보』, 2면, "[시론] 독도 영유권 문제②(김기수)"

2월 12일

『동아일보』, 2면, "[시론] 독도 영유권 문제③(김기수)"

2월 13일

『동아일보』, 2면, "[시론] 독도 영유권 문제④(김기수)"

2월 14일

『동아일보』, 2면, "[시론] 독도 영유권 문제⑤(김기수)"

2월 28일

『동아일보』, 2면, "독도 영유권①(황상기)"

3월 1일

『동아일보』, 2면, "독도 영유권②(황상기)"

3월 2일

『동아일보』, 2면, "독도 영유권③(황상기)"

3월 3일

『동아일보』, 2면, "독도 영유권④(황상기)"

3월 4일

『동아일보』, 2면, "독도 영유권⑤(황상기)"

3월 5일

『동아일보』, 2면, "독도 영유권(완)(황상기)"

3월 21일

『경향신문』, 1면, "한일회담 4월에 재개, 망언 취소, 재산권 포기 성명 준비, 억류자 석방 합의, 평화선 인정, 선박 반환도"

『세계일보』, 1면, "한일회담, 4월 중에 재개? 의제에 잠정적 합의, 일 측 평화선도 인정 시, 동경 외교 소식통 담(談)"

『한국일보』, 1면, "내월(來月)에 한일회담 재개"

3월 26일

『동아일보』, 4면, "독도 소고(小考)(벽산학인)"

4월 13일

『조선일보』, 2면(석간), "울릉도와 독도 분쟁 사화, 안용복과 그의 공적을 더듬으며(1)(김용국)"

4월 14일

『조선일보』, 2면(석간), "울릉도와 독도 분쟁 사화, 안용복과 그의 공적을 더듬으며(2)(김용국)"

4월 15일

『조선일보』, 2면, "울릉도와 독도 분쟁 사화, 안용복과 그의 공적을 더듬으며(3)(김용국)"

4월 30일

『경향신문』, 1면, "일지(日紙), 독도 국제재판 제기 주장"

『한국일보』, 1면, "[사설] 평화선 거부, 독도, 류큐(琉球), 일본은 다시 무엇을 그리려 하는가?"

9월 6일

『동아일보』, 3면, "국적 불명 괴함선, 독도 앞에 나타났다 잠적"

12월 11일

『세계일보』, 1면, "울릉도를 시찰, 주한 외교사절 일행"
『조선일보』, 1면, "독도·울릉도 시찰, 영·서독·월남 외교사절"
『한국일보』, 1면, "독도를 시찰차 어제 출발, 주한외교사절 일행"

4. 1958년

1월 19일

『경향신문』, 1면(석간), "해양주권선언 불변, 조(曹) 장관 언명, 원자(原子) 외교 추진할 터"
『세계일보』, 1면, "평화선 고수 방침 불변, 조(曹) 장관, 한일비밀협약 언급 회피"

3월 6일

『경향신문』, 1면(조간), "독도 문제 해결 노력, 일(日) 기시(岸) 수상 언명"
『조선일보』, 1면(조간), "독도 문제, 국재(國裁) 통해 해결, 일 수상, 평화적 노력 계속 언명"

3월 7일

『마산일보』, 1면, "실력행사 않겠다, 일(日) 수상, 독도 문제에 언급"

3월 20일

『경향신문』, 1면(조간), "어부 석방 후에 본회담 재개, 일 외상, 회의서 한일관계 답변"

4월 5일

『경향신문』, 2면(석간), "후진국에 불리한 영해 3리설(상), 일·미·영·불이 해양법회의서 고집"

4월 6일

『경향신문』, 2면, "후진국에 불리한 영해 3리설(하), 미·영·불·일이 해양법회의서 고집"

11월 23일

『경향신문』, 3면(석간), "돈벌이하는 경비선, 운임 받고 일반 화물 운반에 급급"

5. 1959년

1월 29일

『경향신문』, 3면(석간), "일 순찰선이 평화선 침범, 독도 주위를 돌다가 도주"

2월 19일

『경향신문』, 3면(석간), "울릉도서도 데모, 구호물자 양륙은 완료"

2월 24일

『경향신문』, 3면(석간), "울고 왔다 울고 가는 섬⑴, 울릉도의 풍물첩, 눈 속에 봄이 오고, 옛날은 독립국으로 해적의 근거지, 명이나물에 명줄 건 도민들"

3월 3일

『경향신문』, 3면(조간), "독도는 살아 있다, 조국의 전초 수호에 철통, 피눈물 나는 경비대원의 노고"

8월 2일

『동아일보』, 1면(조간), "독도 침략 운운, 일 방위청 장관 망언"

『조선일보』, 1면(조간), "한국서 독도 침략 운운, 일 방위청장 의회 답변"

『한국일보』, 1면(조간), "독도에 한국 군인, 일 방위청 장관, 침략이라 망언"

9월 19일

『동아일보』, 1면(조간), "일본 순시선이 독도 근해 침입, 대표부서 항의"

『동아일보』, 3면(석간), "독도경비원들 고립, 식량 유실되고 시설도 파괴"
『조선일보』, 1면(석간), "일(日)서 영유권 주장, 대표부의 독도 침범 항의에 강변"

9월 20일

『동아일보』, 1면(조간), "독도 영유권 재주장, 일(日), 국재(國裁)에도 제소 운운"
『동아일보』, 1면(석간), "일, 국재(國裁) 제소 불능, 최 차관 담, 독도는 한국 영토"
『마산일보』, 1면, "일 순시선 독도 수역 침범"
『한국일보』, 1면(조간), "독도 문제 다시 말썽? 일, 한국 측 항의에 반론을 준비"

9월 21일

『마산일보』, 1면, "독도 소속을 항의"

9월 23일

『동아일보』, 1면(석간), "일 정부서 각서, 독도 문제로 망발"
『조선일보』, 1면(조간), "독도 영유권 문제에 일 측서 항의 각서"
『조선일보』, 1면(조간), "독도 문제 등 국재에 제소, 일 운수상 공언"

9월 26일

『동아일보』, 1면(석간), "독도 영유 주장, 일본서 구상서"
『조선일보』, 1면(조간), "독도 영유권, 일서 또 주장, 유 대사에 구상서"

9월 27일

『동아일보』, 1면(3판), "일 정부서 부인, 일 초계선 독도 침범"[*]
『조선일보』, 1면(조간), "독도 침범 부인, 일, 유(柳) 대사에 각서"

---

[*] 이 기사는 국사편찬위원회의 한국사데이터베이스(db.history.go.kr)에서 검색 가능하나, 네이버 뉴스 라이브러리(newslibrary.naver.com)에 있는 『동아일보』, 1959년 9월 27일, 1면(석간)에는 실려있지 않다.

9월 29일
『조선일보』, 1면(석간), "일 우익단체서 독도 점령 계획, 일 방송이 보도"

10월 1일
『동아일보』, 1면(조간), "일경(日警)에서 확인, 우익파 독도 공격설"

10월 2일
『동아일보』, 1면(조간), "독도는 우리 영토, 최 차관, 일(日)의 인정 종용"
『동아일보』, 3면(석간), "독도 경비를 강화, 일 우익단체 탈환 운위에 대비인 듯"
『조선일보』, 3면(조간), "독도 수비를 강화, 일 우익분자들의 강점 기도에, 경북 경찰국장 담"

10월 27일
『동아일보』, 4면(석간), "독도의 귀속 문제, 법리적으로 판명된 영토(강성재)"

10월 30일
『조선일보』, 3면(석간), "독도의 인광 채굴권 청구, 일인(日人)이 일본 정부 상대로 소송"

12월 2일
『동아일보』, 1면(석간), "독도는 일령(日領), 기시(岸) 수상 또 주장"
『조선일보』, 1면(조간), "독도는 일령, 기시 수상 또 괴주장"
『한국일보』, 1면(석간), "독도는 금보다 값진 우리의 땅"

12월 3일
『마산일보』, 1면, "독도는 일령, 기시 일 수상 주장"
『한국일보』, 3면(조간), "사라 태풍에도 지킨 태극기, 현지 경찰대장, 본사 기자와 무전 회견, 독도의 겨우살이, 한 척뿐인 경비선, 무인나도(無人裸島)에 호국의 사기 드높아"

12월 12일

『한국일보』, 3면(석간), "울릉도의 우울(7), 백발이 간직한 고사, 처절했던 일로전쟁도"

12월 13일

『조선일보』, 1면(석간), "일 조건부 수락? 국재 제소, 독도·평화선 문제의 동시 취급"

『조선일보』, 1면(석간), "평화선 문제 제기, 국제 변협리(辯協理)에, 일 변협(辯協)서 발표"

『한국일보』, 1면(석간), "독도 등 포함 조건? 일, 국재(國裁) 제소 제의를 신중 검토"

12월 14일

『동아일보』, 1면, "일 정부서 신중 검토, 송북(送北) 문제의 국재(國裁) 제소 제안"

12월 15일

『동아일보』, 1면(석간), "[사설] 치욕의 날에 민족적인 반성이 필요"

6. 1960년

1월 7일

『동아일보』, 1면(석간), "독도 파병 주장, 일(日)의 일(一) 국수주의자"

1월 9일

『동아일보』, 1면(석간), "독도 상륙작전 운운, 일본 국수주의자가 망언"

1월 10일

『동아일보』, 1면(석간), "오키섬*에서 지체, 일(日) 독도 공격대"

---

* 원문에는 '沖島'로 되어 있으나, '오키섬'(隱岐島)으로 표기한다.

『조선일보』, 1면(조간), "독도 점령이란 선전, 일본 우파 5명, 오키섬*서 지체"
『조선일보』, 1면(석간), "상대할 가치 없다, 일 국수주의자의 독도 상륙 공언, 최 외무차관 언급"

1월 11일
『마산일보』, 1면, "독도 상륙은 해적 행위, 최 차관, 일(日) 국수주의자들을 반박"

1월 12일
『마산일보』, 1면, "대한반공청년단 출동 호(乎), 일 청년단체, 독도 침입에 대비"

1월 16일
『동아일보』, 1면(석간), "독도 경비 질의, 3장관 출석 제안"

1월 31일
『동아일보』, 1면(조간), "한일회담 30일 재개, 일 극우파, 독도 반환 요구코 난동"

2월 3일
『동아일보』, 2면(조간), "독도 공격 계획 연기, 일인(日人) 히고(肥後) 언명, 방한 사증(査證)을 대기"

2월 6일
『동아일보』, 3면(석간), "독도수비대 편성, 경북 반공청년단서 6백 군경 출신으로"

2월 9일
『동아일보』, 1면(석간), "독도 점령은 침략, 일 수상 중의원 답변"
『조선일보』, 1면(조간), "한국의 독도 영유를 무력 침략 간주 운운, 기시(岸) 일 수상"

---

* 원문에는 '沖島'로 되어 있으나, '오키섬'(隱岐島)으로 표기한다.

2월 20일

『동아일보』, 1면(석간), "독도 문제 국재(國裁) 제소는 불고려, 후지야마(藤山) 외상(外相) 언명"

3월 10일

『동아일보』, 1면(석간), "독도 문제 평화 해결, 일 정부 방침 재확인"

『한국일보』, 1면(조간), "독도 문제 평화적으로 해결, 일 외상, 미(美)에 중재 요청도 고려"

3월 11일

『세계일보』, 1면(조간), "독도 점유 위해, 미일 안보 발동 불가, 기시 수상 언명"

『조선일보』, 1면(석간), "독도 문제 등 질의, 일 참의원 안보조약 적용 논의"

3월 12일

『마산일보』, 1면, "일본 중의원 외무위서 논의된 한일 문제, 평화선, 독도 문제 등 질의에 후지야마(藤山) 외상, 평화적 방침을 언명"

『세계일보』, 1면(조간), "무력 행사도 고려, 독도 문제 협상 통해 해결, 일 수상 등 망언"

『조선일보』, 1면(조간), "독도의 외교적 해결 모색, 한국서 수비군 강화면 무력행사, 기시 일 수상 의회 답변"

3월 14일

『마산일보』, 1면, "독도는 한국 영토, 유(柳) 대사, 일(日) 기자회견 담"

3월 23일

『조선일보』, 1면(조간), "독도 문제 논란, 일 의회서 쓰지(辻) 씨 발언"

3월 28일

『동아일보』, 1면, "독도 문제 41회나 항의했다, 일 외상, 유엔 제소도 고려"

4월 9일

『동아일보』, 1면(조간), "독도 영유 주장, 후지야마 일본 외상"

9월 20일

『경향신문』, 4면(석간), "재일교포 교육의 현황과 과제, 이미 늦었다, 그러나 더 늦어서는 안된다(하)(이영훈)"

10월 26일

『경향신문』, 1면(조간), "[사설] 한일회담의 재개를 보고"

12월 8일

『조선일보』, 1면(석간), "독도 소송 비용 지불 명령, 정부 상대로 한 5억 원 손해배상재판, 동경지법서 민간인에 유리한 판결"

12월 9일

『마산일보』, 2면, "독도 채굴권 소유 일인(日人)이 제소"

12월 21일

『경향신문』, 1면(조간), "'현 한국 정부는 친일 정권', 일 고사카 외상, 의회 예산위서 증언"

12월 22일

『경향신문』, 1면(석간), "여적(餘滴)"
『조선일보』, 1면(석간), "독도 영토권 주장, 고사카 일 외상 발언"

12월 23일

『경향신문』, 1면(석간), "독도는 한국 영토, 김 차관, 일 외상 발언 반박"
『민국일보』, 1면(조간), "독도는 일(日) 영토, 일 외상, 참원(參院)서도 답변"
『민국일보』, 1면(석간), "독도는 우리 것, 정부, 일(日) 주장 일축"

『조선일보』, 1면(석간), "독도는 한국 땅, 고사카 일 외상 주장, 김 외무차관 반박"
『한국일보』, 1면(석간), "독도는 우리 영토, 정부, 일 외상 주장 반박"

7. 1961년

2월 18일

『경향신문』, 1면(조간), "외교상 해결 확신, 일 고사카(小坂) 외상, 독도 문제에 언급"
『민국일보』, 1면(조간), "평화적으로 해결, 일 외상, 독도 문제에 언급"

2월 28일

『민국일보』, 3면(조간), "독도의 호소, 걱정이 태산인 카스트로 수염들, 단 하나의 나룻배마저 부서지고"
『조선일보』, 3면(석간), "물개·갈매기의 안식처, 여기는 독도, 조국 땅의 보루"

10월 21일

『민국일보』, 1면(조간), "평화선 부인 등, 고사카 외상, 대한(對韓) 정책 재천명"
『조선일보』, 1면(조간), "독도 주권 문제 협상, 일 외상, 의회서 언명"
『한국일보』, 1면(조간), "8억 불 청구받은 일 없다, 평화선은 국제법상 불용, 일 외상, 참원(參院)서 대한(對韓) 정책 답변"

10월 22일

『경향신문』, 1면(조간), "독도는 우리 영토, 외무 당국, 일 외상 증언을 논박"
『마산일보』, 2면, "8억 불 청구설, 들은 일 없다, 독도 문제, 협상 통해 해결, 일 외상 참원(參院)서 대한(對韓) 정책 천명"
『조선일보』, 1면(조간), "독도는 한국 영토, 외무부 대변인, 일 외상의 발언을 논박"
『한국일보』, 1면(조간), "독도는 엄연한 우리 영토, 평화선, 국제법에 부합, 외무부 대변인 담,

일 외상 발언 진부(眞否)를 조회"

11월 10일
『경향신문』, 2면(조간), "독도 광권(鑛權) 소송, 일(日) 광업사 패소"
『조선일보』, 1면(조간), "일 광업회사 패소, 정부를 상대로 한 독도 광업권 소송"
『한국일보』, 1면(조간), "[시시비비] 무슨 생각인가, 독도 판결"

11월 11일
『동아일보』, 1면(조간), "독도 광산권 인정, 일(日) 지법(地法) 판결"

11월 18일
『경향신문』, 1면(석간), "독도 등 시찰, 손(孫) 문교사회위장"

11월 19일
『동아일보』, 1면(조간), "독도 시찰, 손(孫) 문사위원장"

11월 20일
『경향신문』, 1면, "독도 중요성 재확인, 손 문교사회위원장 시찰 담"
『한국일보』, 1면(석간), "독도의 중요성 재확인, 손 문교사회위원장 시찰 소감"

12월 5일
『경향신문』, 1면(조간), "독도 영유권은 기정 사실, 고사카 외상 주장"
『조선일보』, 1면(조간), "독도 영유 주장, 고사카 일 외상"
『한국일보』, 1면(조간), "독도 영유는 기정 사실, 일 외상 담, 국재(國裁)서 해결 가능"

12월 27일
『경향신문』, 1면(조간), "한일관계 다시 악화? 독도는 엄연한 우리 땅, 정부, 국기 철수 등 일 요구에 항의"

『경향신문』, 1면(조간), "[귀거래] 동상이몽의 경협(經協)과 상의(商議), 독도에 생떼, '일본은 역시 일본'"

『경향신문』, 1면(조간), "반사경"

『동아일보』, 1면(석간), "일(日), 돌연 독도 영유권을 주장, 시설 제거·경비원 철수 요구"

『동아일보』, 1면(석간), "엄연한 우리 영토, 외무 당국 반박, 청구권 줄이려는 외교 술책"

『민국일보』, 1면(조간), "일, 독도 영유권을 주장, 인원·시설 철구 요구, 외무부 구술서, 엄연한 한국의 영토, 정부, 대표부 통해 엄중 항의키로"

『민국일보』, 1면(조간), "[로타리] 속이 들여다 보이는 얕은 수"

『조선일보』, 1면(조간), "정부, 일(日)에 엄중 항의 준비, 우리 국내사항에 간섭, 독도 영유권 주장은 천만부당, 외무부 당국자 담"

『조선일보』, 1면(조간), "한인과 시설 철거, 독도, 일 정부서 대표부에 구두로 요구"

『조선일보』, 1면(석간), "[사설] 독도 문제를 돌연 재(再) 제기한 일본 측의 진의"

『한국일보』, 1면(조간), "독도의 한국 시설 철구 요구, 일(日), 돌연 구상서를 전달, 우리 정부서 엄중 항의, 사실(史實)·국제법상의 증거 들어"

『한국일보』, 1면(석간), "[사설] 독도를 걸고 드는 일본의 저의는 무엇인가?"

『한국일보』, 2면(석간), "독도, 역사와 현실, 동·서 두 개로 된 돌섬, 일본은 노일전쟁 후 날치기로 저희 것이라 우겨, 산물은 미역, 전복 등, 한때는 물개도"

12월 28일

『경향신문』, 1면(조간), "[사설] 독도 영유를 주장하는 일본의 저의를 경계하라"

『경향신문』, 1면(석간), "'내정간섭이다', 일의 독도 주장에 항의, 주일대표부서"

『동아일보』, 2면(석간), "독도는 엄연한 한국 영토, 맥아더 장군에 보낸 최남선 씨의 유고(遺稿)"

『마산일보』, 1면, "독도는 우리 영토, 외무부 대일각서 준비"

『민국일보』, 2면(조간), "[사설] 일본은 무엇을 위해 그러는가?, 독도에 대한 각서에 대하여"

『민국일보』, 2면(조간), "논쟁의 초점과 역사적 사실, 말썽이 된 독도·백두산 영유권 문제"

『민국일보』, 1면(석간), "독도 문제, 논의의 여지없다, 정부, 일 측 영유권 주장에 정식 항의, 시설 등 철구 요구는 내정간섭"

『조선일보』, 1면(석간), "일 측의 주장 반박, 독도 영유 논의의 여지없다, 정부서 일에 강경한 항의서 전달"
『한국일보』, 1면(석간), "일(日)에 항의서 전달, 독도 문제로"

12월 29일
『경향신문』, 2면, "독도의 역사적 배경, 엄연한 우리 영토, 일의 소위 '선점권' 주장은 부당"
『동아일보』, 1면(조간), "독도는 우리 영토, 정부, 일 주장에 항의서 전달"

8. 1962년

1월 10일
『경향신문』, 1면(석간), "최고회의에 붙이는 공개 건의(8), 국방과 산업 병진을, 원양 어장 개척 서둘러야(정문기)"
『동아일보』, 3면(석간), "독도의 태극기, 뚜렷한 한국 영토, 경비원들 새벽마다 게양"

1월 30일
『경향신문』, 1면(조간), "대한(對韓) 상환액, 4월경에 제시키로, 경제협조에 더 큰 비중, 일 이케다(池田) 수상, 의회서 답변, 별도로 독도 문제 해결"
『경향신문』, 1면(조간), "주목할 가치도 없다, 외무 당국 응수"
『경향신문』, 1면(석간), "독도 영유 운운, 일지(日紙) 새로운 주장"
『동아일보』, 1면(석간), "조사단 파한(派韓)과 투자는 별개, 이케다 수상·고사카(小坂) 외상, 의회서 한일 문제 답변"
『민국일보』, 1면(조간), "현안 조속 해결 방침, 독도는 일본의 영토, 한일 문제 질문에 일 수상 의회서 답변"
『민국일보』, 1면(석간), "일지(日紙) 독도 문제에 새 주장, 틀림없는 일본 속령(屬領), 3백 년 전 자료 문서 제시하겠다고"
『조선일보』, 1면(석간), "독도 영유권 입증 문서, 일지서 발견했다고 주장"

『한국일보』, 1면(조간), "독도 분쟁, 국제재(國際裁)에 제소, 대한(對韓) 경제협조는 국교 후에, 일 이케다(池田) 수상 등 의회서 답변"
『한국일보』, 1면(석간), "일지(日紙), 독도 영유권에 신설(新說), 350여 년 전 입증 문서 발견했다고"
『한국일보』, 1면(석간), "넌센스에 불과, 유홍렬 교수 담"

1월 31일
『경향신문』, 1면(조간), "따져볼 의문이 몇 가지, '일 의회의 주기적인 발작이라'"
『동아일보』, 1면(조간), "3백 년 전 입증 문서 발견, 일지(日紙), 독도 영유권에 새 주장"
『동아일보』, 1면(조간), 국재(國裁)에 제소, 독도 점유권에 일 외상도 주장"
『동아일보』, 1면(석간), "[사설] 독도 문제에 관한 이케다(池田) 수상의 발언"
『민국일보』, 1면(석간), "독도는 엄연한 한국령, 일 측 영유권 주장은 주기적 발작, 최 외무 반박"
『조선일보』, 1면(석간), "침략 근성을 노정, 최 외무, 일의 독도 영유 주장 반박"
『한국일보』, 1면(석간), "일, 독도 영유권 주장은 주기적인 발작, 침략행위 재확인시키는 결과, 최(崔) 외무, 국제법과 역사상 이유 들어 반박"

2월 1일
『동아일보』, 1면(조간), "망상적 주장 버리라, 최 외무, 일(日)의 독도 영유권을 반박"

2월 6일
『경향신문』, 1면(석간), "평화선 불인정, 한일회담서 해결, 이케다 일 수상 의회서 증언"
『경향신문』, 1면(석간), "허황한 언사, 우리 입장엔 변함없다"
『민국일보』, 1면(석간), "평화선은 불인정, 국재(國裁)엔 부(不)제소, 독도 영유 주장 불변, 일 수상 의회서 증언"

2월 7일
『마산일보』, 1면, "평화선은 불인정, 이케다 수상, 독도 영유권 등 언급"

2월 8일

『경향신문』, 1면(조간), "외자(外資) 7억 불 도입, 송(宋) 수반 대구서 담, 한일 국교는 일(日) 성의 따라"

2월 13일

『동아일보』, 1면(석간), "한국 맞고소 예상, 일(日) 외상, 독도 문제에 증언"

『민국일보』, 1면(조간), "한일회담 순조로우면 한국서도 맞고소할 듯, 유엔엔 부제기, 고사카(小坂) 일 외상, 독도 문제에 언급"

『조선일보』, 1면(조간), "유엔 제소 불능, 독도 영유권 문제, 고사카 일 외상 증언"

『한국일보』, 1면(조간), "독도 문제 맞고소, 회담 순조로우면 한국 측서 동의, 고사카(小坂) 외상 언명"

『한국일보』, 3면(석간), "독도↔울릉도①, 독도를 지키는 사람들, 오난(五難) 이겨 동단을 수호, 나무 떨어지면 막사 뜯어 때고, 풍랑 땐 한 달 교체가 두 달도 되며"

2월 15일

『민국일보』, 1면(석간), "독도 문제는 한일회담 끝난 뒤, 제3국 중재로 해결, 고사카 외상, 의회 증언서 견해 표명"

『한국일보』, 3면(조간), "독도↔울릉도②, 독도와 홍 노인, 평생 소원, 본적이 독도인 옥동자, 67년 전에 이곳 찾아가 나무 심고, 손자들에게 내 땅 지키라 유훈(遺訓)"

2월 17일

『동아일보』, 2면(조간), "독도 비사, 안용복 소전(小傳)(1)(한찬석)"

2월 18일

『동아일보』, 2면(조간), "독도 비사, 안용복 소전(2)(한찬석)"

『조선일보』, 2면(조간), "독도 분쟁, 국재(國裁)에 제소될까?"

2월 19일

『동아일보』, 2면(조간), "독도 비사, 안용복 소전(3)(한찬석)"

2월 20일

『동아일보』, 2면(조간), "독도 비사, 안용복 소전(4)(한찬석)"

2월 21일

『경향신문』, 1면(석간), "한일 수교 후에 독도 문제 제소, 일 외상이 증언"

『민국일보』, 1면(석간), "독도 문제, 국재(國裁)에 제소, 일(日) 전례 없이 강경한 태도, 고사카 외상, 의회서 언명, 한국서 동의해야 국교 정상화"

『조선일보』, 1면(석간), "독도 국재(國裁) 제소에 한국의 동의 강조, 고사카 일 외상"

2월 22일

『경향신문』, 1면(조간), "반사경"

『동아일보』, 1면(석간), "독도 문제, 국제재판에 제소, 고사카(小坂) 일 외상, 하원 예산위서 증언"

2월 23일

『경향신문』, 1면(조간), "일(日), 정치회담 대표로, 이시이(石井) 씨 파한(派韓)할 듯, 김(金) 정보부장, 고사카 일 외상과 회담"

『경향신문』, 3면(조간), "독도와 울릉도, 개발계획 추진"

『동아일보』, 1면, "독도 문제 취급, 일본 측서 희망"*

2월 24일

『경향신문』, 1면(석간), "한일 우호 통일 촉진, 김(金) 특사, 방일 마치고 귀국 도상 언명"

---

* 이 기사는 국사편찬위원회의 한국사데이터베이스에서 검색 가능하나, 네이버 뉴스 라이브러리에 있는 『동아일보』, 1962년 2월 23일, 1면(석간)에는 실려 있지 않다.

『민국일보』, 1면(석간), "정치회담에 합의, 이케다 수상은 동경서 열자고 했다, 청구권·평화선 등 일괄 해결해야, 김(金) 특사, 귀국 앞서 언명"

『한국일보』, 1면(석간), "일 측 성의를 확인, 일(日)의 독도 국재(國裁) 제소 현(現) 시기론 부적(不適), 대표부 설치는 국교 정상화 후, 김(金) 특사 동경서 기자회견"

2월 25일

『동아일보』, 1면(석간), "독도 일령(日領) 주장, 일(日) 교수, 증서(證書) 발견설"*

2월 28일

『경향신문』, 1면(석간), "일본서 발견설, 176년 전 독도 지도"

『민국일보』, 1면(조간), "독도 문제, 정치회담 의제로, 일 이케다 수상, 중의원 외위(外委)서 증언"

『조선일보』, 1면(조간), "독도 문제도 정치회담 의제로, 김(金)·이케다 회담선 청구권 불논의, 일 수(首)·외상(外相), 중의원 외위(外委)서 증언"

3월 1일

『경향신문』, 1면(조간), "일 식민주의 거듭 상기, 한강 넘으면 정신 바짝 차려야"

『경향신문』, 1면(조간), "17세기부터 영유, 일 조약국장, 독도 문제에 답변"

『동아일보』, 1면(석간), "독도, 17세기부터 영유, 일(日) 외무성 관리, 의회서 선언"

3월 5일

『경향신문』, 1면(석간), "독도 문제, 정치회담 의제로, 일(日), 국재 제소 응해줄지 타진할 듯"

『경향신문』, 1면(석간), "있을 수 없는 일, 외무부에서 논평"

『한국일보』, 1면(석간), "독도 상정을 기도, 일 측, 한일 정치회담에"

『한국일보』, 1면(석간), "의제 될 수 없다, 외무부 대변인"

---

* 국사편찬위원회 소장 원본 신문에는 조간, 석간 표시 없이 1962년 2월 25일 자로 되어 있으나, 네이버 뉴스 라이브러리에는 1962년 2월 25일 석간 신문에 게재되어 있다.

3월 6일

『경향신문』, 1면(조간), "[사설] 일본은 정치협상에 성의를 보여라, 독도 문제 제기설을 보고"

『동아일보』, 1면(조간), "정치회담 안건 될 수 없다, 외무 당국, 독도 문제에 언명"

『동아일보』, 1면(조간), "독도 문제도 의제로, 일(日), 정치회담에 제기 준비"

『동아일보』, 1면(석간), "[사설] 독도 문제는 한일 정치회담의 의제가 될 수 없다"

『마산일보』, 1면, "정치회담의 의제될 수 없다, 외무부 대변인 독도 문제에 단언"

3월 7일

『경향신문』, 1면(조간), "[사설] 한일 정치회담에서 유종의 미를 거두라"

『동아일보』, 1면(조간), "12일 동경서 한일 정치회담, 수석대표에 양측 외상, 주 의제는 재산청구권, 한일 양국 정부서 정식 발표"

『동아일보』, 1면(조간), "일(日), 독도 토의 시사, 청구권도 1억 불 선 제의할 듯"

3월 8일

『경향신문』, 2면(석간), "한일 보세 가공무역, 현 단계에선 불가능, 일 외상 증언, 독도 문제 우선 해결"

3월 9일

『동아일보』, 1면(석간), "13일 최(崔)·이케다 회담, 동경 한일 정치회담 일정 결정"

『동아일보』, 1면(석간), "대표부서 부인, 독도 문제 토의설"

『마산일보』, 1면, "일(日), 1억 불 선 고려, 독도 문제 국재(國裁) 제소, 대표부 설치 등 요청 시"

『민국일보』, 1면(조간), "한일 외상회담 일정에 합의, 주 의제, 청구권 문제, 주한대표부, 독도 문제 등 상정 않기로"

『조선일보』, 1면(조간), "독도 문제, 정치회담과는 무관, 일 측서도 제기 않을 듯, 공식 의제로는 지금까지 논의된 현안만, 동경 외상회담에 외교 소식통 논평"

『조선일보』, 1면(조간), "서울 대표부 설치, 일의 제의설 부인, 주일대표부"

『조선일보』, 4면(석간), "고문헌에 나타난 독도, 숙종 때 『약천집(藥泉集)』에 영유권 명시, 일 측 사료 『조선통교대기』에도"

3월 10일

『경향신문』, 1면(조간), "청구권에 융통성 많지 않다, 최(崔) 외무, 한일 정치회담에 전망, 독도 문제와 대표부 설치, 의제로는 불취급, 성의로 대하면 현안 문제 해결"

『경향신문』, 1면(석간), "보상액 제시 회피, 일 측, 서울 회담서 해결 예언"

3월 11일

『경향신문』, 1면(조간), "우선 평화선 문제를 해결, 고사카 외상 담, 독도 국재 제소 동의도"

『경향신문』, 1면(석간), "한일회담 전망은 착잡, 일 측 1억 불 선을 견지, 상항(桑港)조약 미군 정령, 새 해석 요구, 의제 채택도 크게 이견"

『한국일보』, 1면(조간), "독도 문제, 국재(國裁)서 해결, 평화선 해결 없인 국교 난망, 고사카 일 외상 답변"

3월 12일

『경향신문』, 1면(석간), "독도 문제는 제기 않을 듯"

『동아일보』, 1면(조간), "한일 외상 정치회담, 의제 협상을 시작, 처음부터 난항 예상"

『민국일보』, 1면(석간), "한일 정치회담 개막, 청구권 등 5개항 의제에 합의, 일 측 예기(豫期)했던 독도 문제 등 제기 없어"

3월 13일

『경향신문』, 1면(조간), "반사경"

『동아일보』, 1면(조간), "한일 정치회담 개막, 총괄적 의견 교환, 의제 합의, 양측 수석 인사, 다음 회담은 14일에"

『동아일보』, 1면(조간), "독도 문제 부(不)제기, 이케다·고사카 발언으로 뚜렷, 일 외교 소식통 담"

『민국일보』, 1면(조간), "[로타리] 일의 얕은 제스처 한탄"

3월 15일

『경향신문』, 1면(조간), "38 이북은 한국 통치권 외(外), 일(日) 외상도 되풀이"

『민국일보』, 1면(조간), "국교 정상화와 함께 독도 문제 국재(國裁) 제소, 고사카 외상, 참원(參

院)서 증언"

3월 16일
『경향신문』, 1면(조간), "[사설] 해리만 차관보의 방한을 환영한다"

3월 17일
『동아일보』, 1면(조간), "일 대표부 서울 설치를 거절, 최(崔) 외무, 독도 문제 국재 제소도"
『동아일보』, 1면(조간), "자민당과 접촉, 최 외무"

3월 19일
『경향신문』, 1면(석간), "한일 교섭, 8·9월경 타결, 이번 회담 장차의 토대 마련, 최 장관, 서울 향발 앞서 언명"
『민국일보』, 1면(석간), "8·9월께는 타결, 귀국 앞서 최 외무 담, 독도 문제 국재(國裁) 제소엔 불응"
『민국일보』, 1면(석간), "국교 정상화 후 독도 문제 논의"
『민국일보』, 3면(석간)*, "독도는 옛날부터 우리 땅, 천석짜리 뗏목배로 내왕, 일인은 그림자도 없어 … 원산, 대마도까지 우리 독무대"
『조선일보』, 1면(석간), "한일 교섭 8·9월경엔 타결될 듯, '다음 절충 기초 마련,' 최 외무장관, 귀국 성명"

3월 20일
『민국일보』, 2면(조간), "제1차 한일회담의 총결산, 현지에서 본 경과와 협상의 이면(裏面)"

3월 21일
『경향신문』, 2면(조간), "한일 외상회담 결산, 일(日), 이중 전술로 잔꾀, 법 이론만 들추고, 일

---
* 순서상 3면인데, 2면으로 오기되어 있다.

례(一例)론 바위투성이 독도로 트집"
『경향신문』, 2면(조간), "독도 제소에 응소 않는다"

3월 27일
『동아일보』, 3면(석간), "억보 일본 주장 뒤집어, 독도 영유권에 새 사실(史實), 「팔역도(八域圖)」 벌교(筏橋) 유생이 3대째 전승, 우산도라고 뚜렷이 기재"

4월 6일
『동아일보』, 3면, "독도는 엄연히 우리 영토, 본사에 또다시 두 종을 기증, 실증하는 옛 지도 속출"*

4월 9일
『민국일보』, 1면(석간), "주한 일(日)대표부 설치 없인 서울회담 불응, 고사카 일 외상, 한·일 문제에 언급"
『조선일보』, 1면(석간), "일본대표부 설치 승인 않는 한, 서울 정치회담 반대, 일 외상, 독도 국재(國裁) 제소를 재언명"

4월 10일
『동아일보』, 1면(조간), "일(日)대표부 없는 서울 회담 무리, 고사카 외상, '독도' 국재 제소 재표명"

4월 11일
『민국일보』, 1면(조간), "일(日)은 배신행위 없다, 회담 불응은 청구액 때문, 이세키(伊關) 씨, 최 외무 발언에 반대 견해"

---

* 이 기사는 국사편찬위원회의 한국사데이터베이스에서 검색 가능하나, 네이버 뉴스 라이브러리에 있는 『동아일보』, 1962년 4월 6일, 3면(석간)에는 실려 있지 않다.

4월 12일

『경향신문』, 1면(조간), "[사설] 한일회담은 일단 중단하는 것이 좋겠다, 신뢰할 수 없는 교섭 상대인 이케다(池田) 정부"

『경향신문』, 1면(조간), "반사경"

4월 28일

『경향신문』, 1면(조간), "독도 문제의 해결 없이는 한일 국교 정상화 불가능, 고사카 일 외상, 회의서 답변"

『동아일보』, 1면(석간), "독도 문제 해결 없이 국교 정상화 불가능, 일 고사카 외상 증언"

『민국일보』, 1면(조간), "독도 해결 없인 한일 국교 무망(無望), 고사카 외상 언급"

『조선일보』, 1면(조간), "독도 해결 없이 정상화는 불능, 고사카 일 외상 담"

『한국일보』, 1면(조간), "독도 문제 해결 없이는 국교 정상화 불능, 고사카 일 외상, 중의원서 언명"

4월 29일

『동아일보』, 1면(조간), "큰 물의 일으킬 듯, 고사카 일 외상의 독도 문제 발언"

『마산일보』, 1면, "독도 문제, 국재(國裁) 제소 고집"

『민국일보』, 1면(석간), "독도 해결 없인 대한(對韓) 국교 불가, 고사카 외상 되풀이"

『조선일보』, 1면(석간), "일본 외상 또 주장, 독도 문제의 선결"

4월 30일

『마산일보』, 1면, "독도 문제 해결 선행돼야, 고사카 외상 중의원서 되풀이"

5월 15일

『경향신문』, 1면(조간), "독도 국재(國裁) 제소, 99% 승소 자신, 일 최고재장(最高裁長) 담"

『경향신문』, 1면(석간), "한일관계 개선돼야, 독도 문제 해결 가능, 일 최고재판소장"

『동아일보』, 1면(석간), "독도 문제에 망언, 일(日) 법관 국재(國裁) 제소면 승리 운운"

『조선일보』, 1면(석간), "독도 문제 승소 확신, 일본 최고재판소장 담"

6월 24일

『경향신문』, 1면(조간), "영토권 문제에 대한 일 측 주장은 부당, 8월 정치회담에 비관론"

『동아일보』, 1면(조간), "기본조약은 불(不)체결, 일(日), 한일회담 기본방침을 수립"*

6월 25일

『경향신문』, 1면(조간), "독도는 일 영토 아니다, 재일 미 사학 교수 조지 씨가 자료 제공, 일서 만든 85년 전의 판도가 입증, 류큐제도 등 있는데 독도 표시 없어"

8월 10일

『경향신문』, 3면(조간), "라디오 12대 전달, 박(朴) 의장, 독도와 울릉도민에"

『동아일보』, 3면(석간), "독도에 라디오, 박(朴) 의장, 경비대원에 선물"

『조선일보』, 3면(조간), "박 의장이 라디오, 독도경비원과 울릉도민에게"

『한국일보』, 1면(조간), "독도는 엄연한 우리 영토, 박 의장 담, 왈가왈부는 가소로운 일"

『한국일보』, 1면(조간), "독도·울릉도민에 라디오 등 보내기로"

8월 18일

『경향신문』, 1면, "일(日), 대한(對韓) 기본정책 결정, 독도 문제는 제기 않고 증여, 차관 3억 불 지불, 스기(杉) 대표에 지시할 듯, 자본재와 용역 형식으로"

8월 19일

『동아일보』, 1면(조간), "대한(對韓) 지불 3억 불, 일 외무성 제안, 대장성 측서는 반대, 수상, 조약 대신 선언안 승인"

『한국일보』, 1면(조간), "한일 국교 정상화, 공동 선언 방식 인정 않는다, 예비회담서 제안돼도 거부, 영토주권의 회피책, 일 측의 속죄의식 결단의 관건, 소식통 담, 청구권과 차관은 별개 문제"

---

* 이 기사는 국사편찬위원회(한국사데이터베이스)에서는 검색할 수 있으나, 네이버 뉴스 라이브러리에서는 찾을 수 없다.

8월 20일
『경향신문』, 4면, "한일 예비회담의 전도(前途), 재산권 타협 주목, 일(日)은 어물어물 넘기려는 태도, 한국 주권 확인이 선결"

8월 21일
『조선일보』, 1면, "독도의 영유권 또 주장, '한국은 해적 국가' 운운, 일 사회당 의원, 의회서 망언"

8월 24일
『경향신문』, 1면, "한일 국교 정상화 전에, 어로·독도 문제 해결, 일 외상 증언, 청구권엔 불언급"
『조선일보』, 2면, "독도 문제도 포함, 한일 국교 정상화 전의 해결점, 오히라(大平) 일 외상 증언"
『한국일보』, 1면, "독도·평화선 해결 없이, 국교 정상화 않을 터, 일 오히라 외상 담"

8월 26일
『조선일보』, 2면, "그이를 독도에 초청하면 …"
『한국일보』, 1면, "[시시비비] 오히라 씨 독도에 초청해야"

9월 18일
『경향신문』, 2면, "독도의 근황, 어류만이 무진장, 우리 영토에 좀 더 관심 가져야, 일 경비정 얼씬도 못해"
『동아일보』, 3면, "우리의 '막내 섬' 독도, 동해를 지키는 외로운 초소, 빗물 받아먹는 경비대, 사기는 높아, 이젠 뜸해진 일 어선의 침범"
『조선일보』, 7면, "바다의 고아 독도, 외로운 초소만이 우뚝, 요즘엔 일선(日船)도 얼씬 않고, 바위에 새긴 두 글자 '韓國'(한국)"

9월 25일
『경향신문』, 4면, "독도 광업권 문제, 쓰지(辻) 후손이 또 고소"

10월 12일

『경향신문』, 1면, "독도 경비 강화토록, 박 의장, 울릉도 개발계획도 지시"

『한국일보』, 1면, "독도 경비에 만전을, 박 의장, 울릉도서 담(談)"

10월 19일

『마산일보』, 1면, "독도 문제 국재(國裁) 제소, 일 외상 용의 재표명"

10월 24일

『경향신문』, 2면, "김 부장의 방일 성과, 기대 크면 실망도, 일(日), 청구권에 최대 열의 표시"

10월 26일

『동아일보』, 2면, "독도는 일본 영토라고, 재산 청구권 지나친 일, 고대(高大) 초청, 일(日) 다나카(田中) 박사 강연 내용 말썽"

10월 29일

『동아일보』, 7면, "독도는 일본 땅, 청구권은 지나친 일, 다나카 발언에 서울대생 항의, 27일 본인도 정식으로 사과 성명"

11월 1일

『경향신문』, 7면, "물의 일으켜 미안, 일(日) 다나카 교수의 말"

11월 12일

『경향신문』, 2면, "미(美), 한국 재건에 장기 협조, 김 부장, 공동통신과 회견 담"

11월 13일

『경향신문』, 1면, "독도 문제는 수교 후, 국재(國裁) 제소 부당성 역설"

11월 14일

『조선일보』, 1면, "예비회담에서 독도 문제 토의, 오히라 일 외상 담"
『한국일보』, 1면, "독도 문제, 예비회담에서 토론, 오히라 일 외상 담"

11월 15일

『경향신문』, 1면, "독도 문제에 제3국 조정 모색, 일 외상 언명"
『동아일보』, 1면, "제3국 통해 조정, 독도 문제에 일 외상 언급"
『마산일보』, 1면, "간접 조정 해결, 일 외상, 독도 문제 언급"

11월 26일

『동아일보』, 1면, "국제중재위 설치, 일(日), 독도 문제 해결에 구상"

12월 6일

『경향신문』, 2면, "한일회담 조속 타결을 희망, 이케다(池田) 수상 담, 청구권 등 일괄해서"

12월 11일

『한국일보』, 1면, "현안 조기 타결에 의견 일치, 어제 김(金) 부장·오노(大野) 씨 단독 회담, 청구권·어업·평화선·독도 문제 등 광범한 토의"

12월 13일

『경향신문』, 1면, "독도 문제 수교 후에 논의, 박 의장 언명, 평화선 같은 선 필요"
『동아일보』, 2면, "독도 문제는 국교 후 논의, 박 의장 언명, 국제 관례 따라 평화선 해결"
『조선일보』, 1면, "독도 문제, 국교 후에 해결, 국방선 설정은 특수 사정 때문, 박 의장, 일 기자들 서면 질의에 답변"
『한국일보』, 1면, "독도 문제, 국교 후에 논의, 평화선은 국제 관례 따라 해결, 박 의장, 일 기자 서면 질의에 답변"

색인

ㄱ

가고시마 181, 183, 322
가덕도 106
가제 111, 151, 288~290, 333, 367
거문도 331, 333
경상북도 32, 45~47, 67, 71, 81, 86, 150, 165, 184, 231, 283, 363, 364, 367
고사카 젠타로 53, 55, 56, 58, 60~62, 64, 65, 69, 203~207, 209, 213, 214, 219, 265, 266, 269~271, 273, 279, 282, 286, 291, 292, 294~296, 299, 303, 308~311, 313, 314, 319, 322, 323, 325, 327, 328, 335, 336, 341, 342, 344~346, 349, 356, 380, 402~404, 406, 408, 409, 412, 414, 415
구보타 간이치로 33, 58, 59, 72, 128, 135, 357, 392
국가재건최고회의 55, 67, 71
국제변호사협회 175
국제사법재판소 29, 48, 52, 53, 60~62, 64, 65, 69, 72, 144, 156~158, 174, 175, 190, 205, 209, 219, 269~271, 274, 276, 286, 291, 299, 302, 313, 315, 325, 327, 342, 343, 345, 347, 372, 378, 380, 381
국제중재위원회 29, 69, 70, 72, 381

국제해양법회의 43, 44
규슈 47, 163, 227, 233, 256
극동군총사령관 57, 238
기시 노부스케 44, 48, 52, 54, 131, 137, 144, 145, 167, 168, 174, 189, 191, 193, 197, 199, 395, 398, 400, 401
기하라 쓰요시 66, 358
김기수 40, 41, 392, 393
김명년 309
김병택 367
김승옥 36, 104
김영두 373
김용국 41, 394
김용식 53, 128, 131
김유영 151
김윤삼 331
김윤식 333
김재원 119
김종필 60, 68, 69, 275, 292, 294, 295, 299, 306, 378, 380, 383
김치선 333

ㄴ

나라하시 와타루 47, 160

나리동 117
나카가와 도오루 61, 137, 155, 301
나카무라 195
나카이 요자부로 239, 316, 363
남구만 64, 317, 318
남면 150, 283
남양동 119
노기창 338, 340
뇌헌 247

ㄷ

다나카 나오키치 68, 373, 375, 376
다나카 도시오 44, 145
다케야 196
「대동여지도총전도」 64, 340
대마도 152, 233, 290, 331, 333, 413
대일강화조약/대일평화조약/샌프란시스코강화조약 28, 38, 43, 53, 58, 64, 72, 132, 137, 138, 143, 256, 288, 290, 326, 335
대한반공청년단 51, 181, 188, 400
대한제국 칙령 제41호 72
도동 36, 37, 106, 122, 150, 283, 391
독도개발협회 63, 293
독도경비대 4~7, 9, 35, 44, 45, 48, 71, 150
독도경찰위령비 35
독도 등대 4, 29, 31, 32, 71, 80, 81, 85, 388
독도 바다사자 36
독도수비대 52, 188, 400
독도수호경비사령부 51, 188
독도의용수비대 9, 36, 45, 285

독도조난어민위령비 45
독도조사단 28
독섬 239
돌섬 34, 111, 231, 333, 405
『동경신문』 63, 198, 313, 329
동경지방법원/동경지방재판소 49, 50, 202, 233
『동국여지승람』 287, 289, 363
동도(東島) 4~7, 31, 35, 45, 94, 95, 97, 115, 150, 151, 211, 212, 261, 280, 362, 364, 367
『동문휘고』 317
동화백화점 34, 125

ㄹ

러스크 382
류큐 65, 137, 138, 233, 350, 394, 416
리앙쿠르 록스 239, 240

ㅁ

마쓰에 47, 160, 347
마에다 221, 242
『마이니치신문』 37~39, 131, 268
망루산 122
매그레인 조지 65, 350, 351
『매천야록』 64, 318
맥아더 57, 237, 238, 405
맥아더 라인 44, 125, 132, 145, 303
모리 모토지로 204, 205
모리시마 344
모리 야소이치 44

모시개 107, 110, 118, 119, 126
묄렌도르프 239
무라카와 이치베 268
문철순 62, 308, 321
물개 97, 108, 111, 212
물골/물굴 45, 151
미사와 195, 196
미일안전보장조약 33, 51~54, 72, 177, 193, 194, 197
미일행정협정/일미행정협정 33, 89
미즈타 266

ㅂ

박정희 29, 67, 70, 71, 352, 353, 370, 371, 384
배의환 66, 356, 360
블라디보스토크 109

ㅅ

삼도 331, 333
삼봉도 38, 111, 288
서도(西島) 45, 94, 95, 115, 150, 151, 211, 212, 261, 280, 362, 364, 367
서도리 331, 333
석도 333
성남극장 36, 104
성인봉 107, 116, 117, 125
『성종실록』 363
『세이카이신문』 136
『세종실록』「지리지」 287, 318, 363
손금진 146
손창규 55, 217, 218

『숙종실록』 317, 363
스기 미치스케 66, 356
스기야마 시게오 374
스즈키 모사부로 128
스캐핀(SCAPIN) 제677호 72, 233, 256, 290, 303
시게미쓰 마모루 33, 128
시마 159, 161, 162
시마네현 38, 47, 49, 56, 65, 73, 166, 168, 179, 202, 232, 233, 255, 256, 274, 283, 288, 290, 297, 316, 318, 350, 363, 365
시코쿠 227, 233, 256
신도환 181
신석호 373
심흥택 64, 288, 318
쓰지 도미조 49, 50, 166
쓰지 마사노부 45, 54, 152
쓰지 미네조 202

ㅇ

『아사히신문』 321
아시아문제연구소 68, 373
아카기 무네노리 45, 54, 152, 197
안용복 41, 64, 72, 246~248, 255, 287, 317, 318, 394, 408
알봉 117
야마다 174
야마모토 노보루 374
약수공원 37
『약천집』 64, 317, 318, 411

엄영달 220, 223, 241, 308
에베렐 해리만 64, 326
연합국점령군사령부 132
영토주권대책기획조정실 73
영토주권전시관 73
오가사와라제도 350
오노 반보쿠 327, 383
오무기 다이하치 201
오야 진키치 268
오이 아쓰시 374
오키섬 51, 179, 399, 400
오히라 마사요시 66, 67, 69, 297, 325, 354, 357, 359~361, 372, 379, 380, 382, 417, 419
오히라 젠고로 297
옷토세이 108, 111, 333, 362
『요미우리신문』 309, 354
요코다 기사부로 65, 347
우산국 41, 119, 245, 246, 255, 256, 287
우산도 38, 246, 247, 287~289, 317, 318, 338, 340, 414
우케다 196
울릉(도)경찰서 7, 9, 35, 45, 48, 67, 96, 108, 111, 150, 154, 170, 363, 367
「원록구병자년 조선주착안 일권지각서」 72
UN해양법협약 44
유엔 한국통일부흥위원단(UNCURK) 42, 141
유엔헌장 60, 279, 349
유진오 373
유치환 36, 37, 120~124, 391

유태하 159, 161, 162, 186, 198
유홍렬 268, 338, 340, 407
이덕봉 115
이동환 221, 242
이민재 115
이세키 유지로 62, 310, 321, 341, 343, 414
이순신 106
이승만 68, 128, 187, 373
이시바시 131
이시이 미쓰지로 292
이원경 324
이케다 하야토 58, 59, 61, 63, 64, 69, 70, 263~266, 270, 271, 273~277, 286, 292, 295, 299, 306, 311, 314, 322, 323, 342, 354~356, 377, 382, 406, 407, 410~412, 415, 419
이후락 384
일본국제문제연구소 68, 373, 374
임철호 185

ㅈ

자산도 287
잠재주권 138
장경근 186
장도빈 245
『재팬타임스』 69, 70, 381
제주도 43, 103, 109, 143, 168, 233, 256, 288, 290
제주 해녀 5, 35, 109
조복성 91, 115

「조선국 교제시말 내탐서」 72
『조선수로지』 240
「조선여지총전도」 64, 340
『조선통교대기』 64, 316, 317, 411
조일환 52, 182, 183
주일한국대표부 31, 33, 46, 48, 56, 64, 71, 83, 135, 155, 174, 253, 300, 405
주한외교사절 42, 140, 141, 395
『증보문헌비고』 317
지가마 쓰도무 187
지증왕 245
진필식 155

ㅊ

차칠선 340
천연기념물 36, 109
최규하 46, 51, 180
최남선 57, 237, 238, 405
최덕신 59, 61~63, 66, 273, 275, 308~311, 322, 327, 330, 335, 356, 359~361
최병권 140
최영택 309
최익환 63, 293
추자도 103
치시마열도 268, 350

ㅋ

코펜하겐 175
클리퍼튼도 256

ㅌ

태정관 지령 72
태하 119
『통교관지』 317
『통항일람』 317

ㅍ

팔라다 240
팔마스도 256
「팔역도」 64, 338, 340, 414
패총 119
평화선 28~30, 33, 36, 43, 49, 55, 68, 104, 125, 132, 143, 149, 152, 213, 214, 228, 265, 277, 299, 319, 334, 337, 341, 342, 347, 364, 373, 377, 384, 390, 395, 401, 412

ㅎ

하야시 히로시 46
하토야마 이치로 33, 128
한국산악회 29, 33, 34, 90, 98, 125, 126
한미상호방위조약 54
한미행정협정 326
한신 278
한일협약 288, 350
한찬석 248, 408, 409
함명수 367
해군 본부 34, 79, 90, 98, 109
해군사관학교 34, 90, 103
해군 참모총장 34, 79, 90

해려 239, 316, 362, 367
해무청 31
해상보안청 46, 152, 155, 156, 363, 367
해안경비대 178
해양경찰대 365
허학도 35
헤이그 190, 209, 286, 291, 372, 378
헤쿠라호 32, 44, 46, 47, 83~85, 149, 153, 155, 161, 162, 365, 367
현포 119
호넷 240
혼바라 196
혼슈 227, 233, 256
홋카이도 227, 233, 256, 268, 350

홍순칠 35, 36, 45, 151
홍재현 151, 284
홍종인 34, 99, 107, 111, 113, 115, 117, 119, 125, 390~392
화랑호 7
황상기 40, 41, 393
황영문 4~7, 9
후나다 나카 33, 89, 328
후지야마 아이이치로 44, 52~54, 145, 190~192, 195, 197, 199, 200, 401, 402
흑해 109
히고 도루 177~179, 187
히로시마현 49, 166

자료 출처

신문

○ 국립중앙도서관(디지털화 자료: 신문)
- 『마산일보』

○ 국사편찬위원회
- 『동아일보』, 『마산일보』, 『서울신문』, 『한국일보』

○ 국회도서관
- 『민국일보』(『세계일보』)

○ 국내 신문사 및 네이버 뉴스 라이브러리
- 『경향신문』, 『동아일보』, 『조선일보』

사진 및 문서

○ 속표지 사진(독도의 시설, 독도경비대원)
- 출처: 『독도의 한토막』(황영문), 제공: 독도박물관

○ 외교부 외교사료관 소장자료
- 『독도 문제, 1955-59』(분류번호 743.11JA, 등록번호 4567)

○ 국회 회의록
- 제4대 국회 제33회 제35차 국회 본회의(1960년 1월 20일)

동북아역사 자료총서 60

광복 후 독도와 언론보도 Ⅲ
1955~1962년의 독도

초판 1쇄 발행   2023년 3월 31일

엮은이   홍성근
펴낸이   이영호
펴낸곳   동북아역사재단

등록   제312-2004-050호(2004년 10월 18일)
주소   서울시 서대문구 통일로 81 NH농협생명빌딩
전화   02-2012-6065
홈페이지   www.nahf.or.kr
표지디자인   역사공간
제작·인쇄   역사공간

ISBN   978-89-6187-797-8 94910
          978-89-6187-584-4 (세트)

- 이 책은 저작권법에 의해 보호를 받는 저작물이므로 어떤 형태나 어떤 방법으로도
  무단전재와 무단복제를 금합니다.
- 책값은 뒤표지에 있습니다. 잘못된 책은 바꾸어 드립니다.